隔振元器件阻抗图谱

刘朋　纪德权　主编

哈爾濱工業大學出版社

内 容 简 介

本书按照常用隔振元器件分类，归纳、整理了隔振元器件阻抗测试的最新成果。全书提供了17种不同类型的隔振器、挠性接管在不同工况下的输入机械阻抗、传递机械阻抗和声阻抗图谱，形成了较规范的图谱手册。本书既适用于舰船领域的研究人员开展减振降噪预报应用研究，也适用于隔振器生产厂家、设备制造厂家和造船企业开展隔振元器件选型。

本书可供从事舰船减隔振设计、优化预报的科研人员、研究生及工程技术人员阅读、参考。

图书在版编目(CIP)数据

隔振元器件阻抗图谱/刘朋，纪德权主编. —哈尔滨：哈尔滨工业大学出版社，2024.1(2024.12重印)
ISBN 978-7-5767-1129-5

Ⅰ.①隔… Ⅱ.①刘…②纪… Ⅲ.①隔振器—图谱
Ⅳ.①TU112.59—64

中国国家版本馆CIP数据核字(2023)第232964号

策划编辑 杨秀华
责任编辑 王会丽 周轩毅
封面设计 刘 乐
出版发行 哈尔滨工业大学出版社
社 址 哈尔滨市南岗区复华四道街10号 邮编150006
传 真 0451-86414749
网 址 http://hitpress.hit.edu.cn
印 刷 哈尔滨博奇印刷有限公司
开 本 787 mm×1 092 mm 1/16 印张10.25 字数242千字
版 次 2024年1月第1版 2024年12月第2次印刷
书 号 ISBN 978-7-5767-1129-5
定 价 97.00元

前　言

隔振器、空气弹簧、挠性接管、消声器、管路弹性支架等隔振元器件在船舶机械与管路系统振动噪声控制中发挥着重要作用，反映其宽频动态特性的机械阻抗与声阻抗参数是机械隔振系统与管路系统定量声学设计与隔振降噪效果评估的重要原始参数，它包含了隔振元器件的刚度、阻尼及动态质量信息，是其固有动态特性的客观表现。阻抗参数可作为舰船减振降噪系统振动噪声传递估算的输入参数，以提高定量声学设计的精度；也可以换算特定边界条件下的隔振降噪效果，作为隔振元器件研制及选型的依据。

中国船舶科学研究中心从 20 世纪 90 年代末至今，在隔振元器件机械阻抗与声阻抗测试技术领域开展了系统的、深入的研究，现已达到国际先进水平。30 多年来，中国船舶科学研究中心陆续研制了低频阻抗平台、200 kN 立式机械阻抗测试加载机构、40 kN 卧式机械阻抗测试加载机构、声阻抗测量装置及配套辅助系统等船隔振元器件阻抗测试装置，并配备了先进的激励与测量系统。

为进一步加强阻抗参数在舰船声隐身领域的应用，中国船舶科学研究中心对近年来测量的各类隔振元器件阻抗数据进行了归类整理，将测试结果以阻抗图谱的形式给出，以便行业内研究人员查询、使用，这对于提升我国舰船的声隐身技术水平具有重要意义。中国船舶科学研究中心今后将根据试验数据积累情况，不定期进行增补充实。

本书由刘朋和纪德权主编，主要负责组织编写工作。孙玉东、席亦农、周庆云、蓝恭华对本书的数据进行了审核，胡志宽、邱立凡、郝夏影、沈斌琦、高学文、傅鹤洋、王君翔、李明杰、胡逸等对本书的数据进行了整理，在此表示感谢。

由于编者水平有限，书中难免存在疏漏及不足之处，请各位读者批评指正。

编　者

2023 年 5 月

目　录

E 型隔振器…………………………………………………………………… 1
6JX 型隔振器 …………………………………………………………………… 11
WH 型隔振器 ………………………………………………………………… 24
JQ 型隔振器………………………………………………………………… 37
TSH 型隔振器………………………………………………………………… 48
KB 型隔振器 ………………………………………………………………… 52
SH－1150 隔振器 …………………………………………………………… 61
DY－30 隔振器 ……………………………………………………………… 63
SJA－500 隔振器…………………………………………………………… 67
JCG－2500 隔振器 ………………………………………………………… 71
HGGS－100E 隔振器 ……………………………………………………… 74
JYQN－4000 气囊型隔振器 ……………………………………………… 77
可曲挠法兰橡胶接头 ……………………………………………………… 79
JYXR(P)平衡式挠性接管 ………………………………………………… 85
JYXR(H)平衡式挠性接管………………………………………………… 97
JYXR(D)平衡式挠性接管 ………………………………………………… 130
肘型挠性接管……………………………………………………………… 141
参考文献…………………………………………………………………… 157

E 型隔振器

一、E 型隔振器外形(图 1)

图 1　E 型隔振器外形

二、E 型隔振器动态特性数据测试工况(表 1)

表 1　E 型隔振器动态特性数据测试工况

序号	型号	编号	试件安装形式	测试方向	载荷工况
1	E－85	171598/171599	正/反置	$X/Y/Z$	0%、50%、80%、100%载荷
2	E－120	171600/171601	正/反置	$X/Y/Z$	0%、50%、80%、100%载荷
3	E－160	171602/171603	正/反置	$X/Y/Z$	0%、50%、80%、100%载荷

三、E 型隔振器机械阻抗图谱

1. E－85 隔振器机械阻抗图谱(图 2～7)

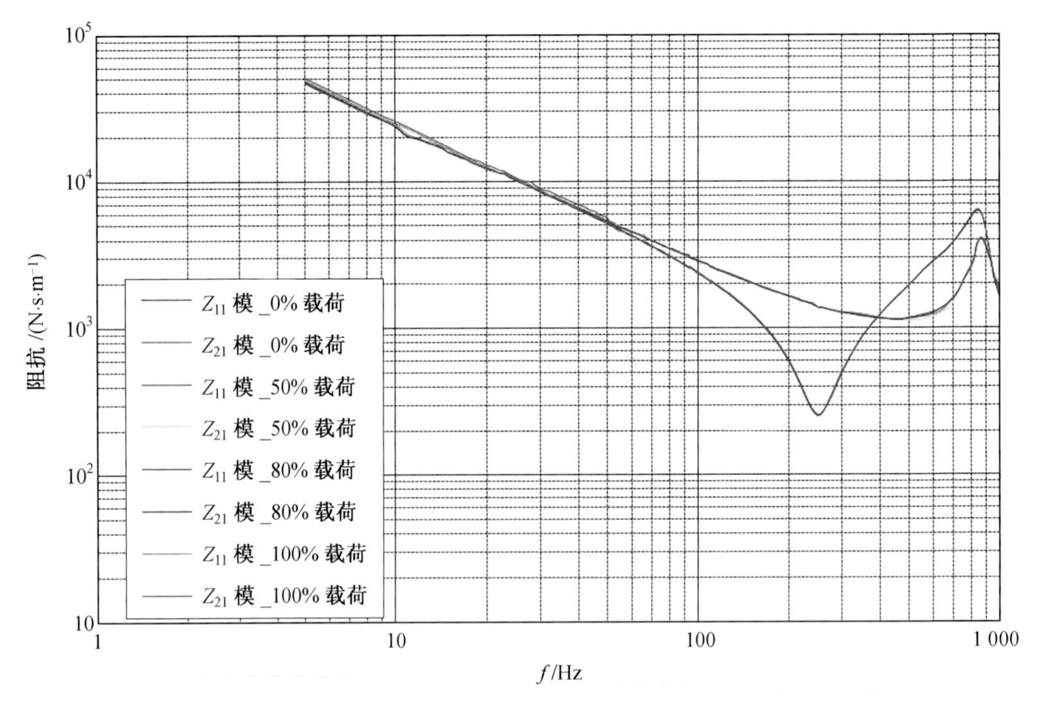

图 2　E－85_X 向正置 Z_{11}、Z_{21} 机械阻抗图谱

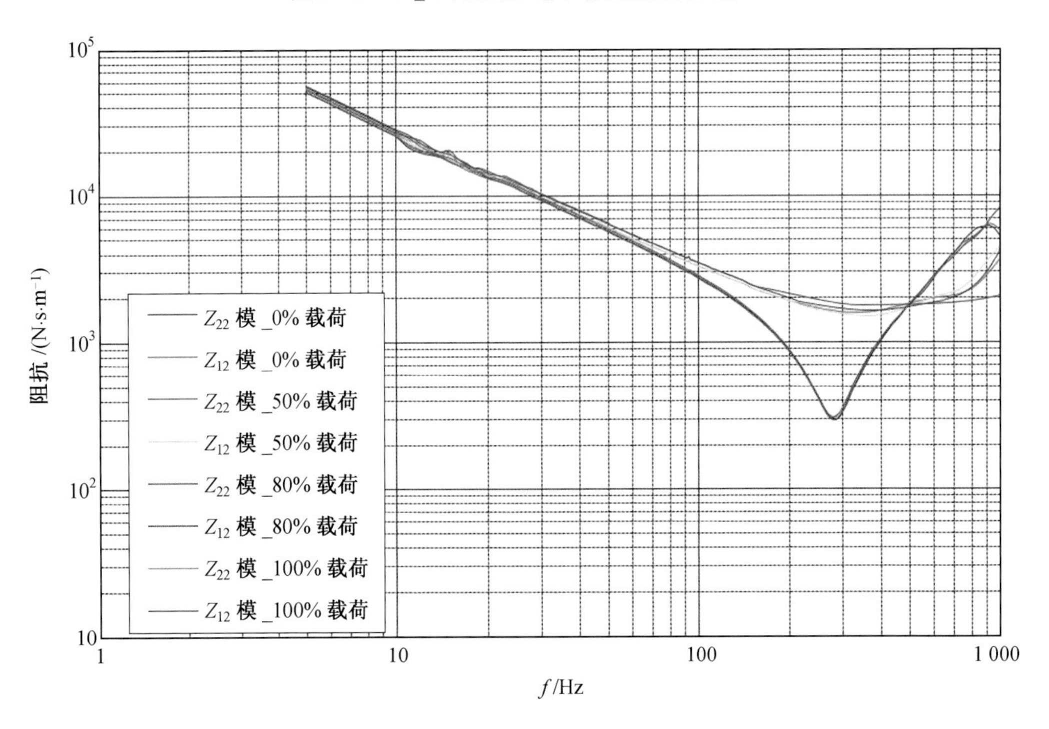

图 3　E－85_X 向反置 Z_{22}、Z_{12} 机械阻抗图谱

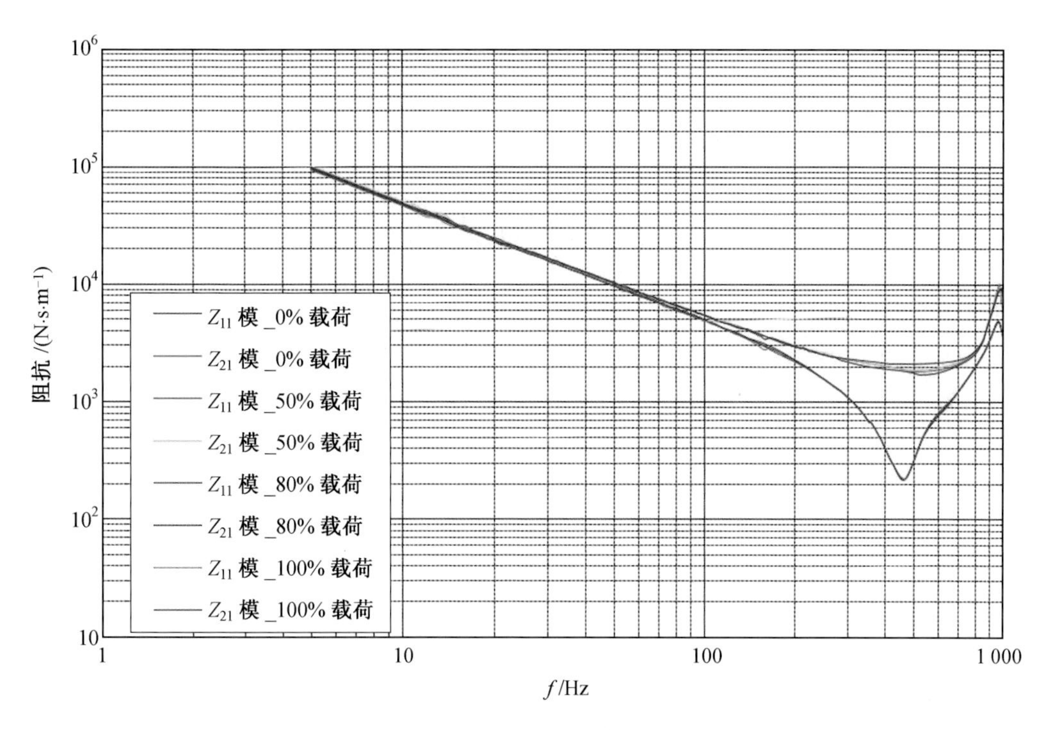

图 4 E—85_Y 向正置 Z_{11}、Z_{21} 机械阻抗图谱

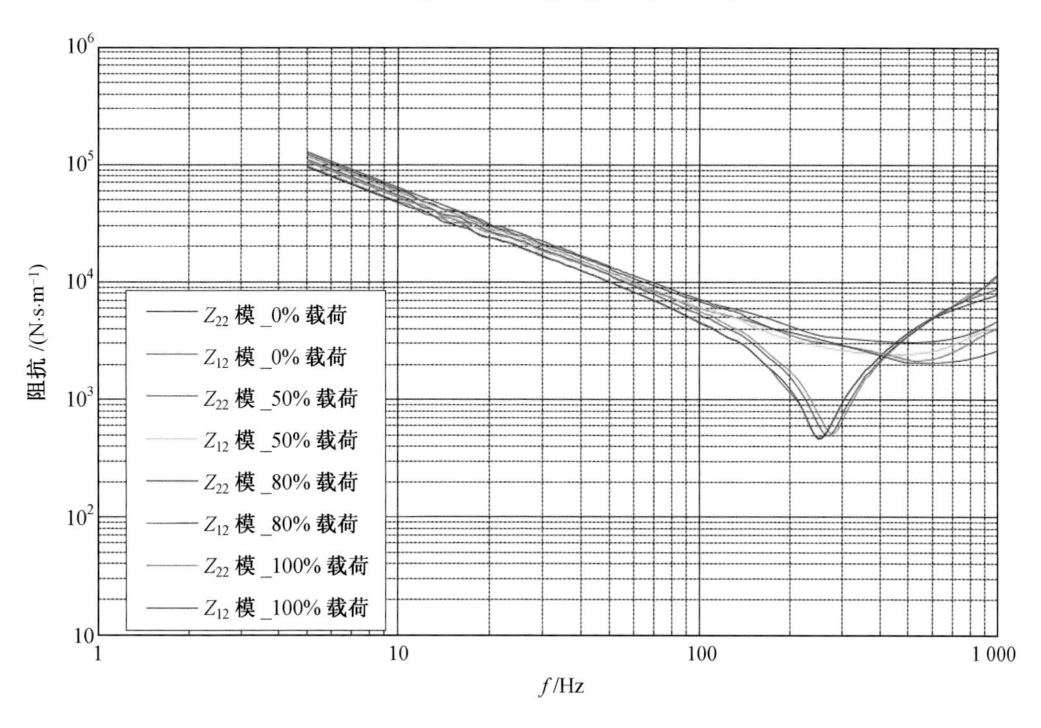

图 5 E—85_Y 向反置 Z_{22}、Z_{12} 机械阻抗图谱

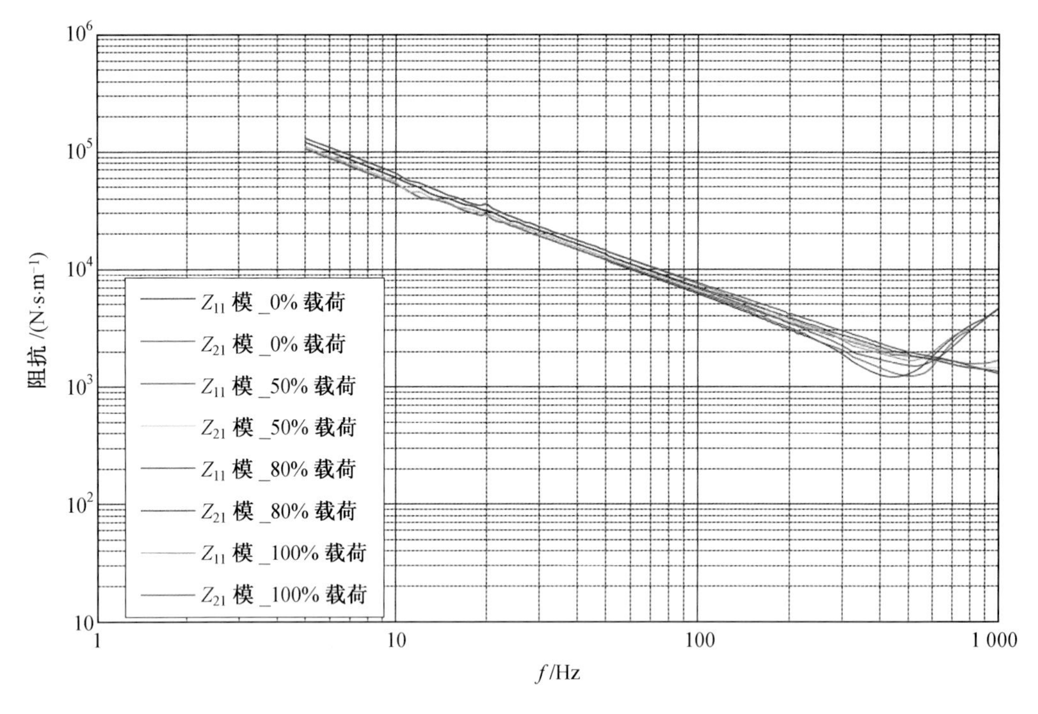

图 6　E—85_Z 向正置 Z_{11}、Z_{21} 机械阻抗图谱

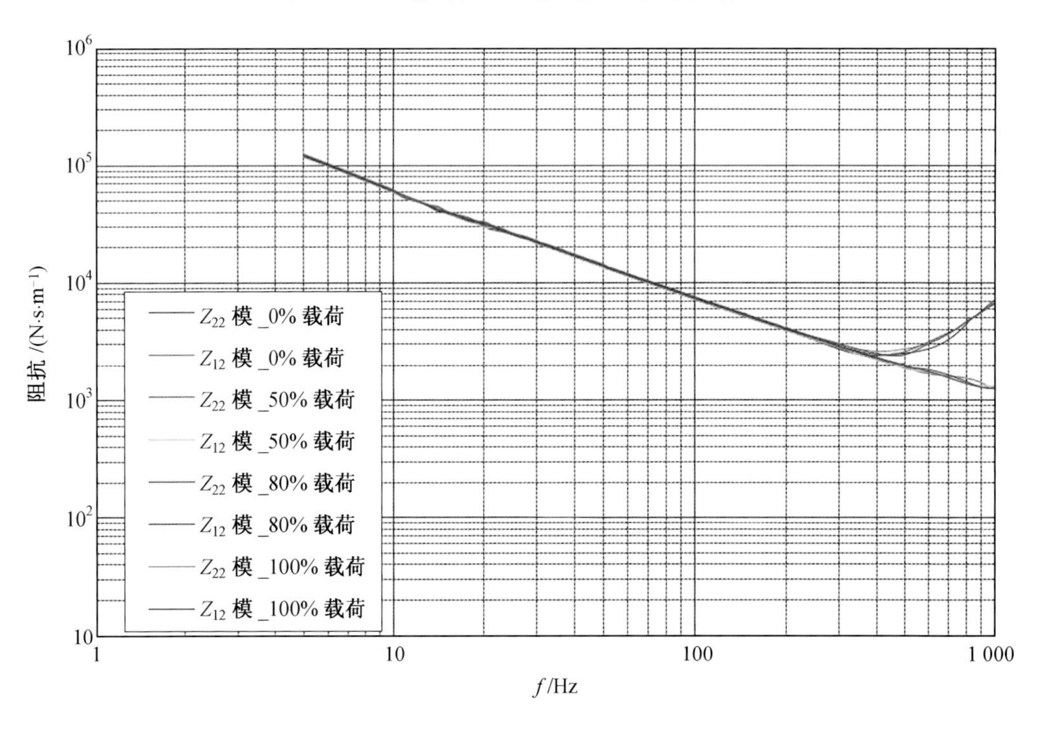

图 7　E—85_Z 向反置 Z_{22}、Z_{12} 机械阻抗图谱

2. E—120 隔振器机械阻抗图谱(图 8～13)

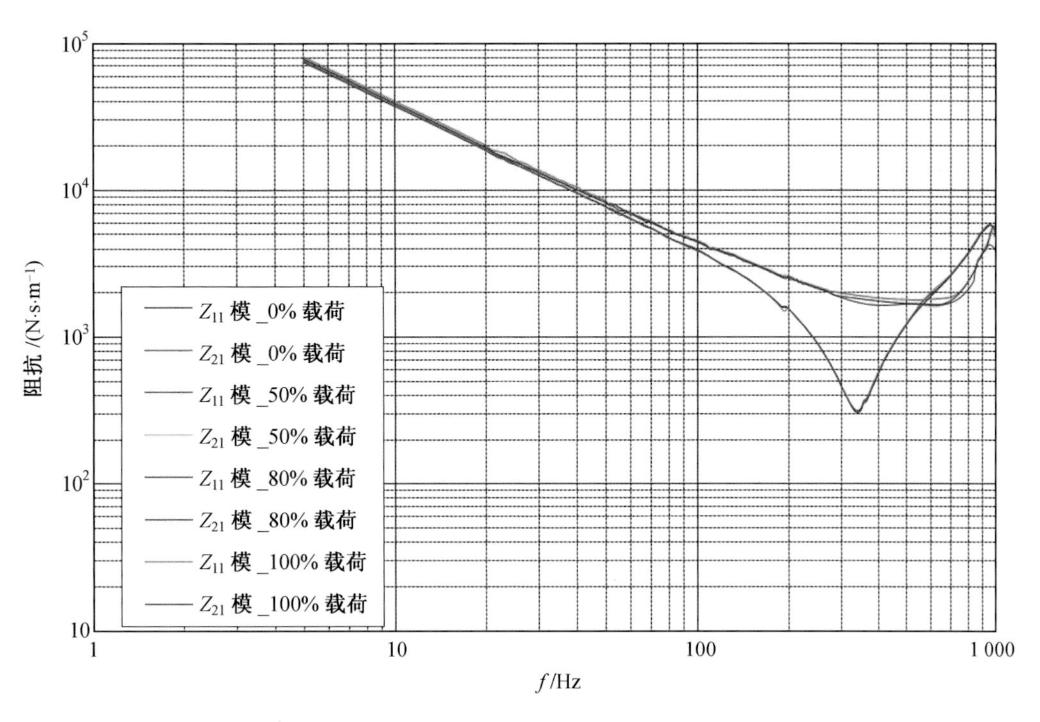

图 8　E—120_X 向正置 Z_{11}、Z_{21} 机械阻抗图谱

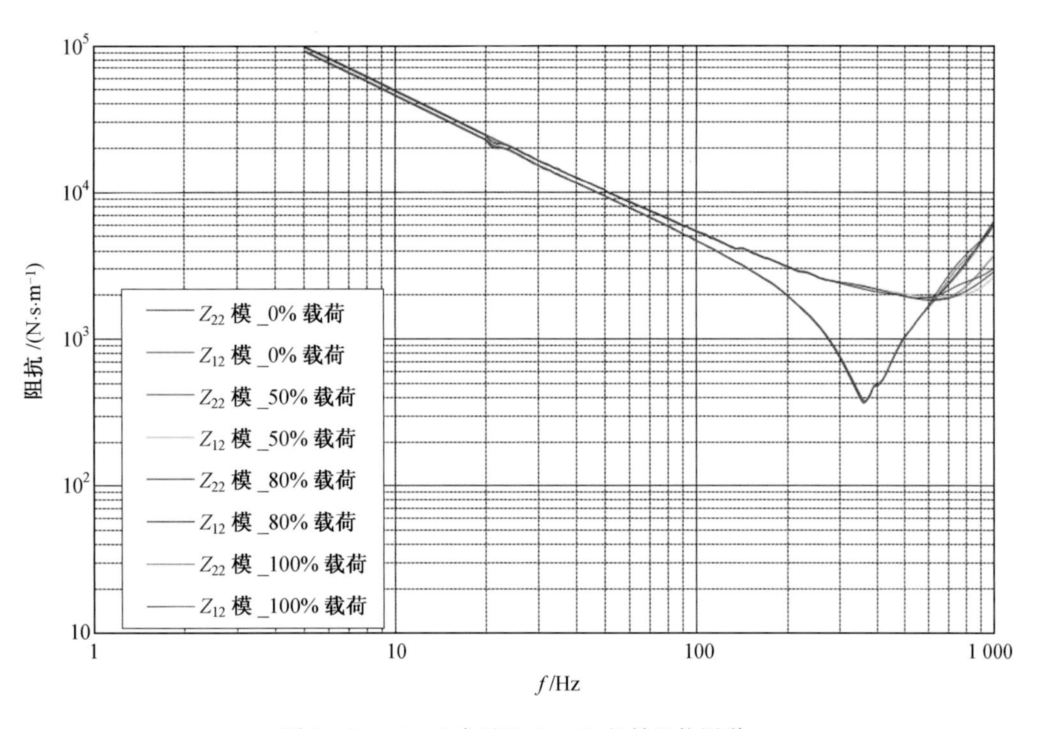

图 9　E—120_X 向反置 Z_{22}、Z_{12} 机械阻抗图谱

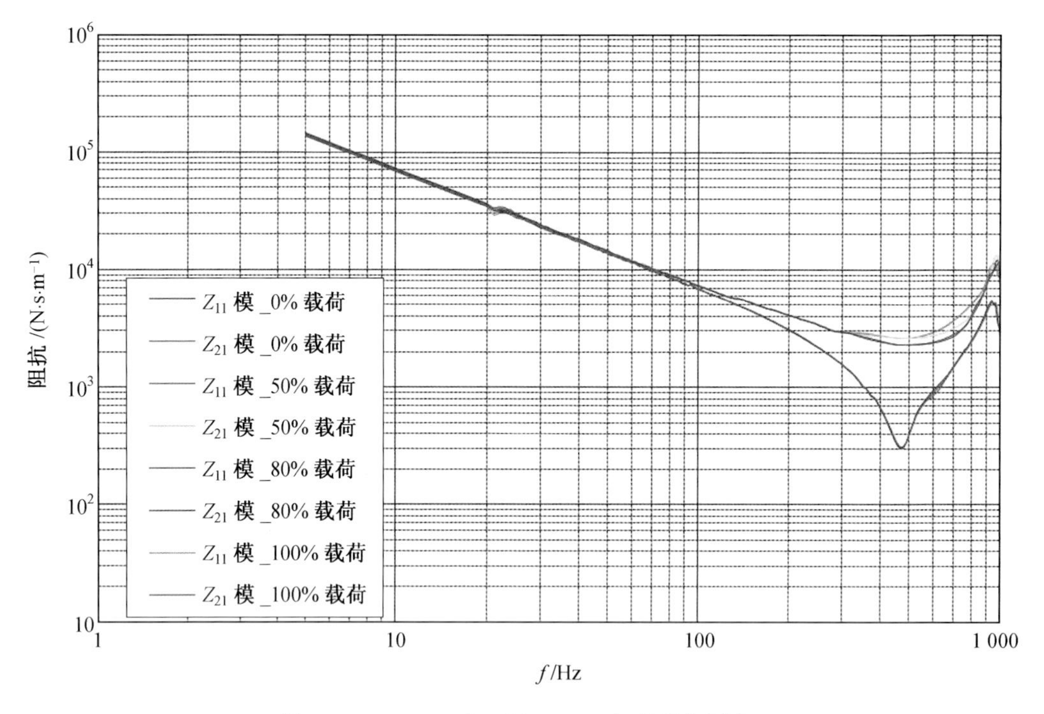

图 10　E—120_Y 向正置 Z_{11}、Z_{21} 机械阻抗图谱

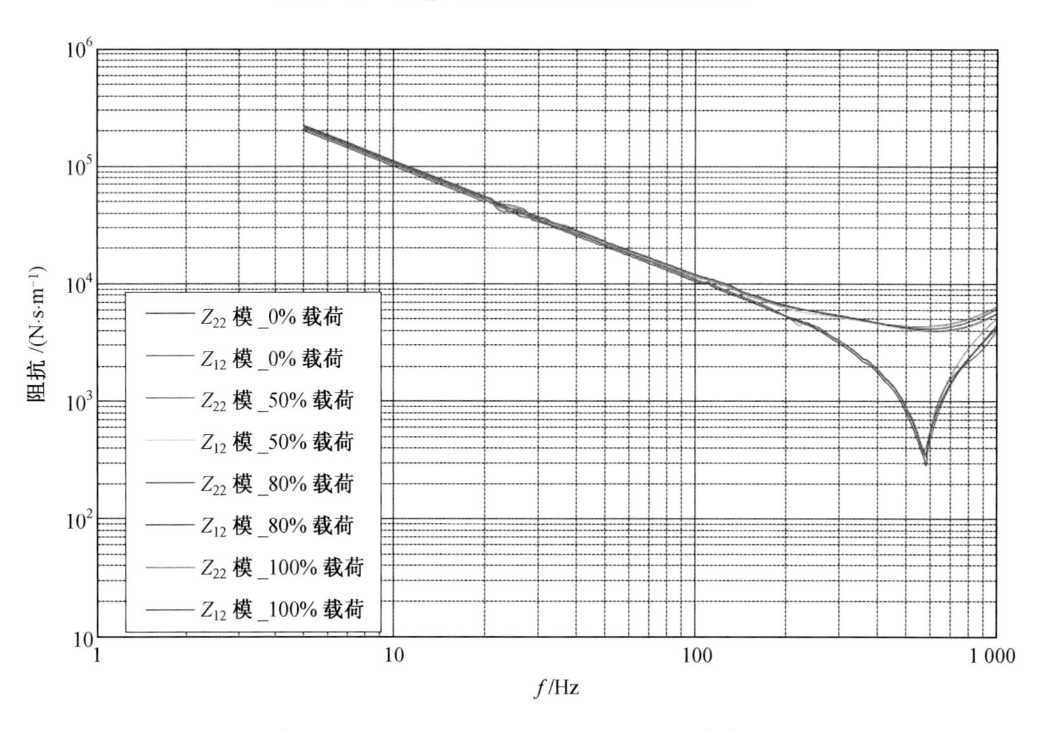

图 11　E—120_Y 向反置 Z_{22}、Z_{12} 机械阻抗图谱

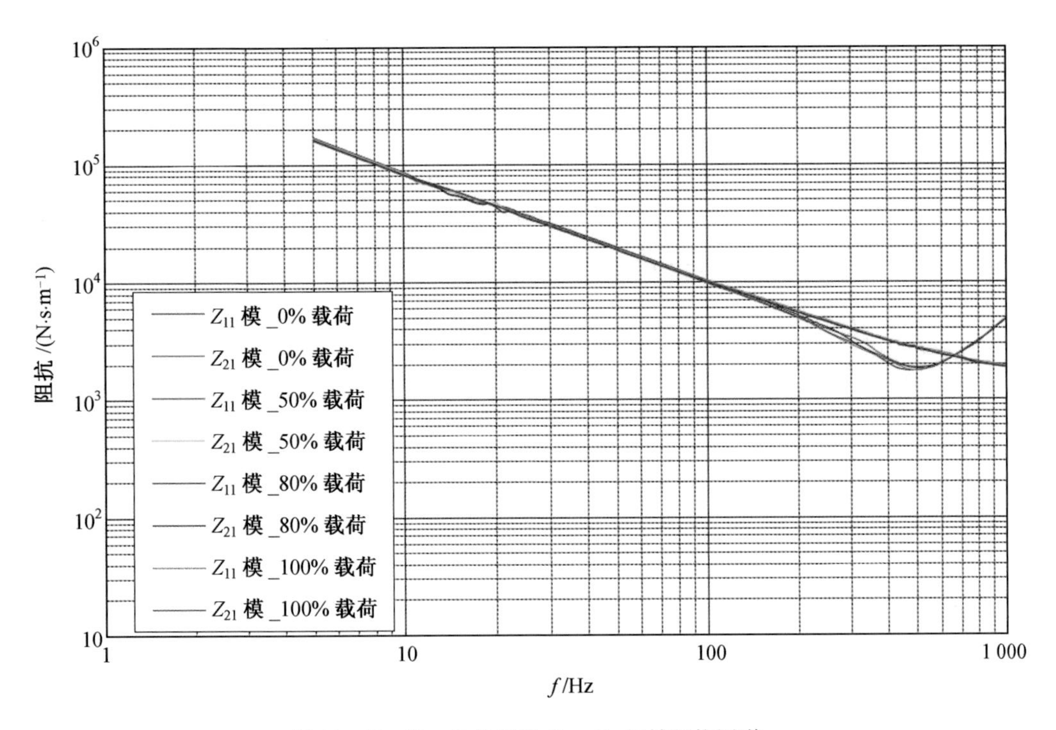

图 12 E—120_Z 向正置 Z_{11}、Z_{21} 机械阻抗图谱

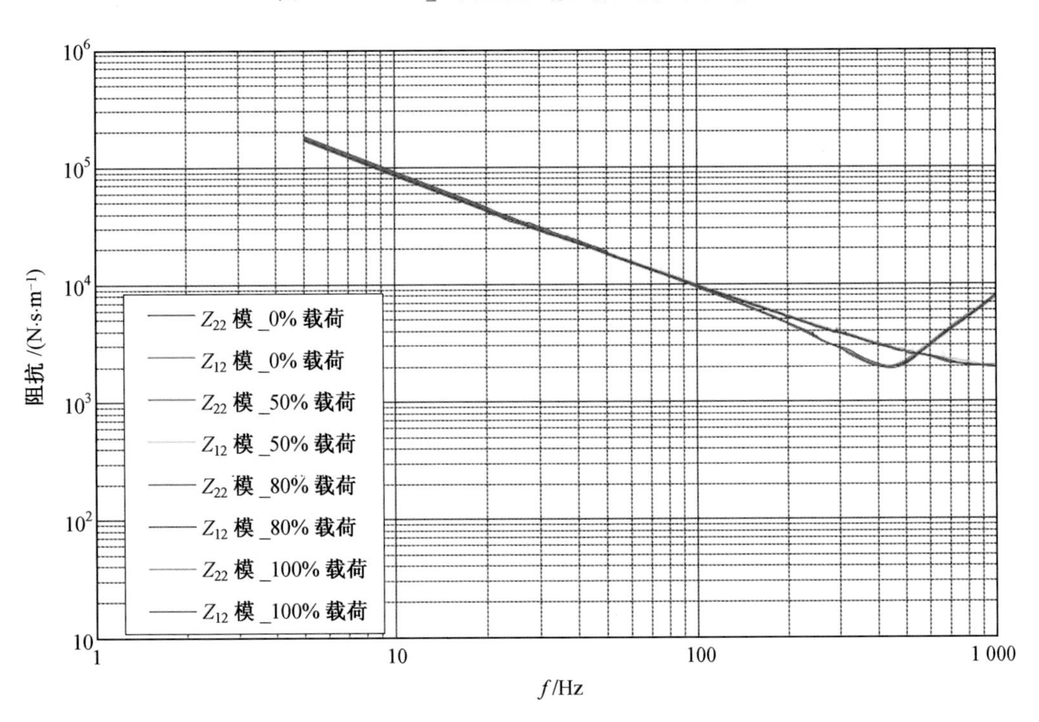

图 13 E—120_Z 向反置 Z_{22}、Z_{12} 机械阻抗图谱

3. E－160 隔振器机械阻抗图谱(图 14～19)

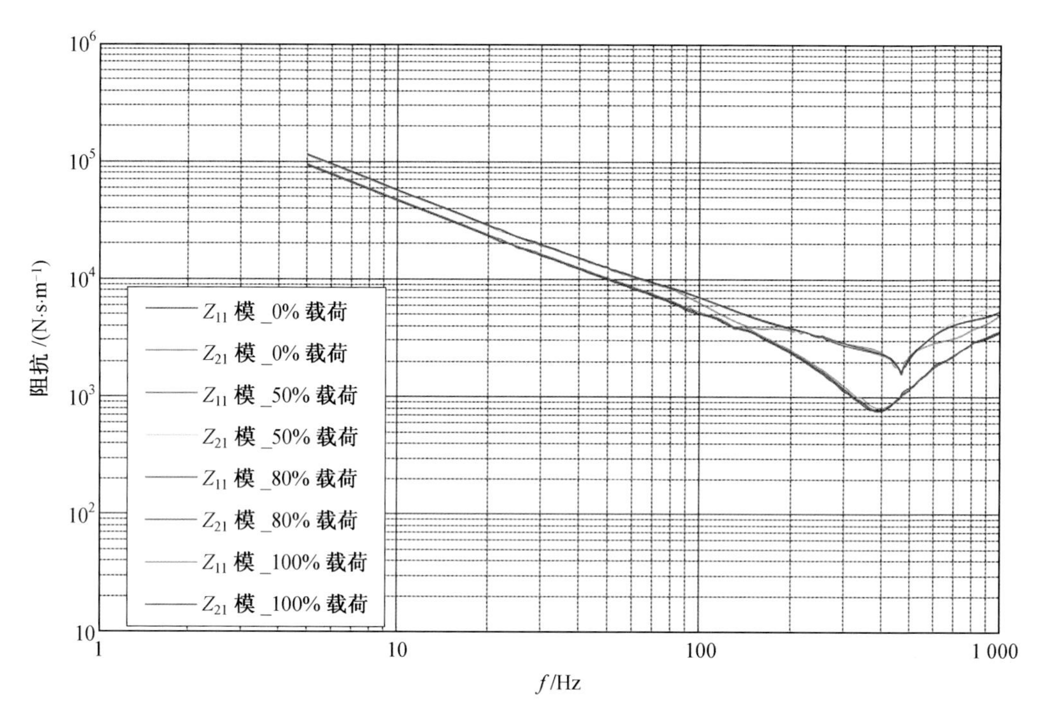

图 14　E－160_X 向正置 Z_{11}、Z_{21} 机械阻抗图谱

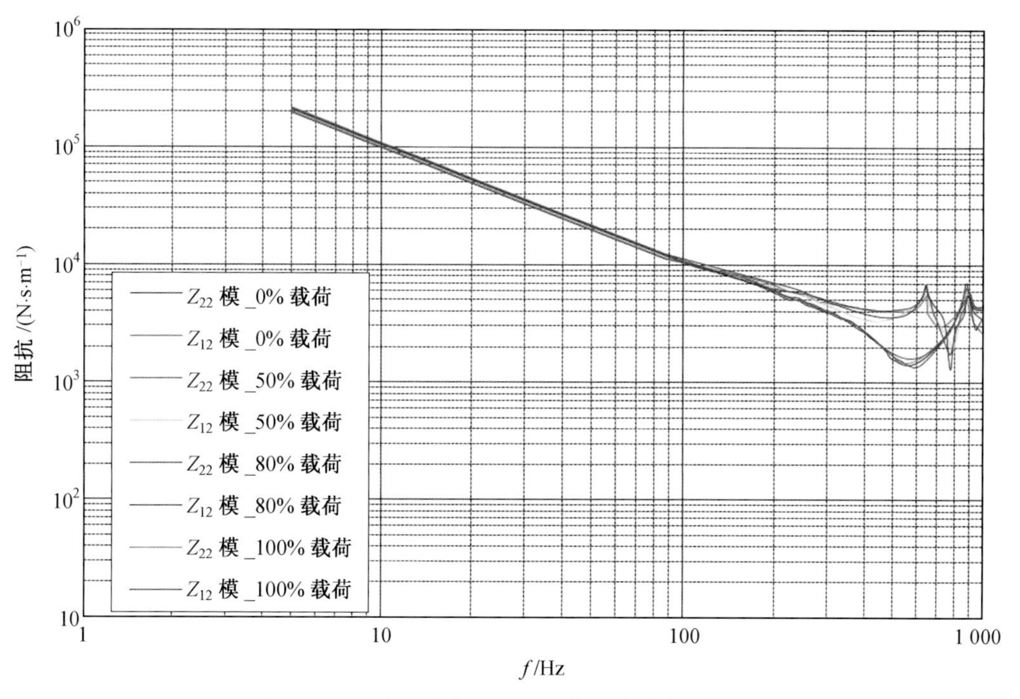

图 15　E－160_X 向反置 Z_{22}、Z_{12} 机械阻抗图谱

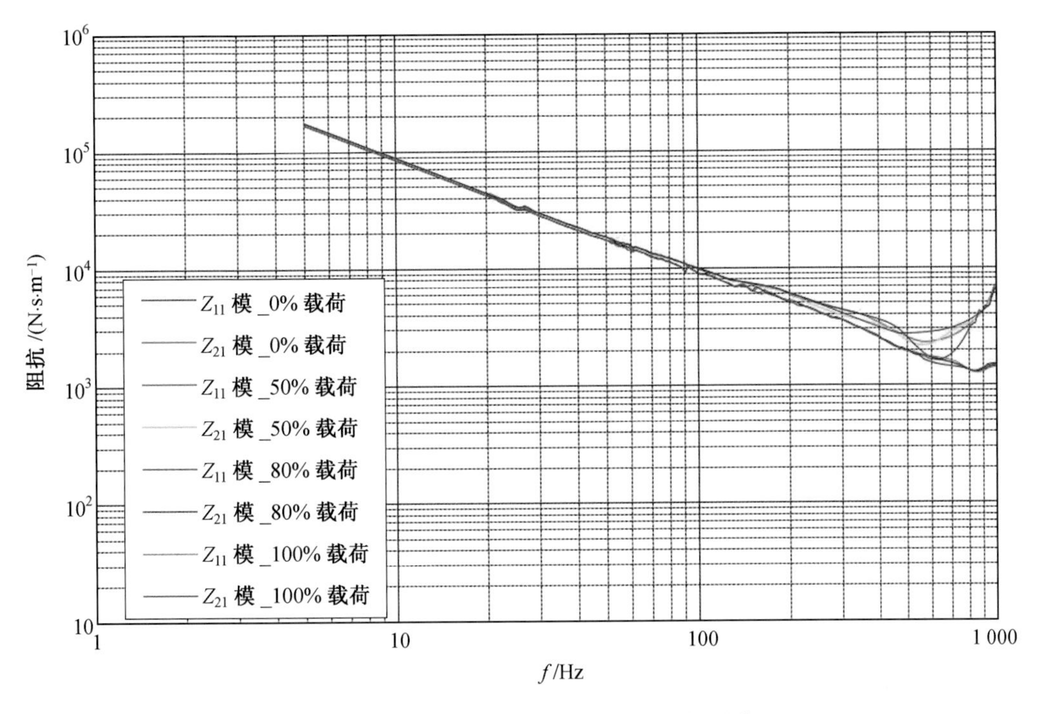

图 16　E—160_Y 向正置 Z_{11}、Z_{21} 机械阻抗图谱

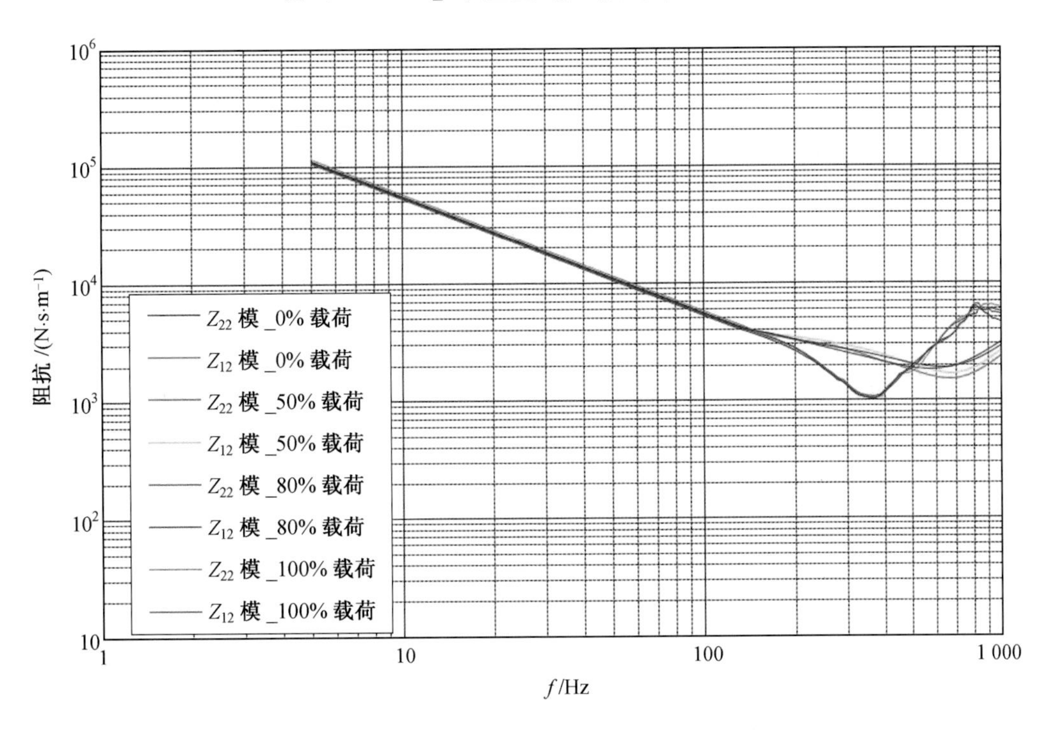

图 17　E—160_Y 向反置 Z_{22}、Z_{12} 机械阻抗图谱

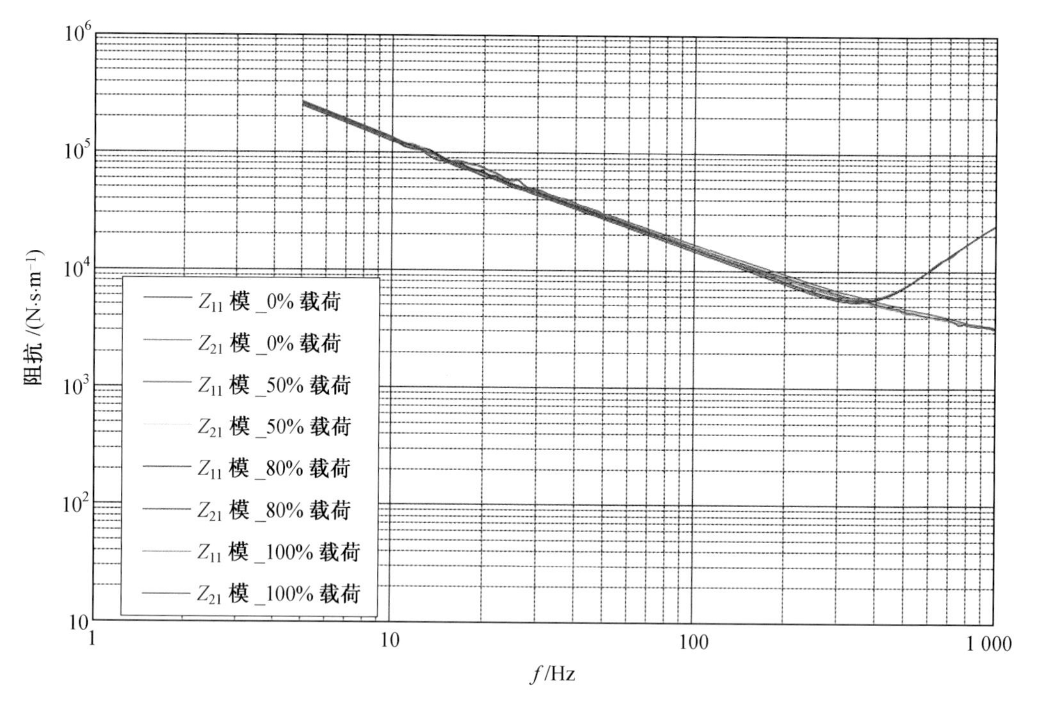

图 18　E−160_Z 向正置 Z_{11}、Z_{21} 机械阻抗图谱

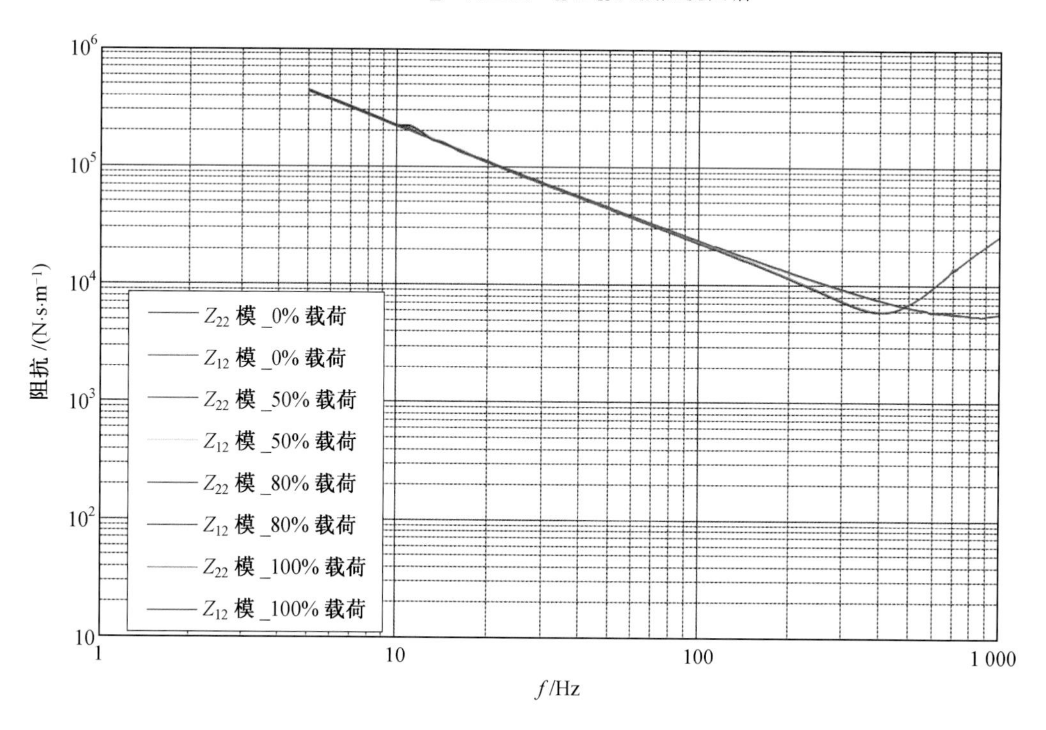

图 19　E−160_Z 向反置 Z_{22}、Z_{12} 机械阻抗图谱

6JX 型隔振器

一、6JX 型隔振器外形(图 1)

图 1　6JX 型隔振器外形

二、6JX 型隔振器动态特性数据测试工况(表 1)

表 1　6JX 型隔振器动态特性数据测试工况

序号	型号	编号	试件安装形式	测试方向	载荷工况
1	6JX－200	171618/171619	正/反置	Y/Z	0%、50%、80%、100%载荷
2	6JX－200NA	171612/171613	正/反置	Y/Z	0%、50%、80%、100%载荷
3	6JXX－200	171615/171614	正/反置	Y/Z	0%、50%、80%、100%载荷
4	6JX－600	171616/171617	正/反置	Y/Z	0%、50%、80%、100%载荷
5	6JX－900	171620/171621	正/反置	Y/Z	0%、50%、80%、100%载荷
6	6JX－1200	171622/171623	正/反置	Y/Z	0%、50%、80%、100%载荷

三、6JX 型隔振器机械阻抗图谱

1. 6JX－200 隔振器机械阻抗图谱(图 2～5)

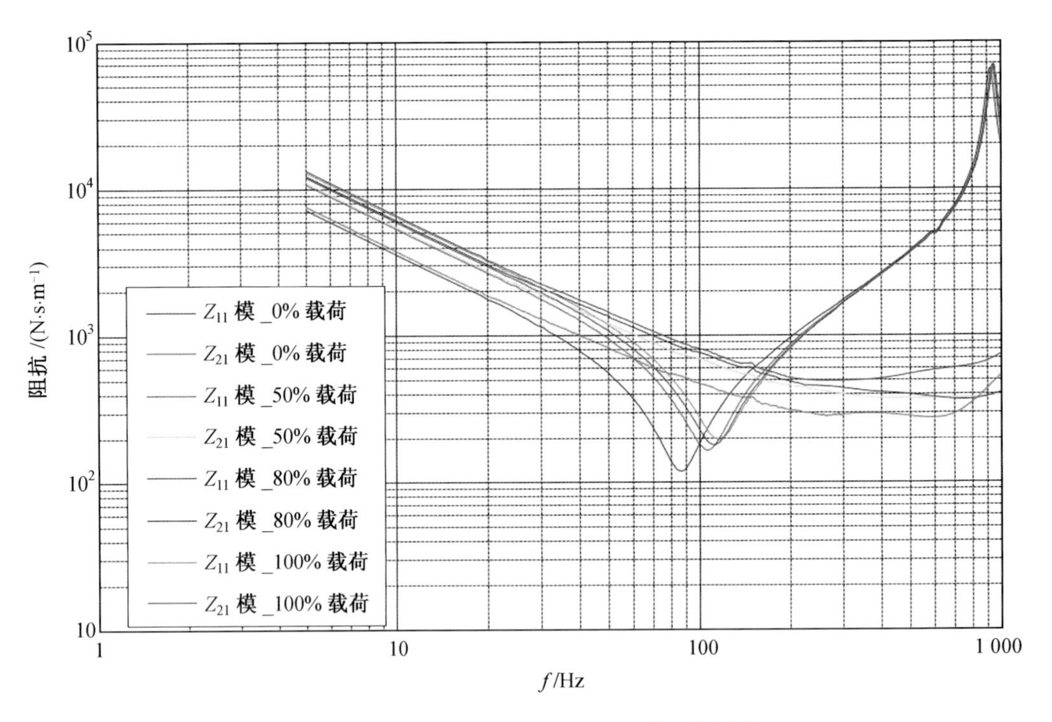

图 2　6JX－200_Y 向正置 Z_{11}、Z_{21} 机械阻抗图谱

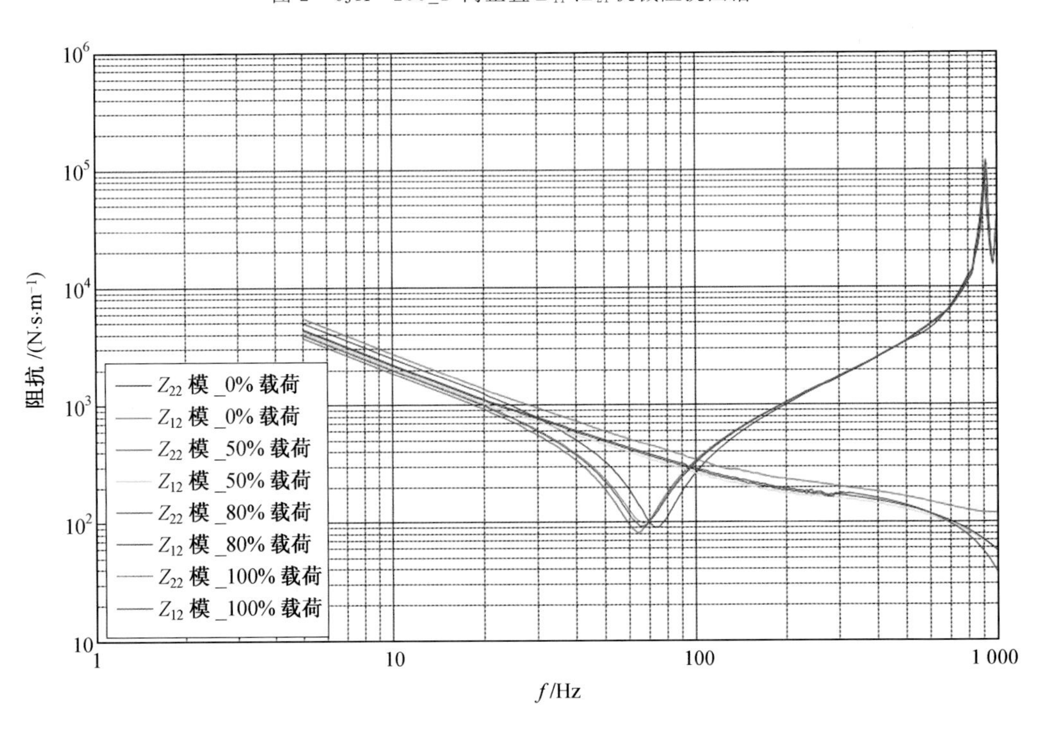

图 3　6JX－200_Y 向反置 Z_{22}、Z_{12} 机械阻抗图谱

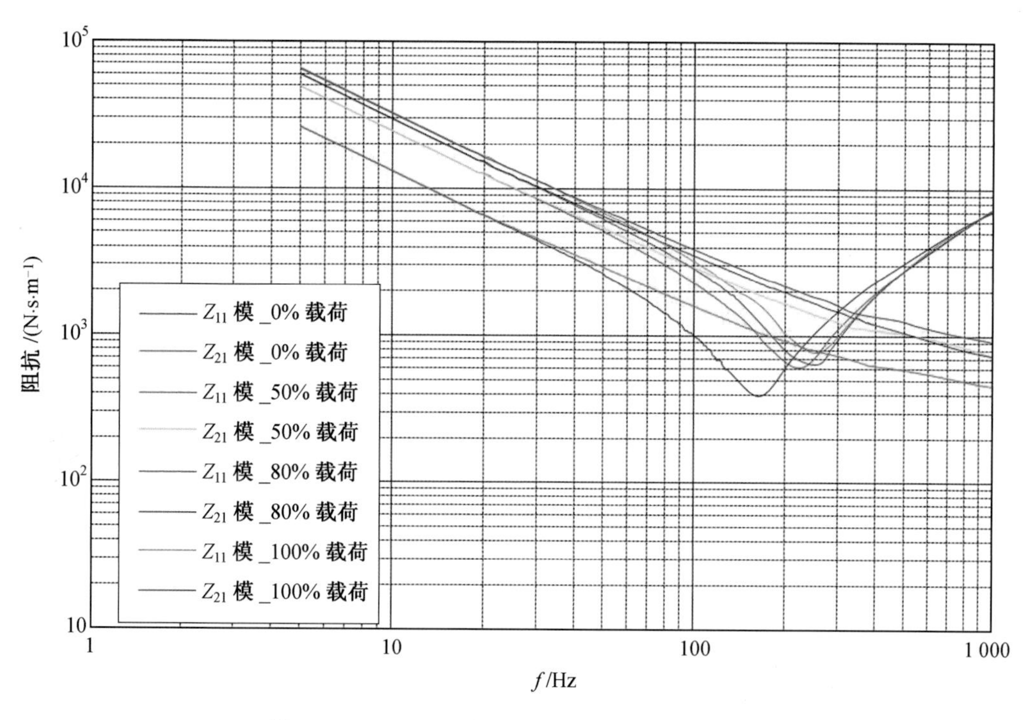

图 4 6JX－200_Z 向正置 Z_{11}、Z_{21} 机械阻抗图谱

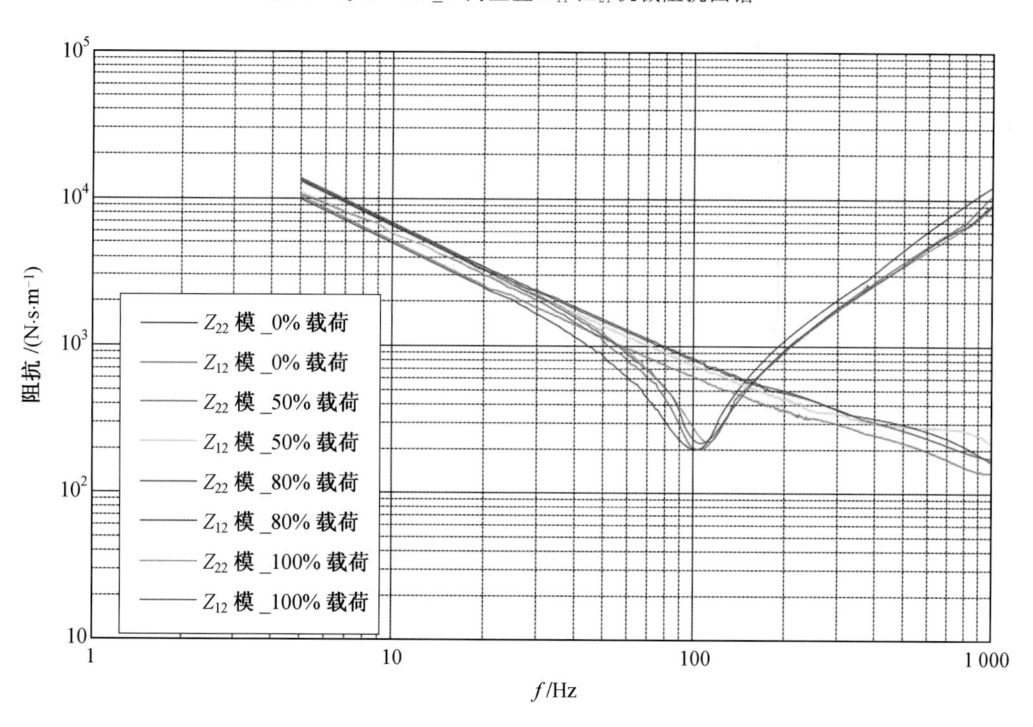

图 5 6JX－200_Z 向反置 Z_{22}、Z_{12} 机械阻抗图谱

2. 6JX－200NA 隔振器机械阻抗图谱(图 6～9)

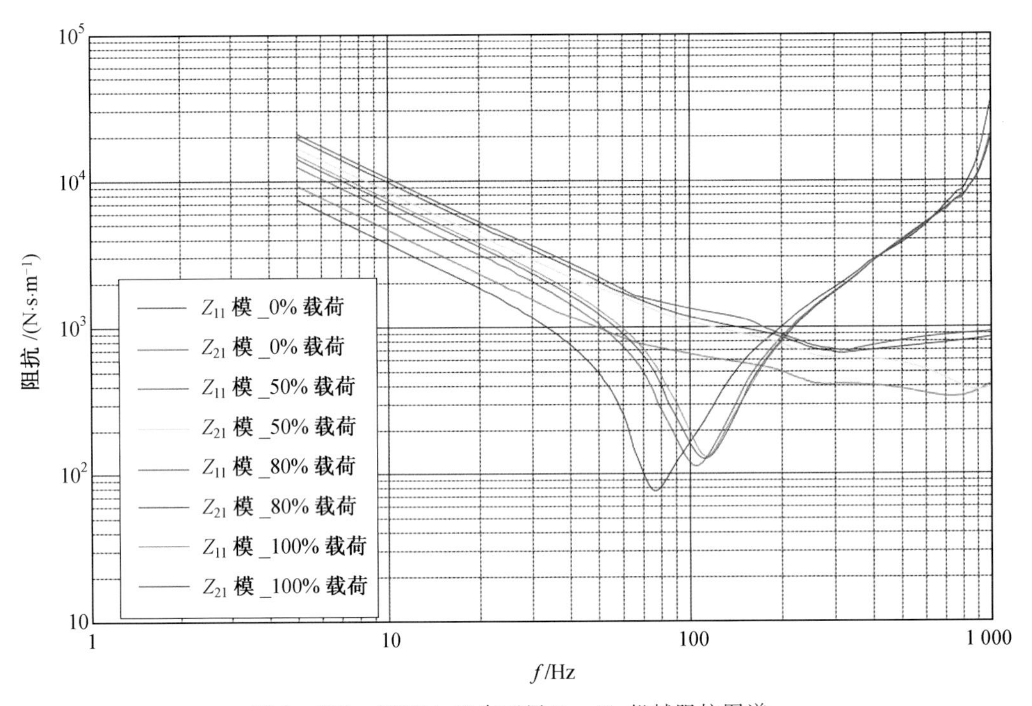

图 6　6JX－200NA_Y 向正置 Z_{11}、Z_{21} 机械阻抗图谱

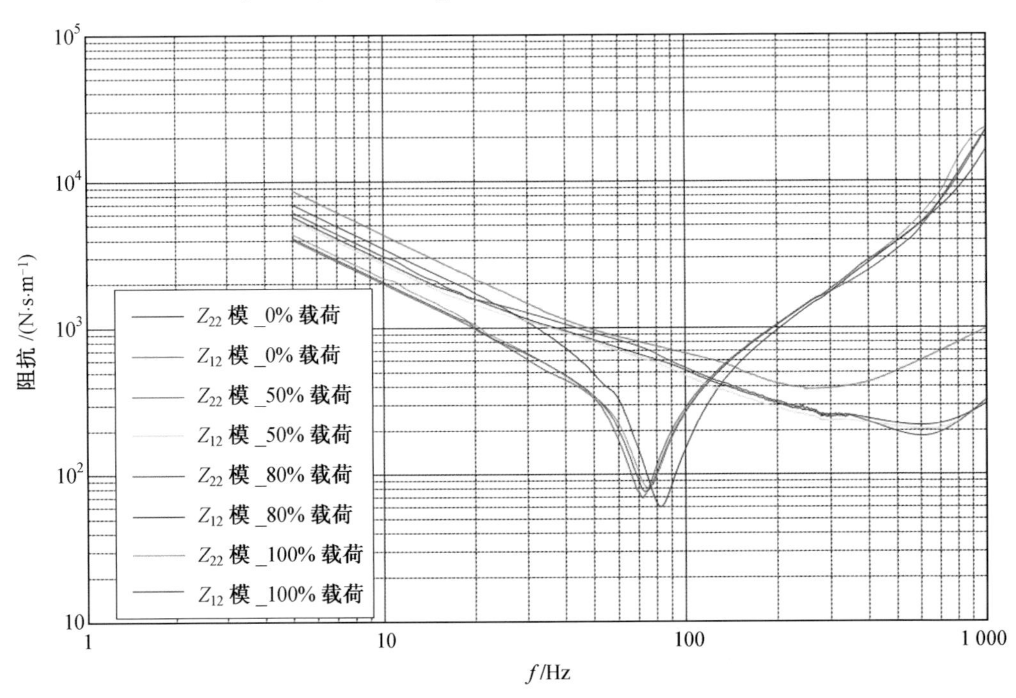

图 7　6JX－200NA_Y 向反置 Z_{22}、Z_{12} 机械阻抗图谱

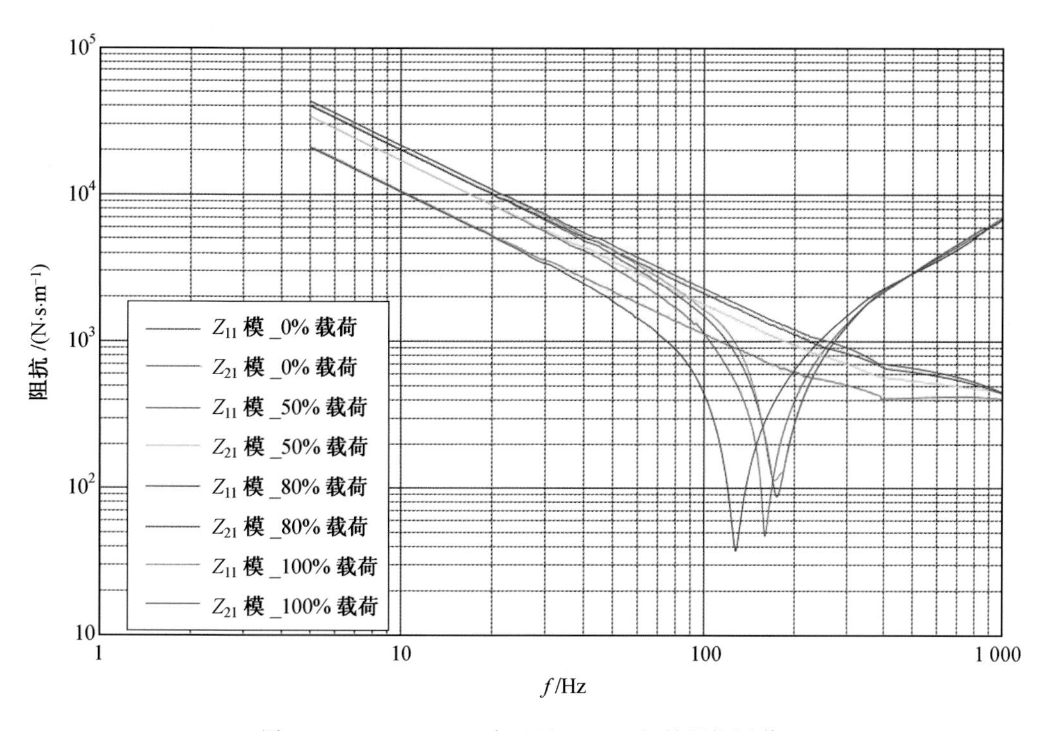

图 8 6JX－200NA_Z 向正置 Z_{11}、Z_{21} 机械阻抗图谱

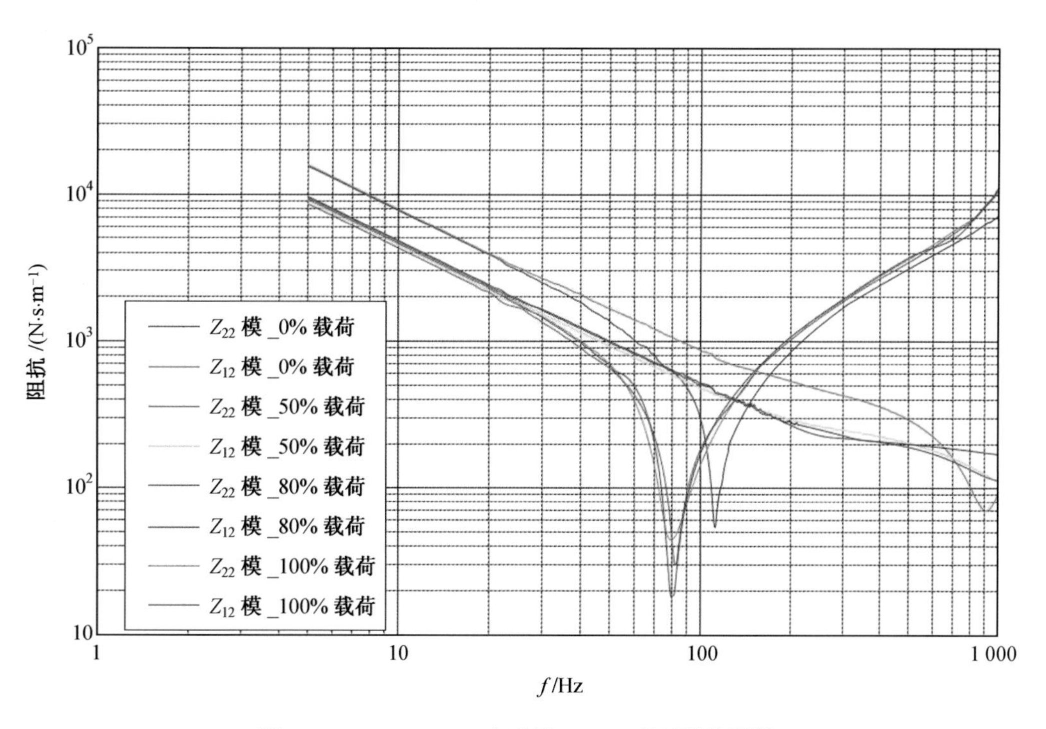

图 9 6JX－200NA_Z 向反置 Z_{22}、Z_{12} 机械阻抗图谱

3. 6JXX－200 隔振器机械阻抗图谱(图 10～13)

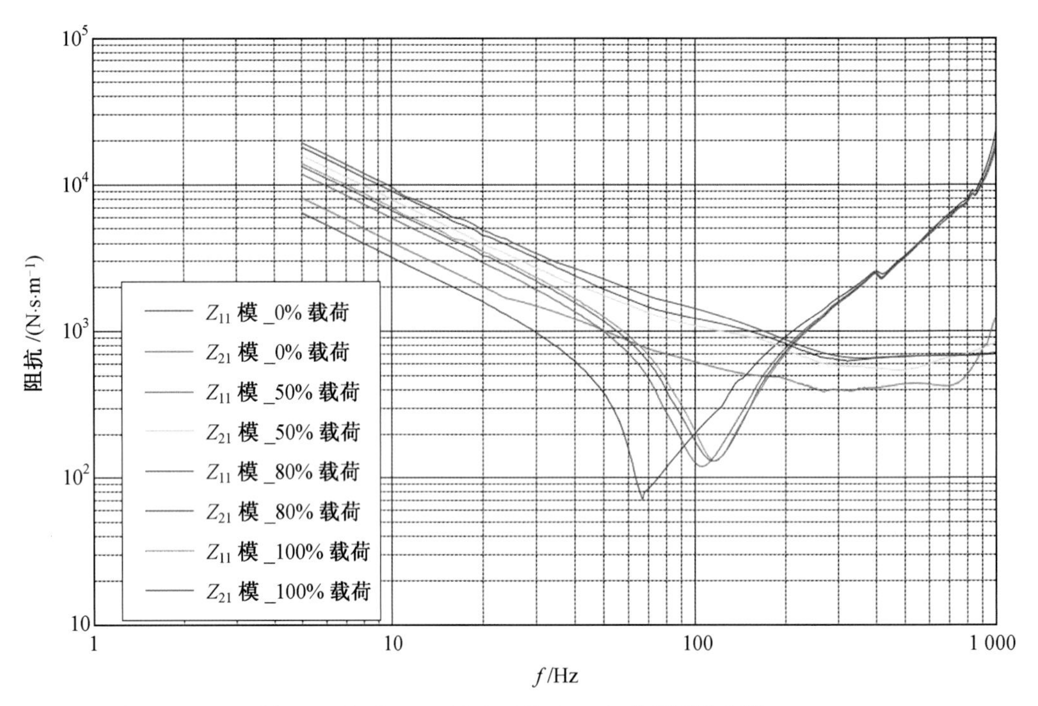

图 10　6JXX－200_Y 向正置 Z_{11}、Z_{21} 机械阻抗图谱

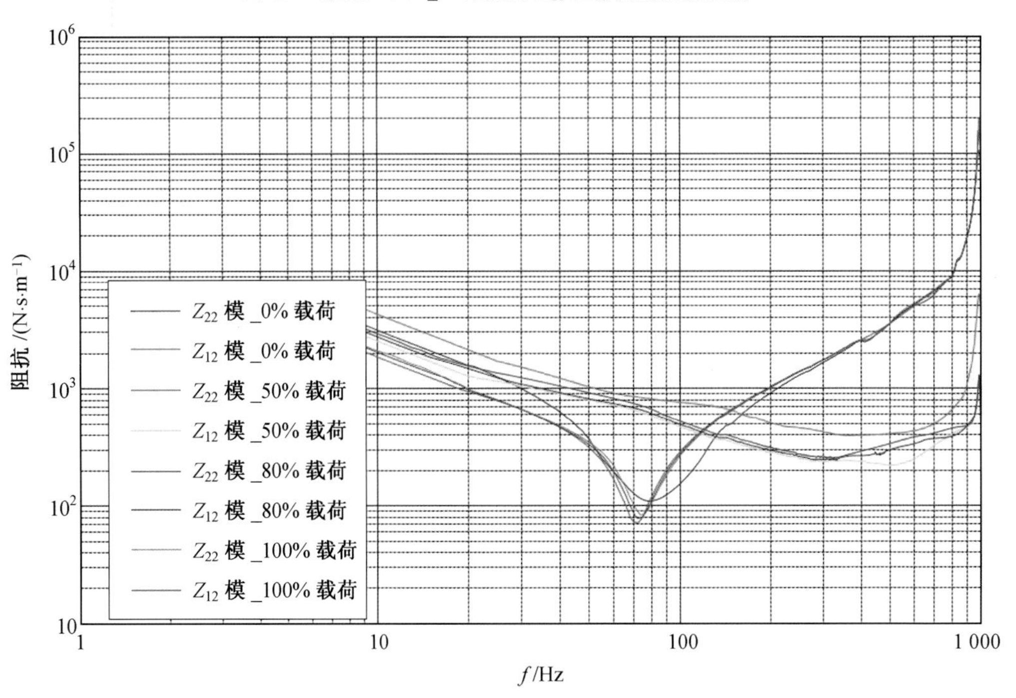

图 11　6JXX－200_Y 向反置 Z_{22}、Z_{12} 机械阻抗图谱

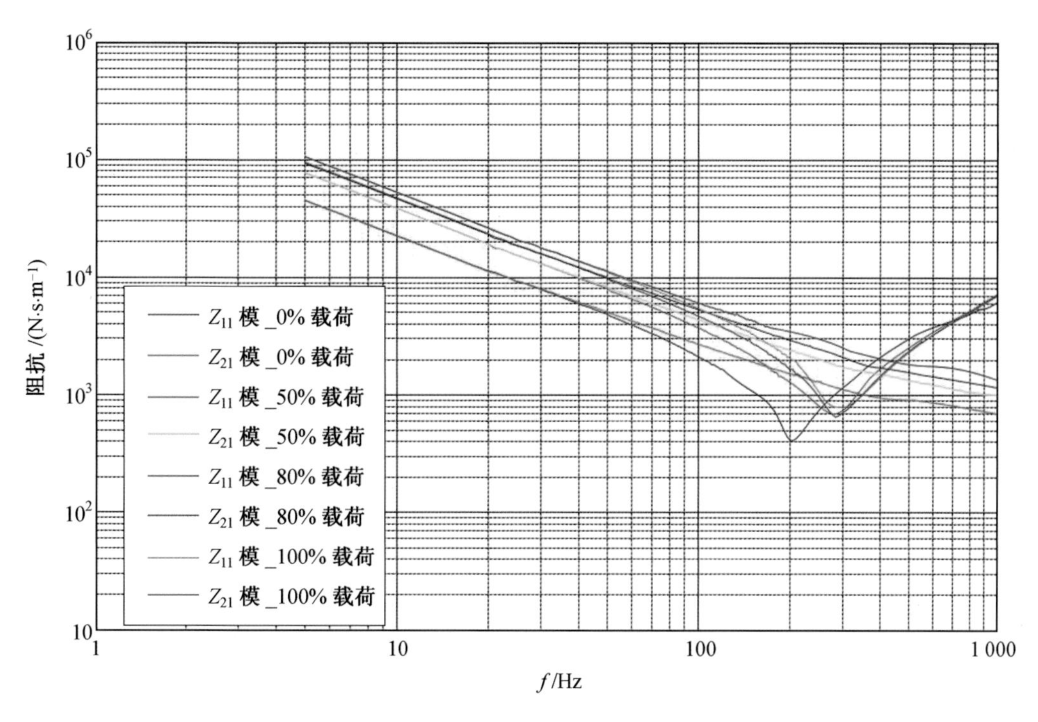

图 12 6JXX－200_Z 向正置 Z_{11}、Z_{21} 机械阻抗图谱

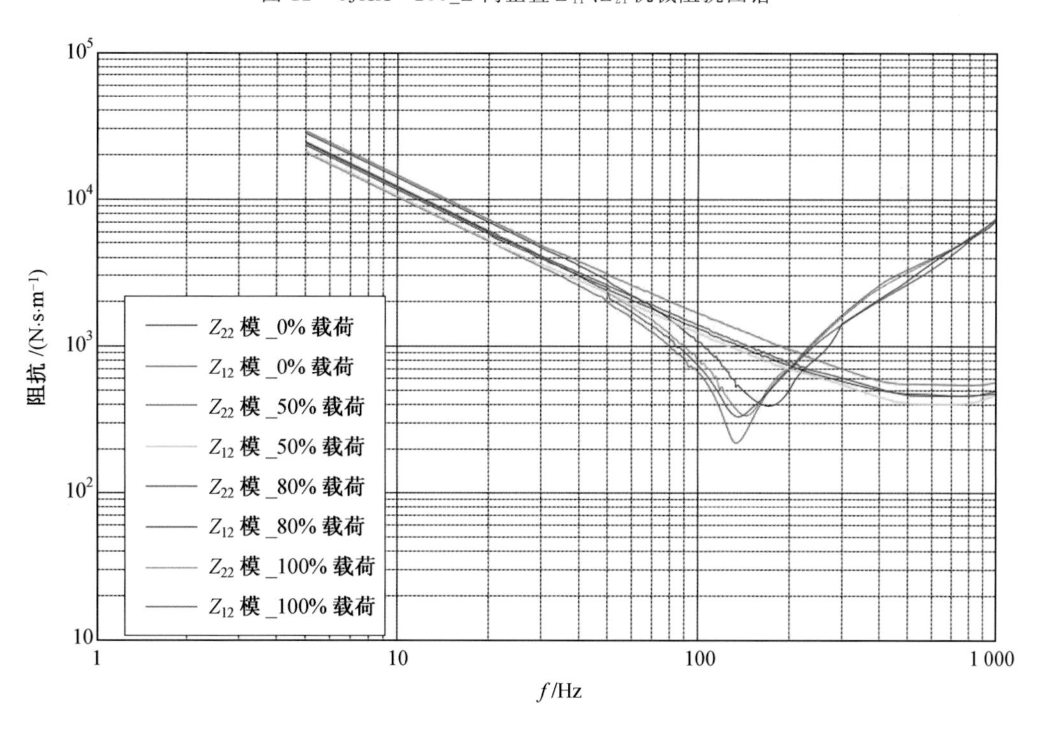

图 13 6JXX－200_Z 向反置 Z_{22}、Z_{12} 机械阻抗图谱

4. 6JX－600 隔振器机械阻抗图谱(图 14～17)

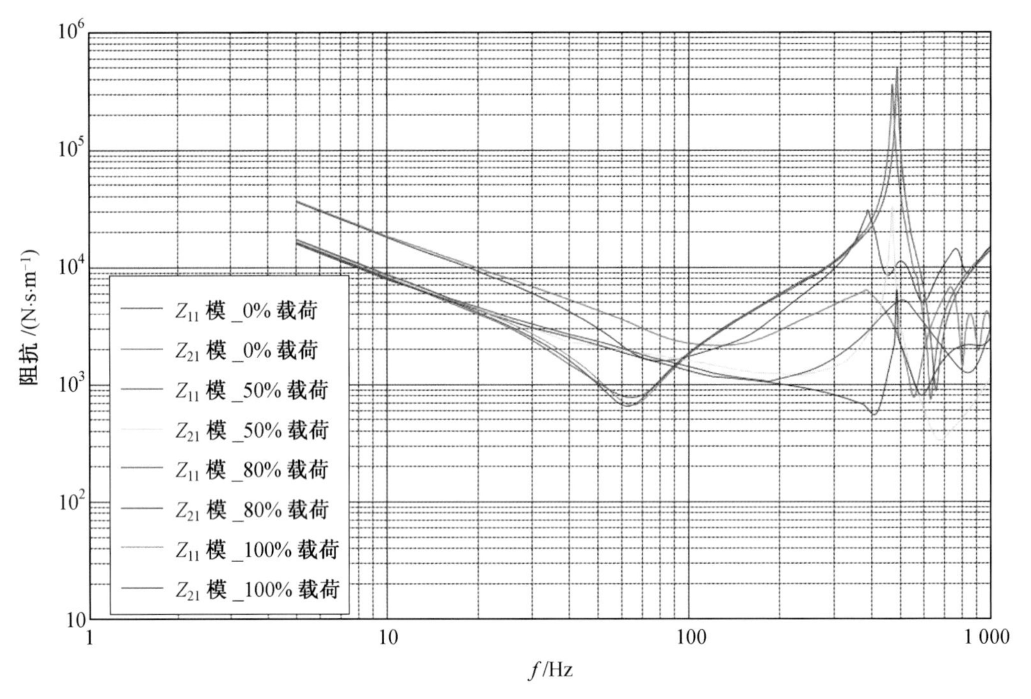

图 14　6JX－600_Y 向正置 Z_{11}、Z_{21} 机械阻抗图谱

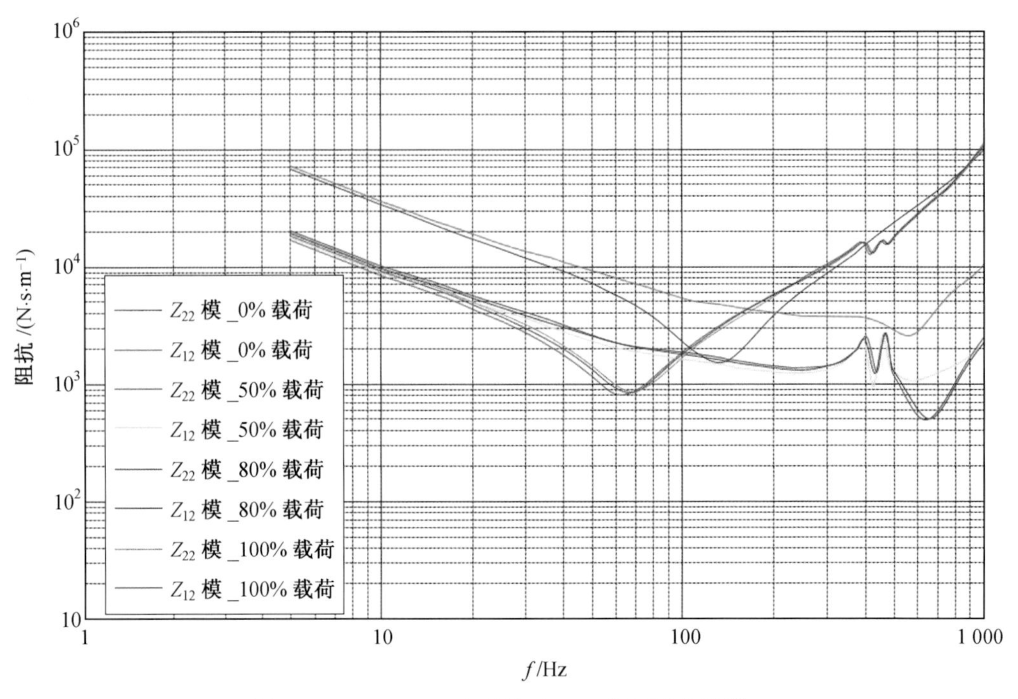

图 15　6JX－600_Y 向反置 Z_{22}、Z_{12} 机械阻抗图谱

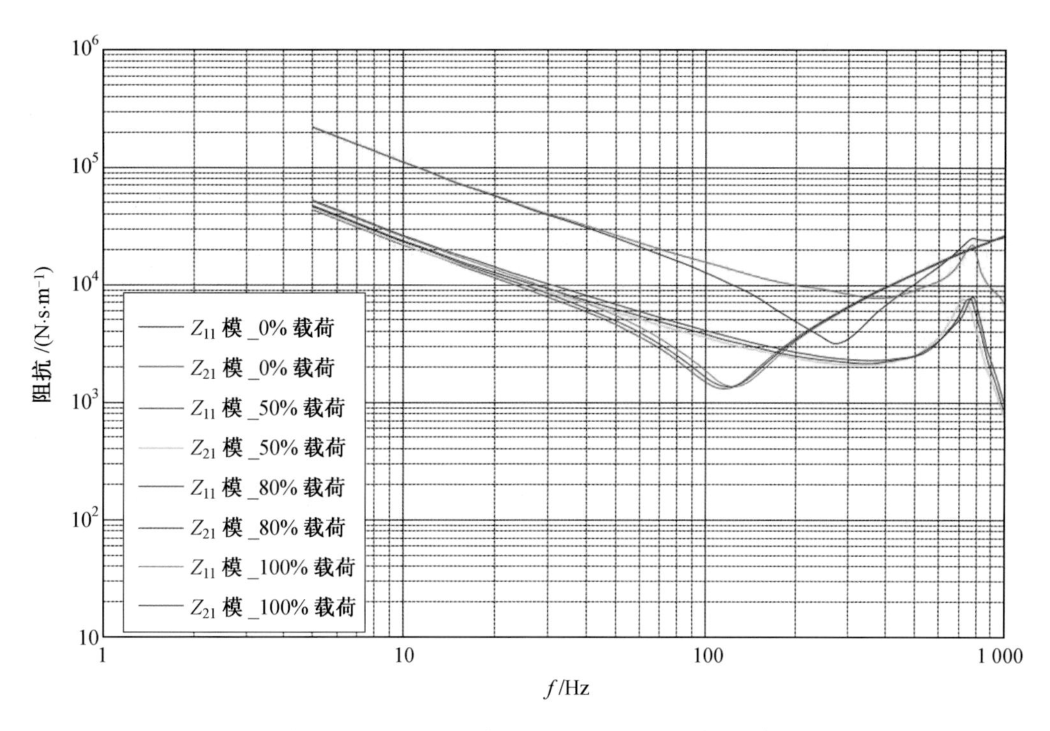

图 16 6JX－600_Z 向正置 Z_{11}、Z_{21} 机械阻抗图谱

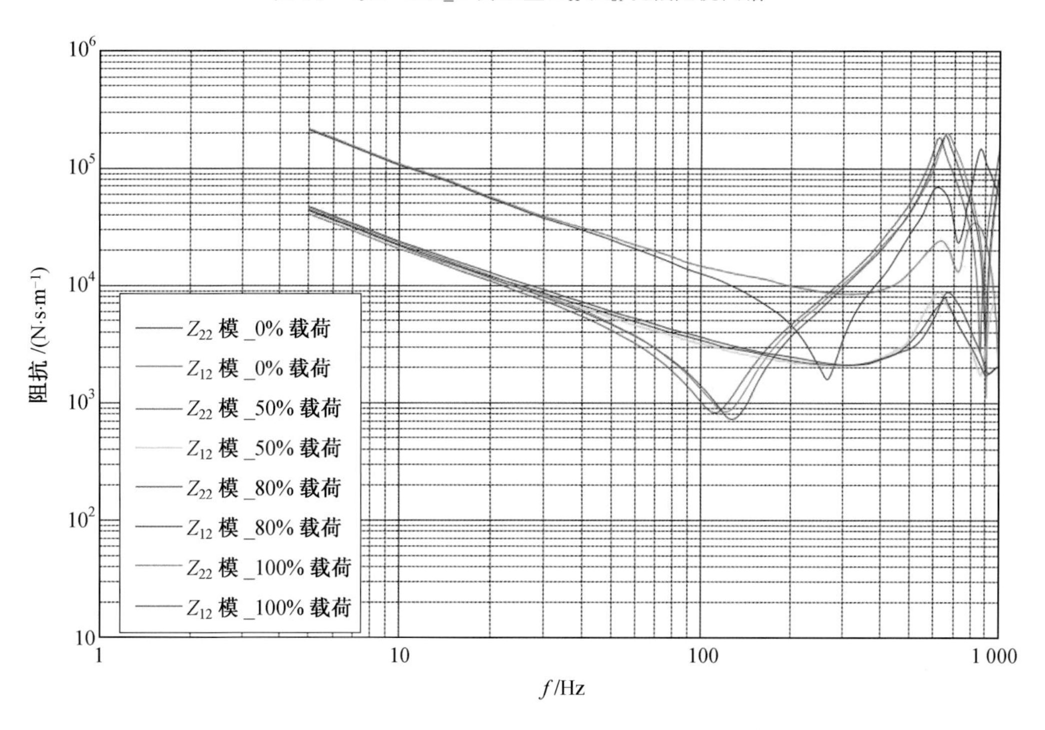

图 17 6JX－600_Z 向反置 Z_{22}、Z_{12} 机械阻抗图谱

5.6JX－900 隔振器机械阻抗图谱(图 18～21)

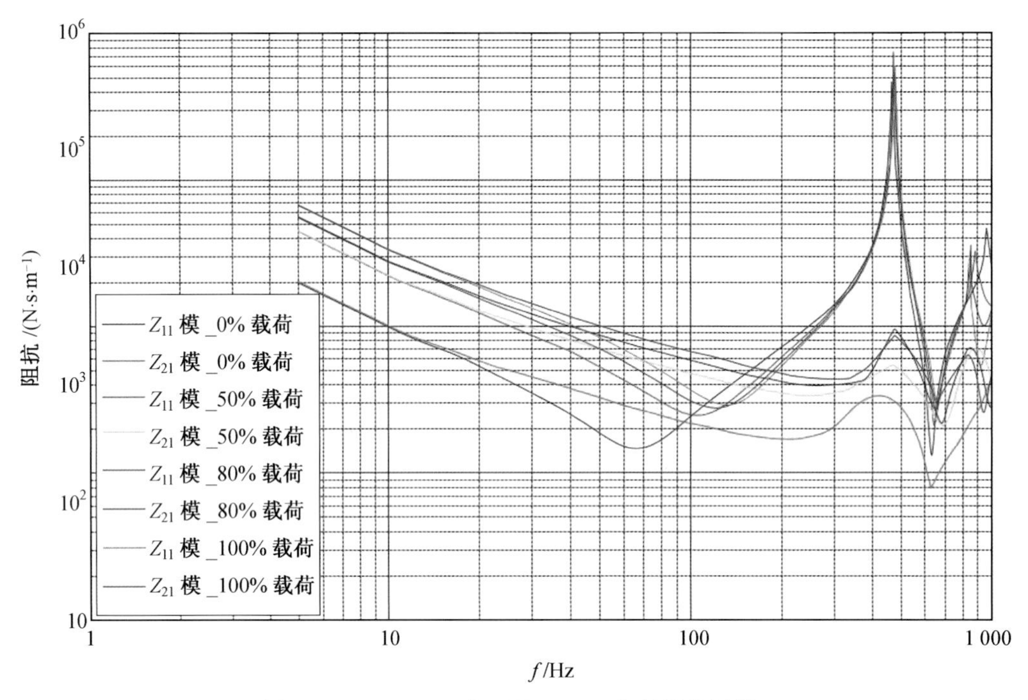

图 18　6JX－900_Y 向正置 Z_{11}、Z_{21} 机械阻抗图谱

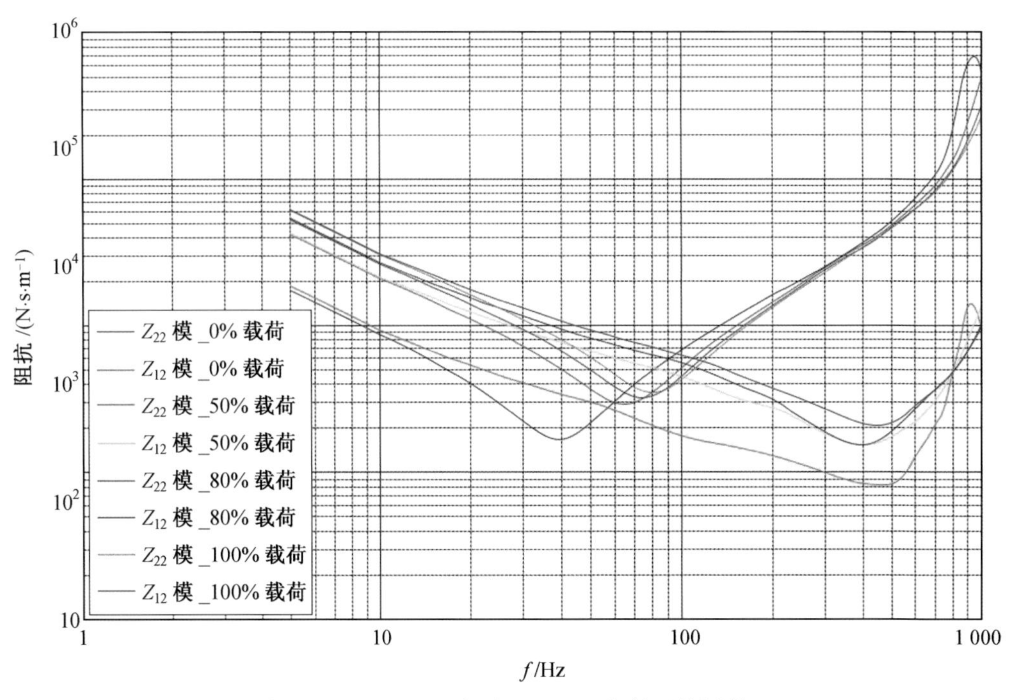

图 19　6JX－900_Y 向反置 Z_{22}、Z_{12} 机械阻抗图谱

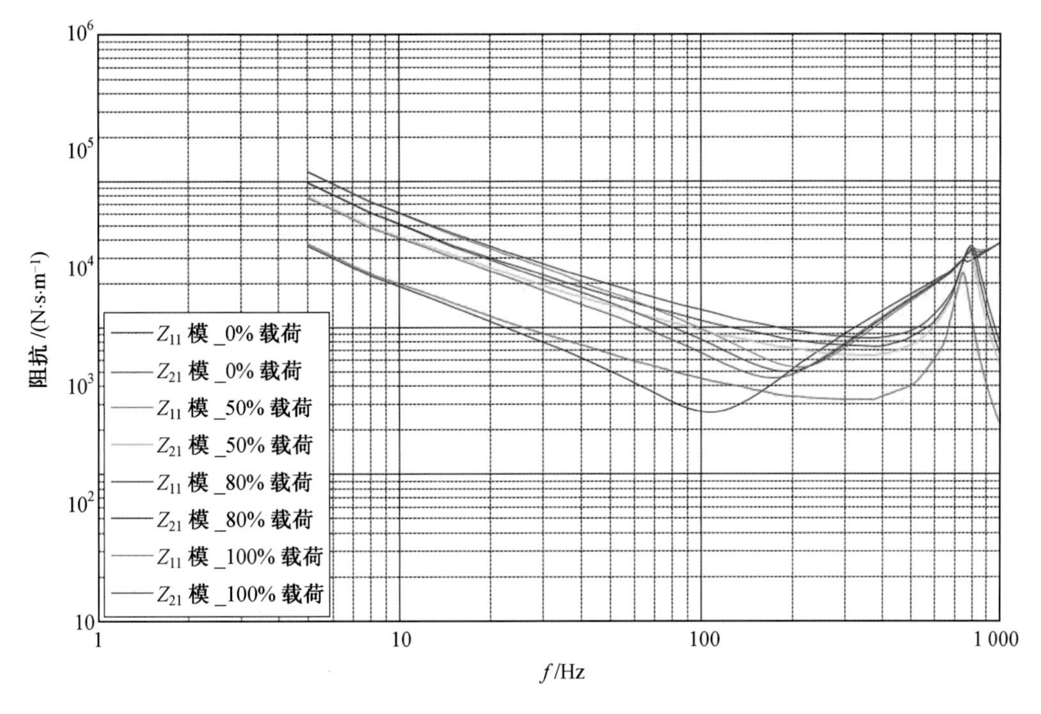

图 20　6JX－900_Z 向正置 Z_{11}、Z_{21} 机械阻抗图谱

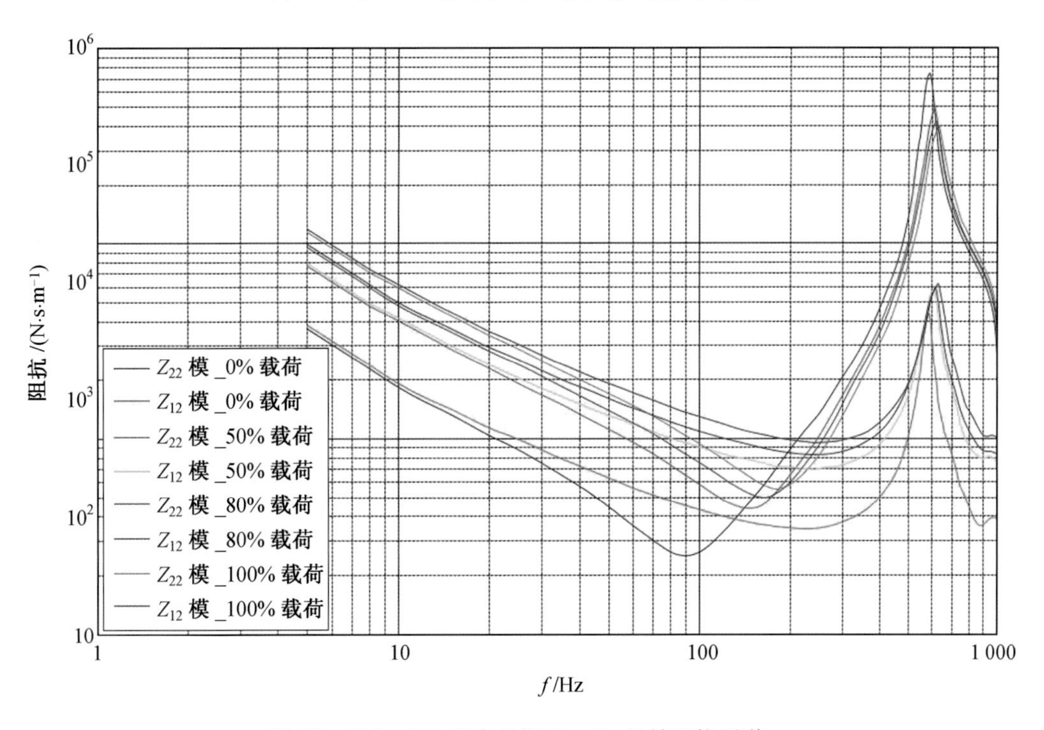

图 21　6JX－900_Z 向反置 Z_{22}、Z_{12} 机械阻抗图谱

6. 6JX－1200 隔振器机械阻抗图谱(图 22～25)

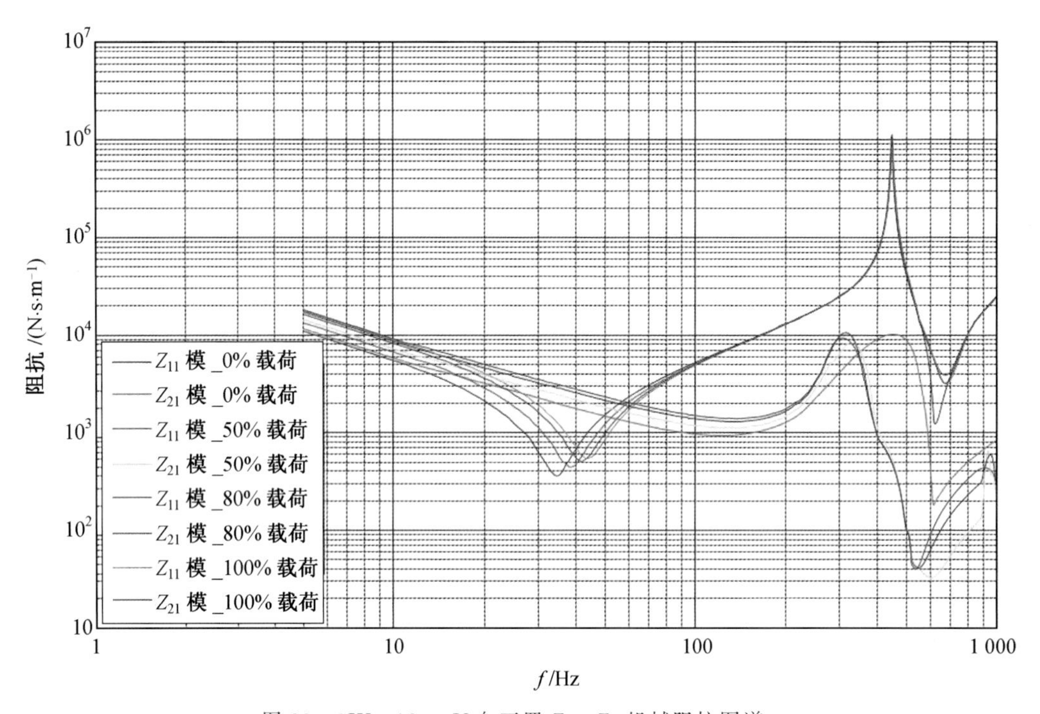

图 22　6JX－1200_Y 向正置 Z_{11}、Z_{21} 机械阻抗图谱

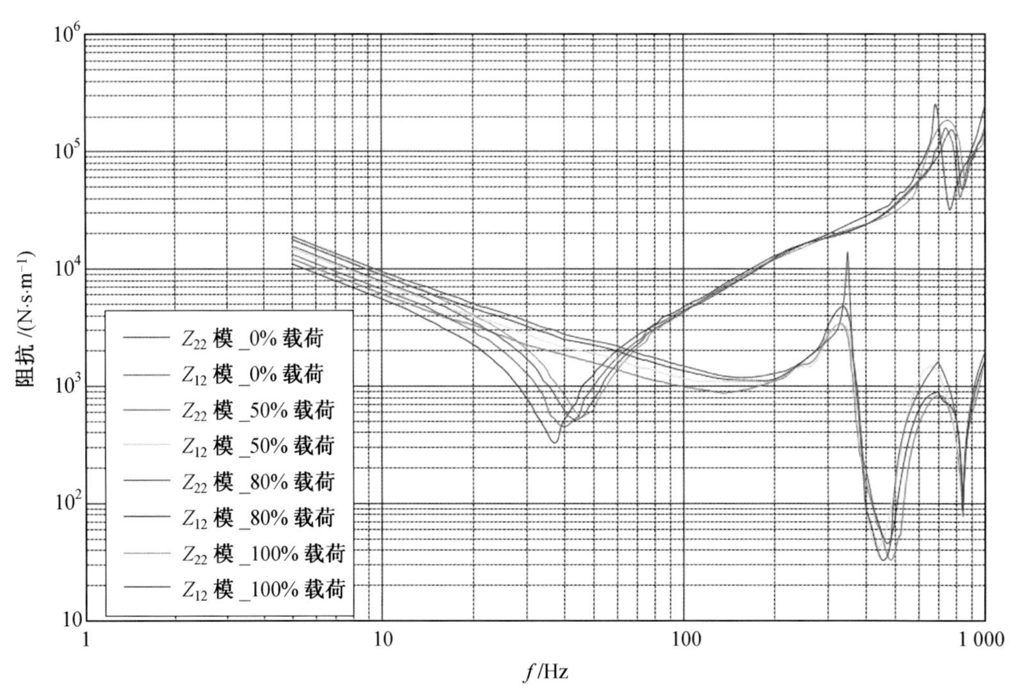

图 23　6JX－1200_Y 向反置 Z_{22}、Z_{12} 机械阻抗图谱

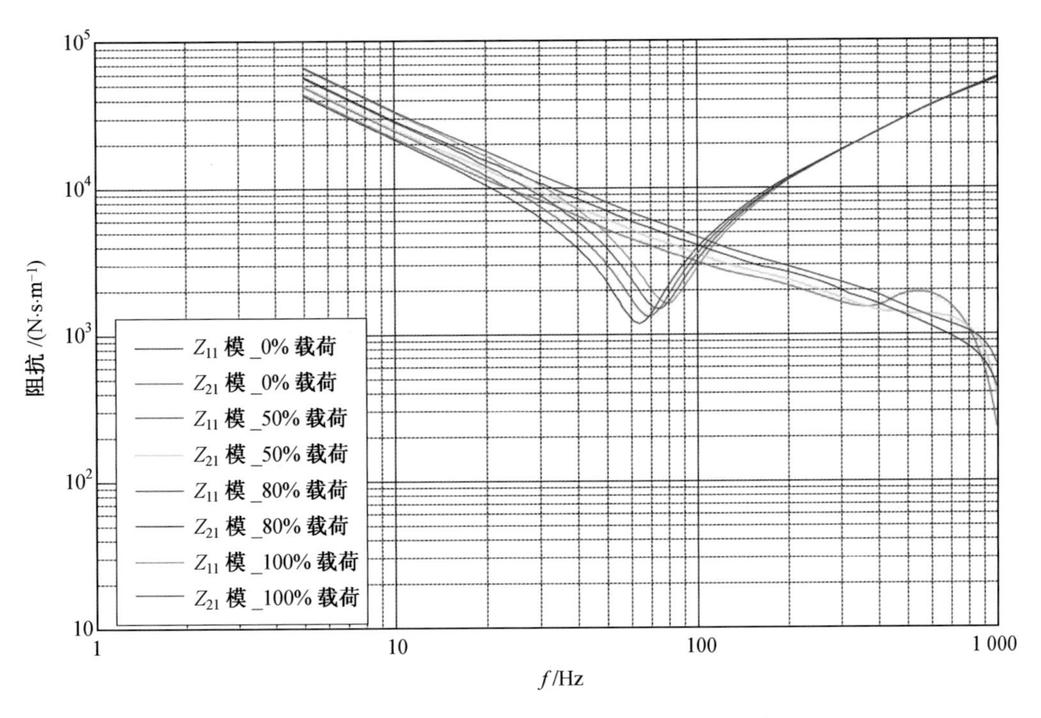

图 24 6JX—1200_Z 向正置 Z_{11}、Z_{21} 机械阻抗图谱

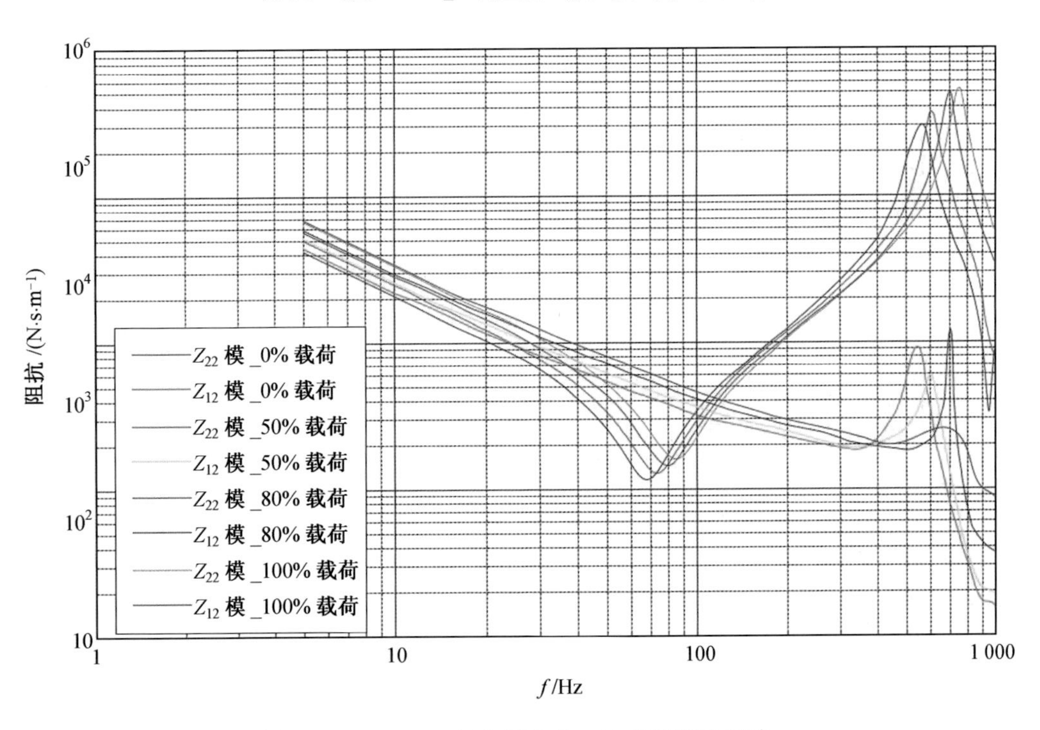

图 25 6JX—1200_Z 向反置 Z_{22}、Z_{12} 机械阻抗图谱

WH 型隔振器

一、WH 型隔振器外形(图 1)

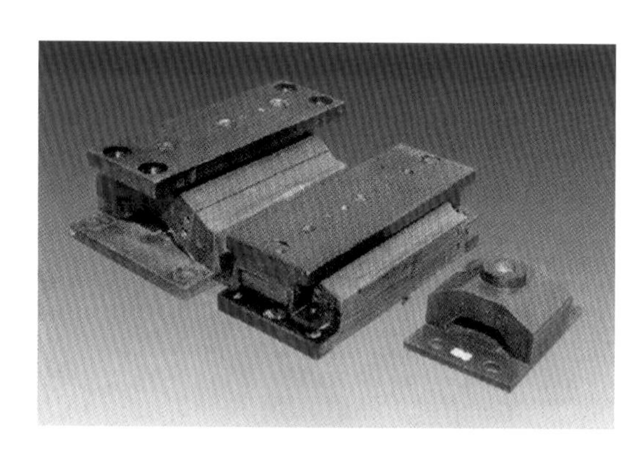

图 1　WH 型隔振器外形

二、WH 型隔振器动态特性数据测试工况(表 1)

表 1　WH 型隔振器动态特性数据测试工况

序号	型号	编号	试件安装形式	测试方向	载荷工况
1	WH－150	102301－27/102301－33	正/反置	$X/Y/Z$	0%、50%、80%、100%载荷
2	WH－250	1109－69/1109－98	正/反置	$X/Y/Z$	0%、50%、80%、100%载荷
3	WH－800	171608/171609	正/反置	$X/Y/Z$	0%、50%、80%、100%载荷
4	WH－1750	171610/171611	正/反置	$X/Y/Z$	0%、50%、80%、100%载荷

三、WH 型隔振器机械阻抗图谱

1. WH－150 隔振器机械阻抗图谱(图 2～7)

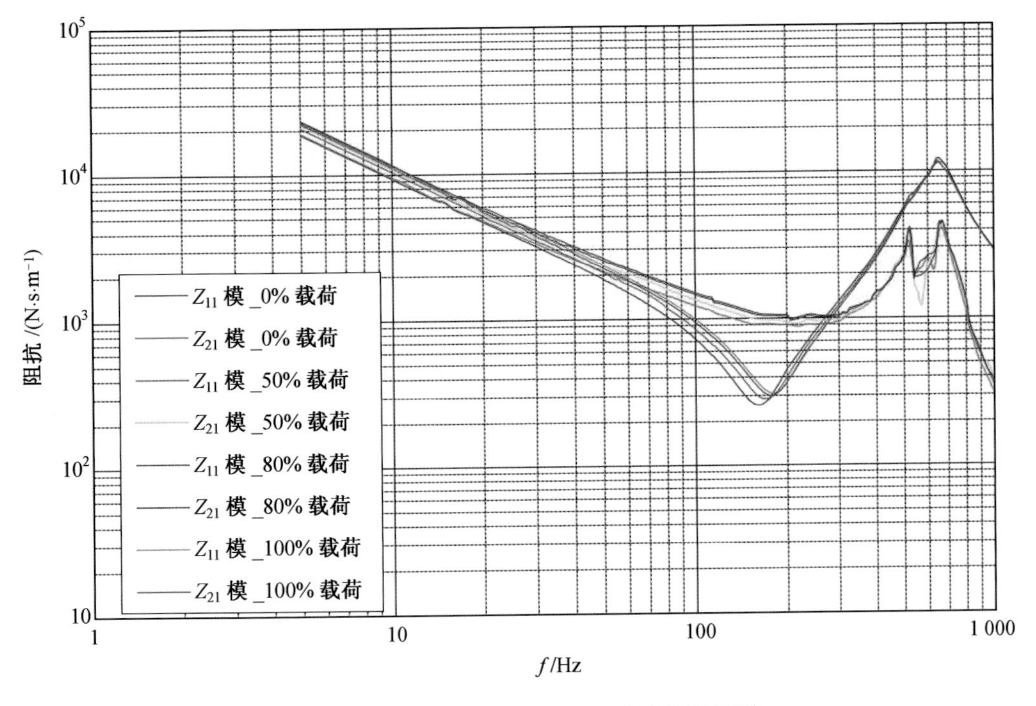

图 2　WH－150_X 向正置 Z_{11}、Z_{21} 机械阻抗图谱

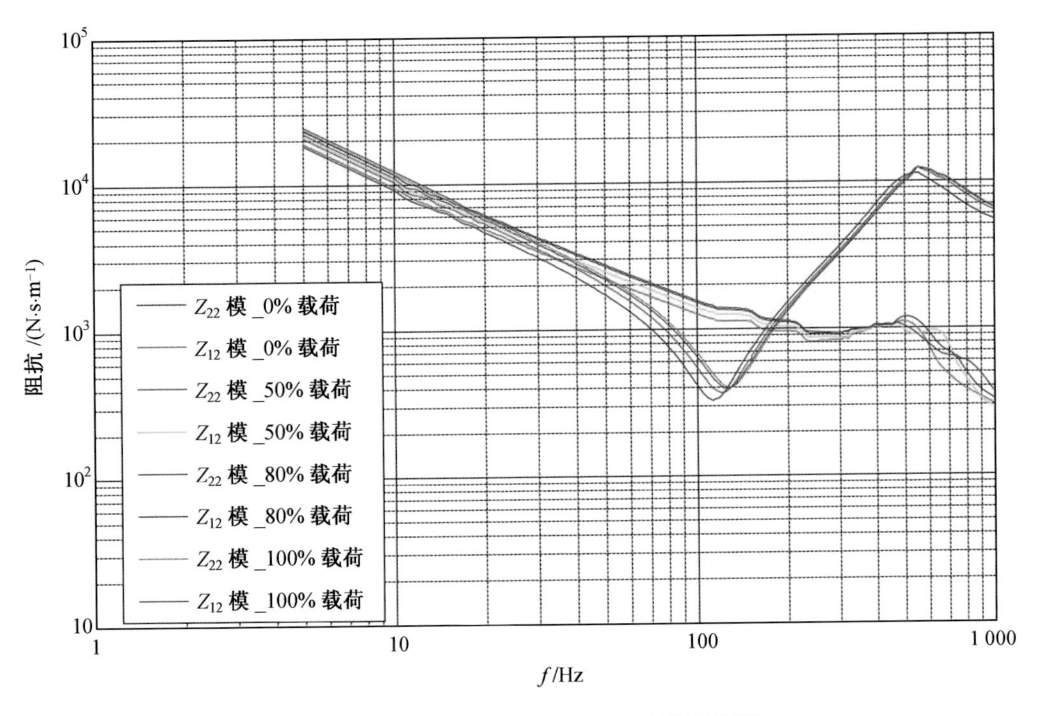

图 3　WH－150_X 向反置 Z_{22}、Z_{12} 机械阻抗图谱

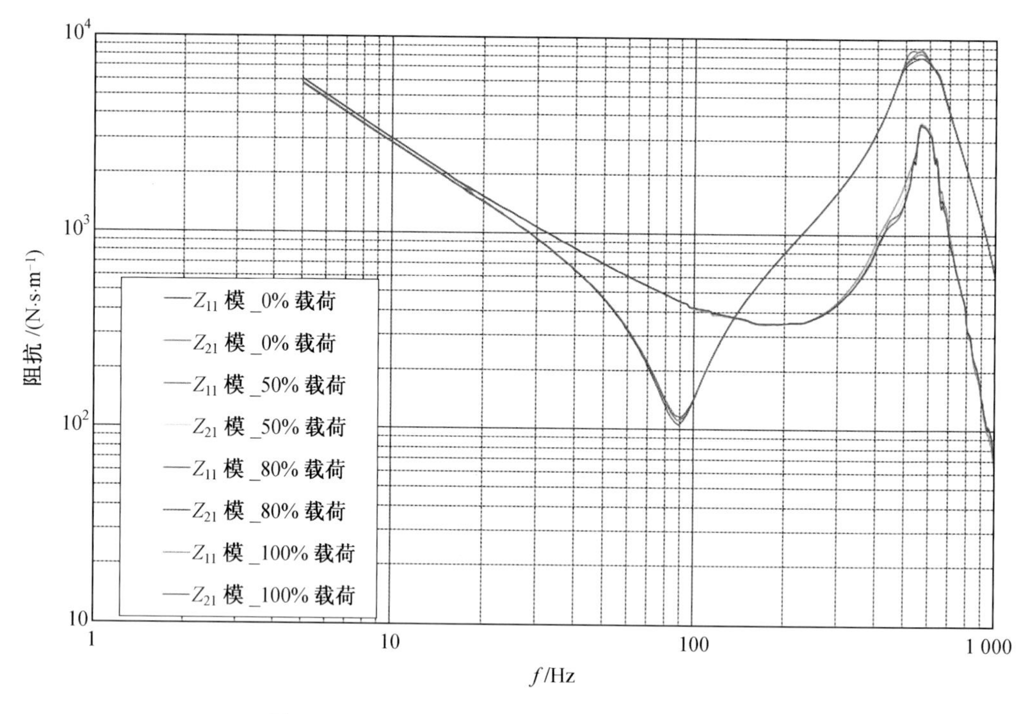

图 4 WH－150_Y 向正置 Z_{11}、Z_{21} 机械阻抗图谱

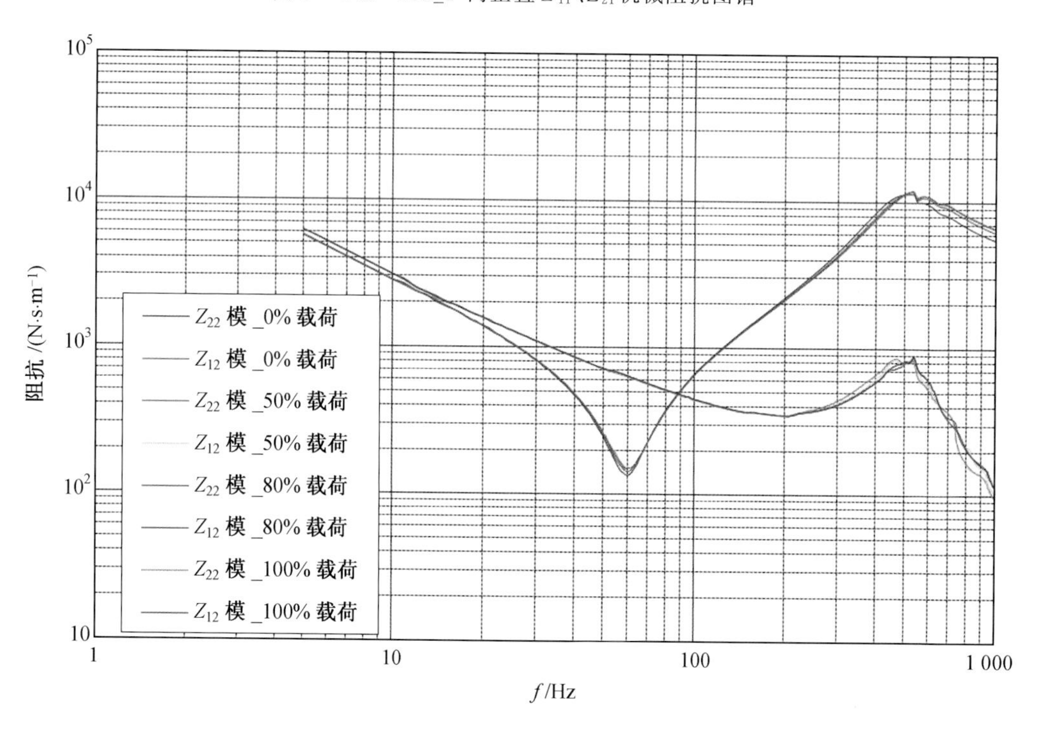

图 5 WH－150_Y 向反置 Z_{22}、Z_{12} 机械阻抗图谱

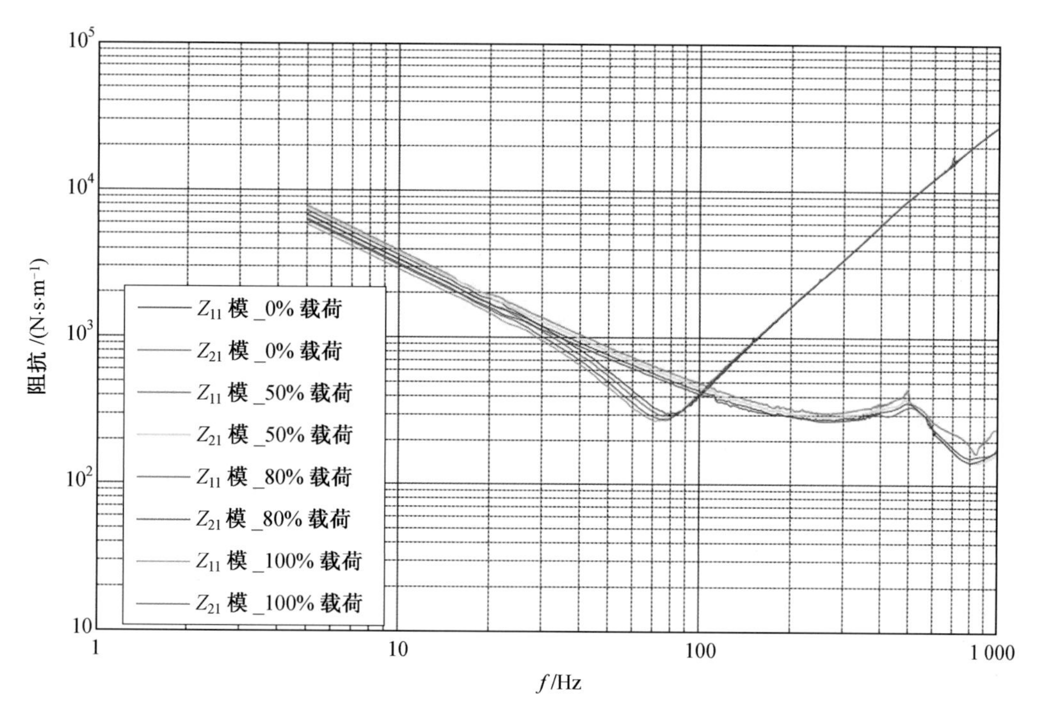

图 6　WH－150_Z 向正置 Z_{11}、Z_{21} 机械阻抗图谱

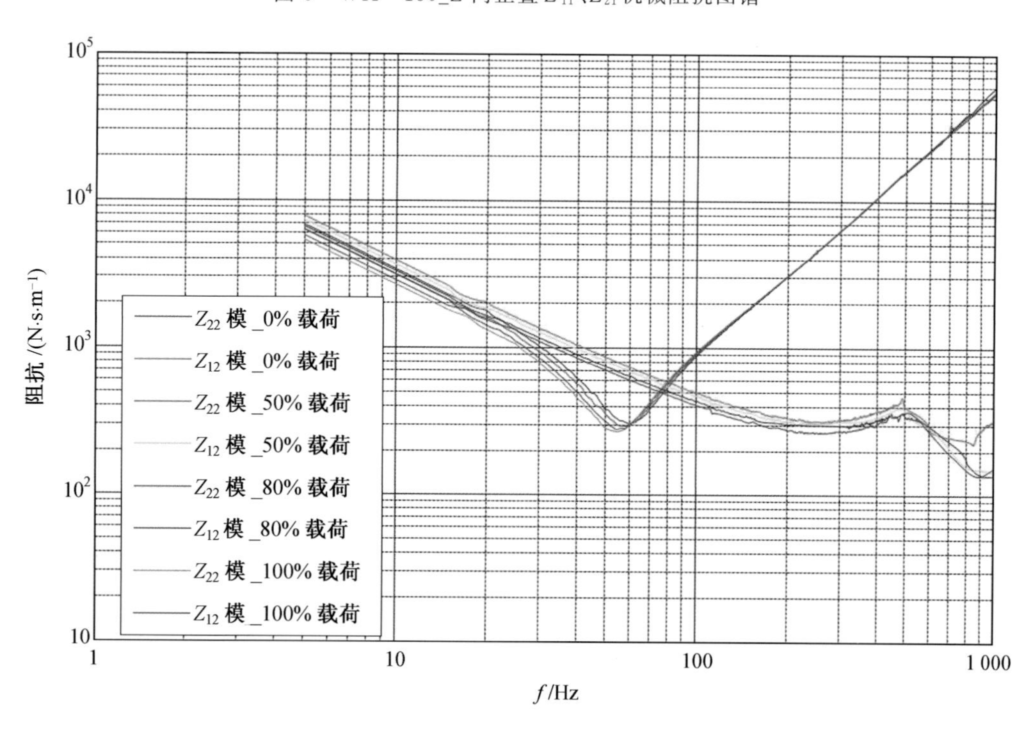

图 7　WH－150_Z 向反置 Z_{22}、Z_{12} 机械阻抗图谱

2. WH－250 隔振器机械阻抗图谱(图 8～13)

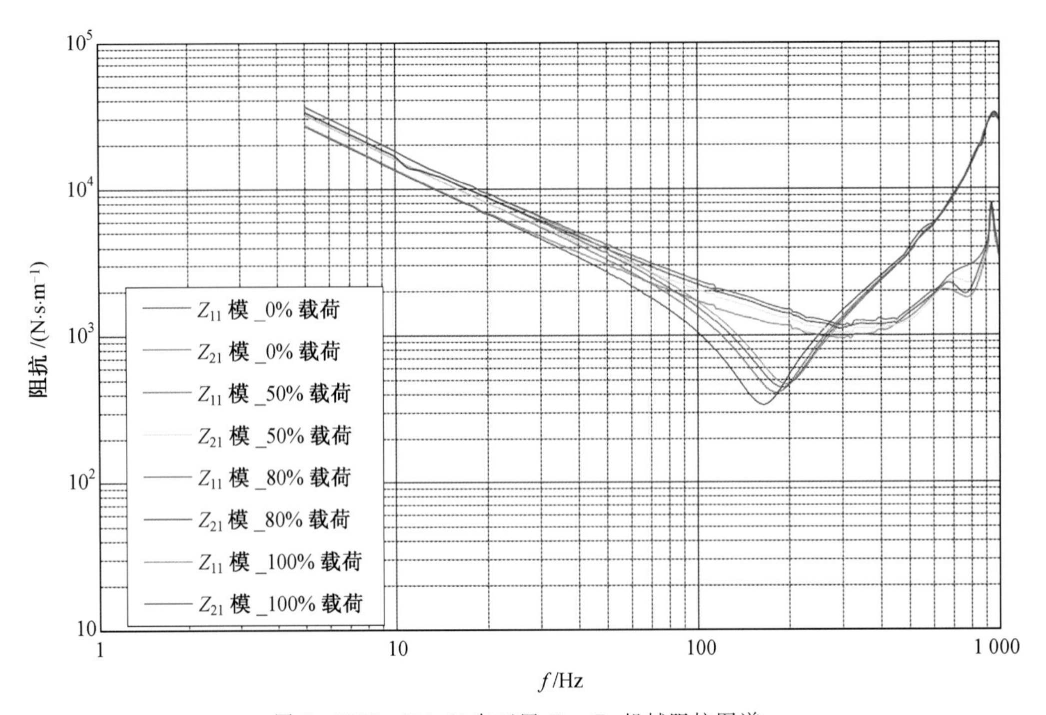

图 8　WH－250_X 向正置 Z_{11}、Z_{21} 机械阻抗图谱

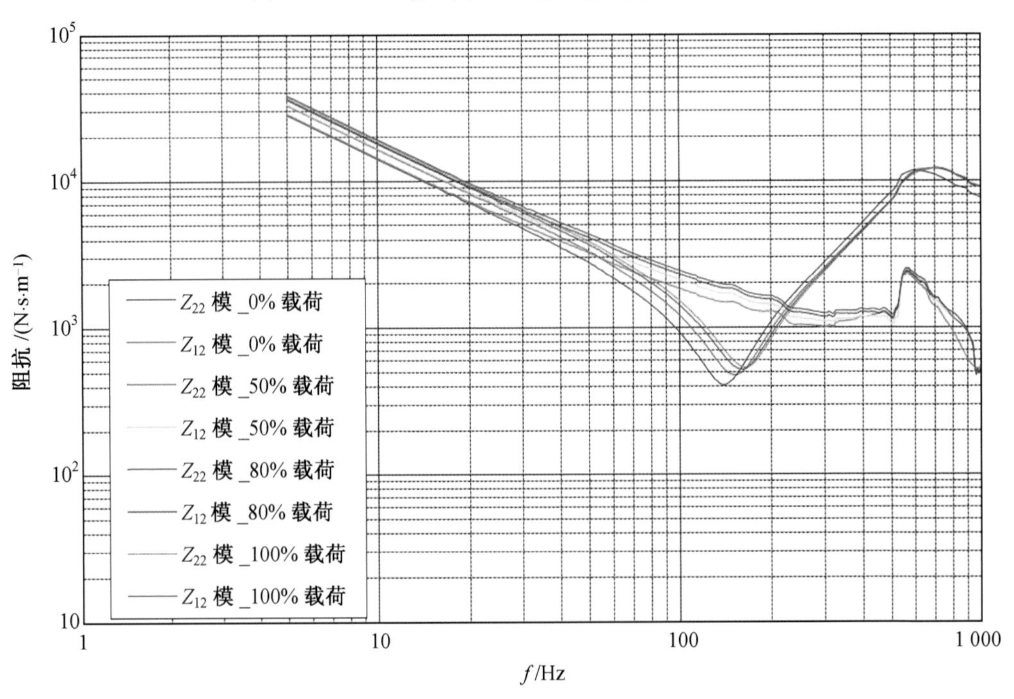

图 9　WH－250_X 向反置 Z_{22}、Z_{12} 机械阻抗图谱

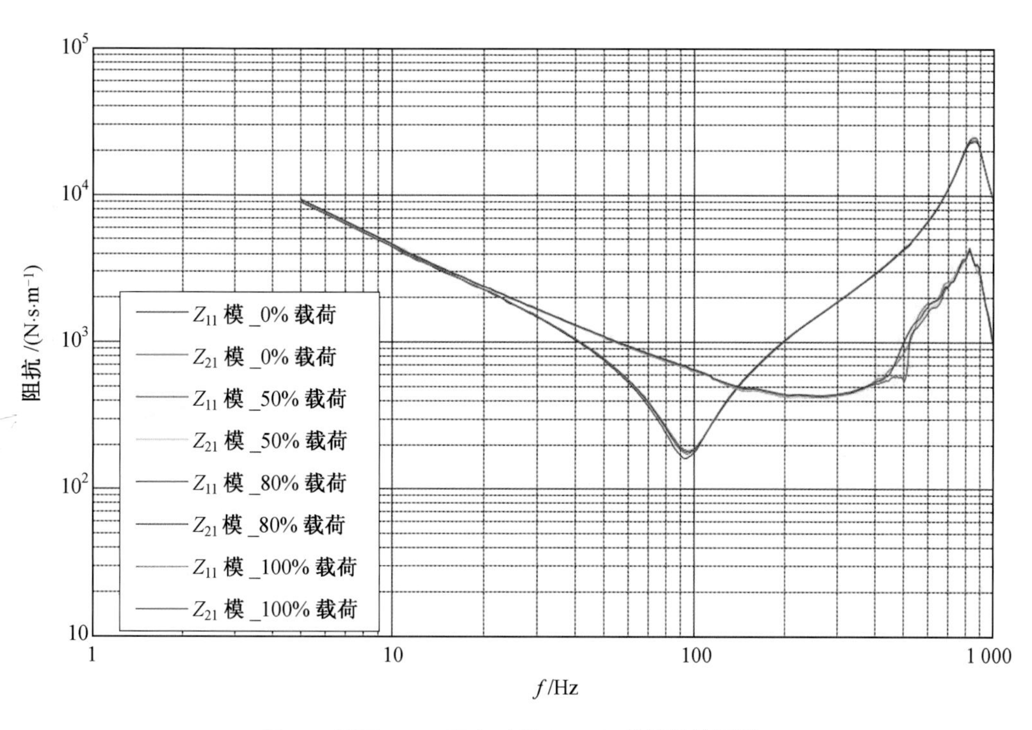

图 10 WH－250_Y 向正置 Z_{11}、Z_{21} 机械阻抗图谱

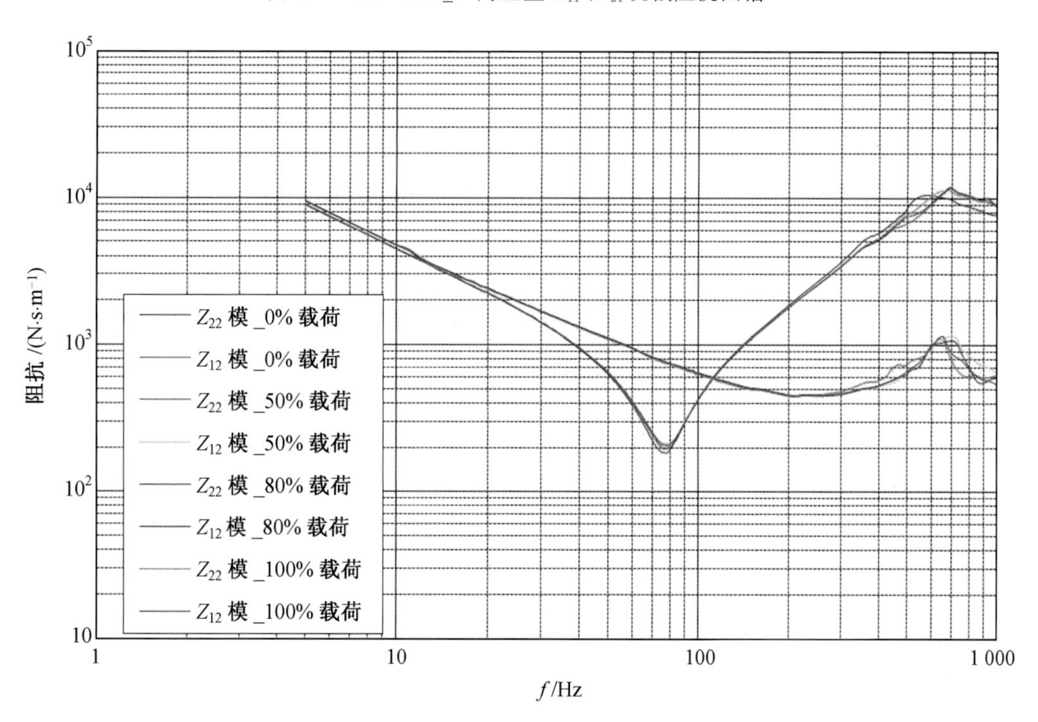

图 11 WH－250_Y 向反置 Z_{22}、Z_{12} 机械阻抗图谱

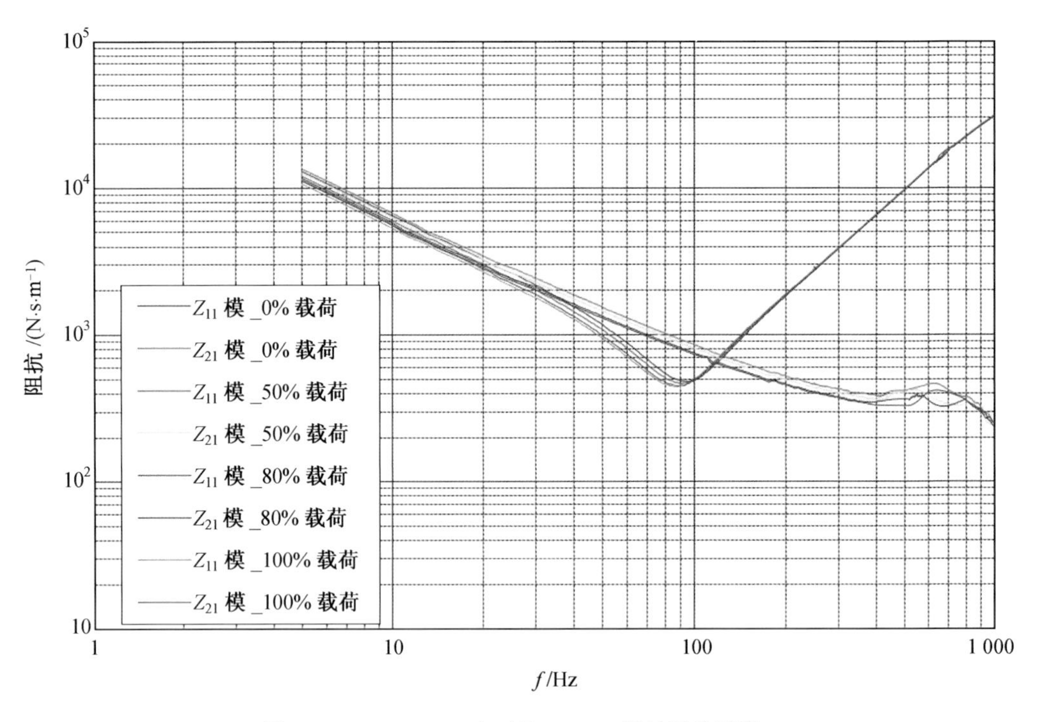

图 12　WH－250_Z 向正置 Z_{11}、Z_{21} 机械阻抗图谱

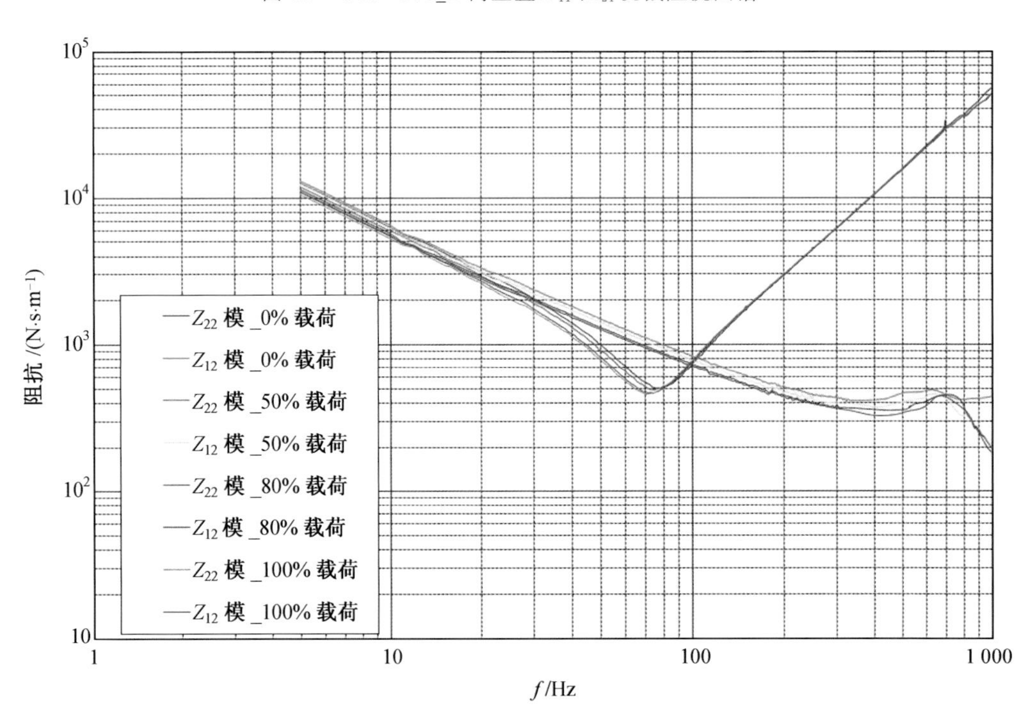

图 13　WH－250_Z 向反置 Z_{22}、Z_{12} 机械阻抗图谱

3. WH－800 隔振器机械阻抗图谱(图 14～19)

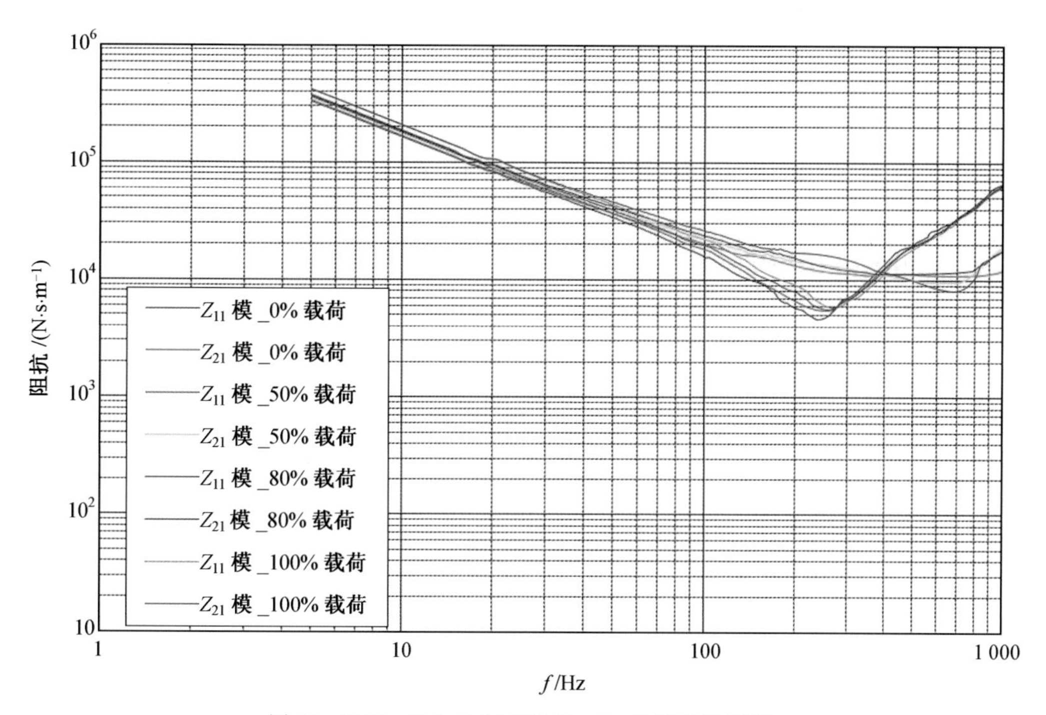

图 14　WH－800_X 向正置 Z_{11}、Z_{21} 机械阻抗图谱

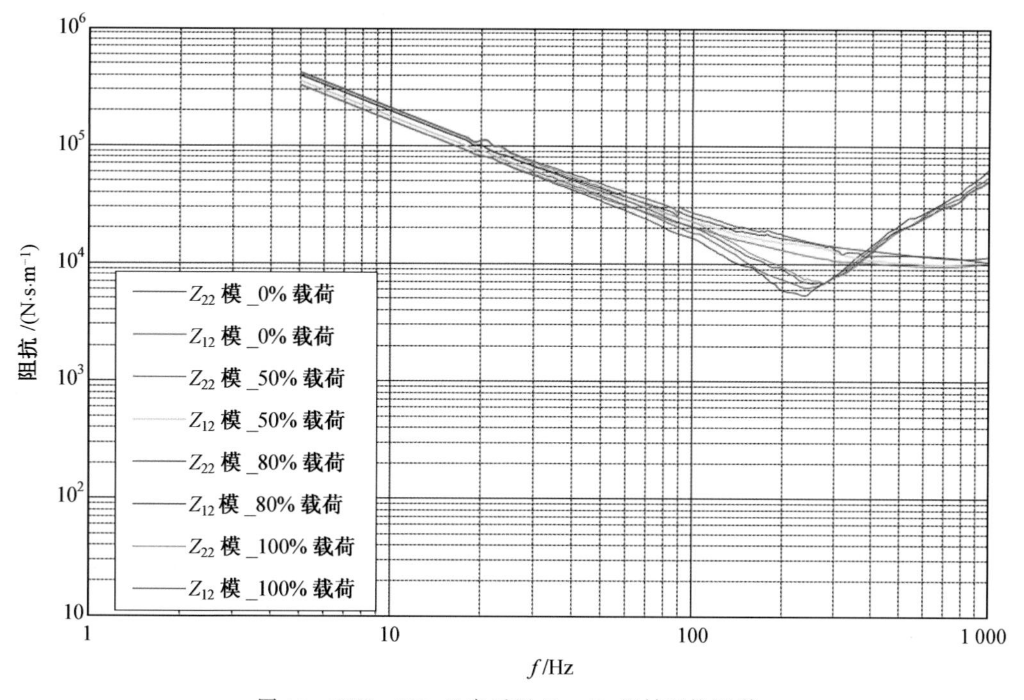

图 15　WH－800_X 向反置 Z_{22}、Z_{12} 机械阻抗图谱

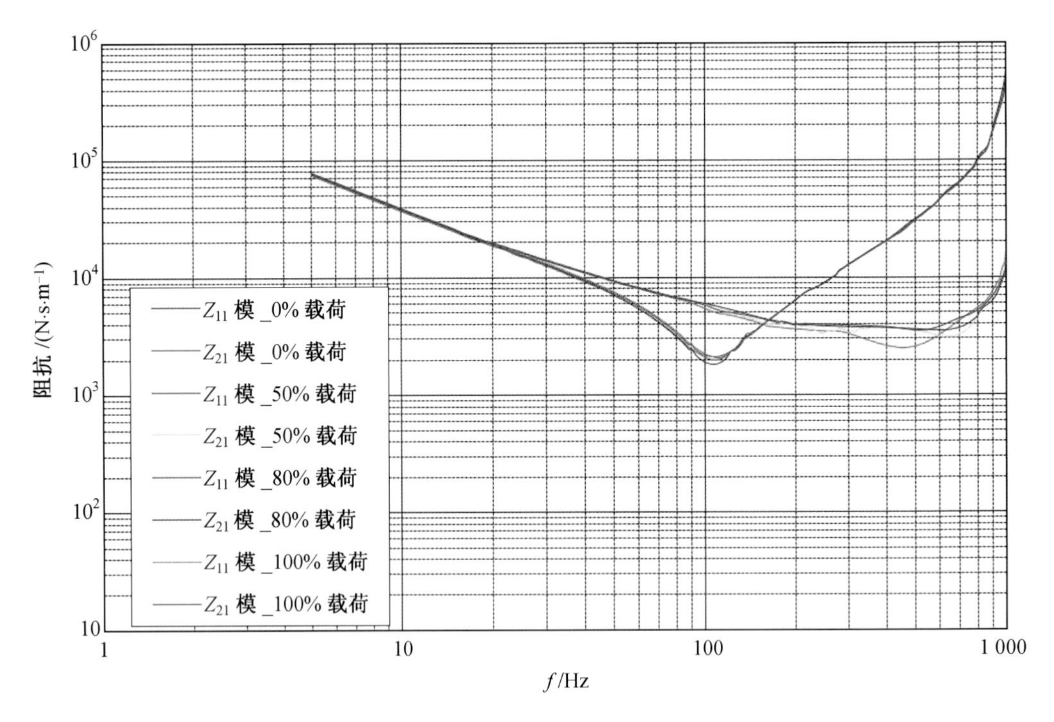

图 16　WH－800_Y 向正置 Z_{11}、Z_{21} 机械阻抗图谱

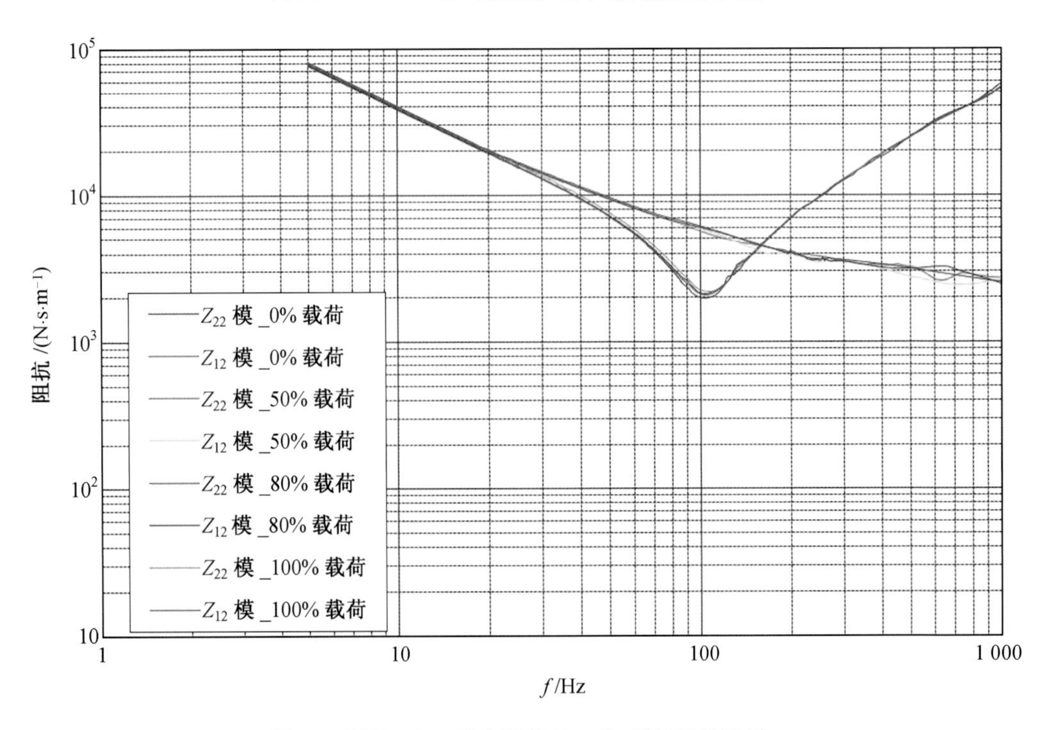

图 17　WH－800_Y 向反置 Z_{22}、Z_{12} 机械阻抗图谱

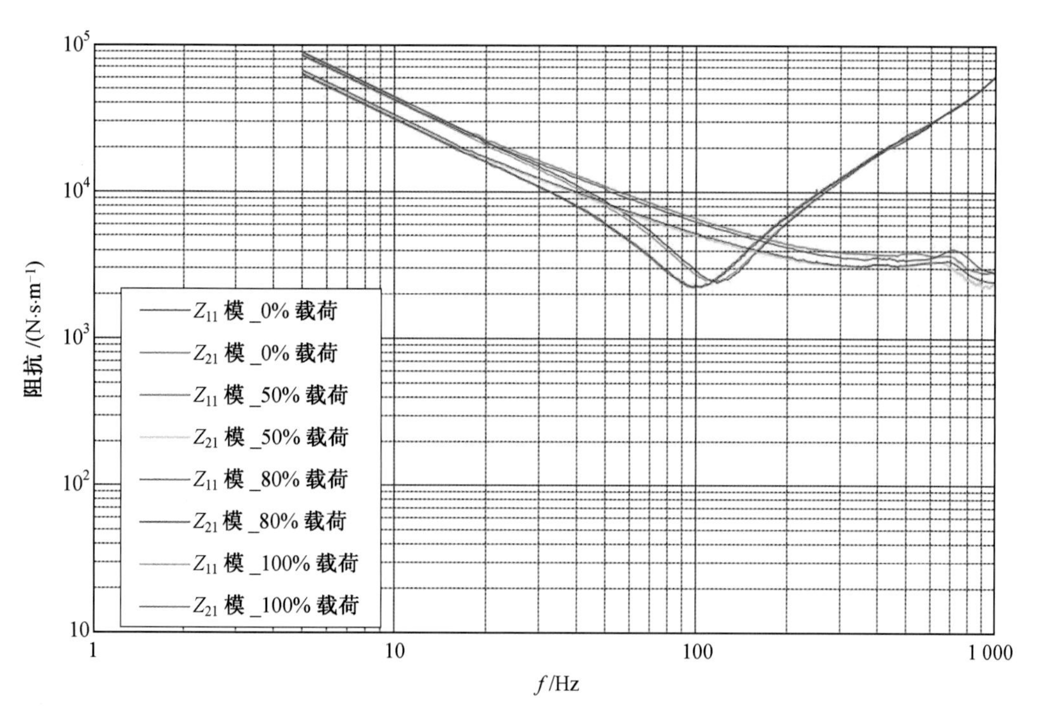

图 18　WH－800_Z 向正置 Z_{11}、Z_{21} 机械阻抗图谱

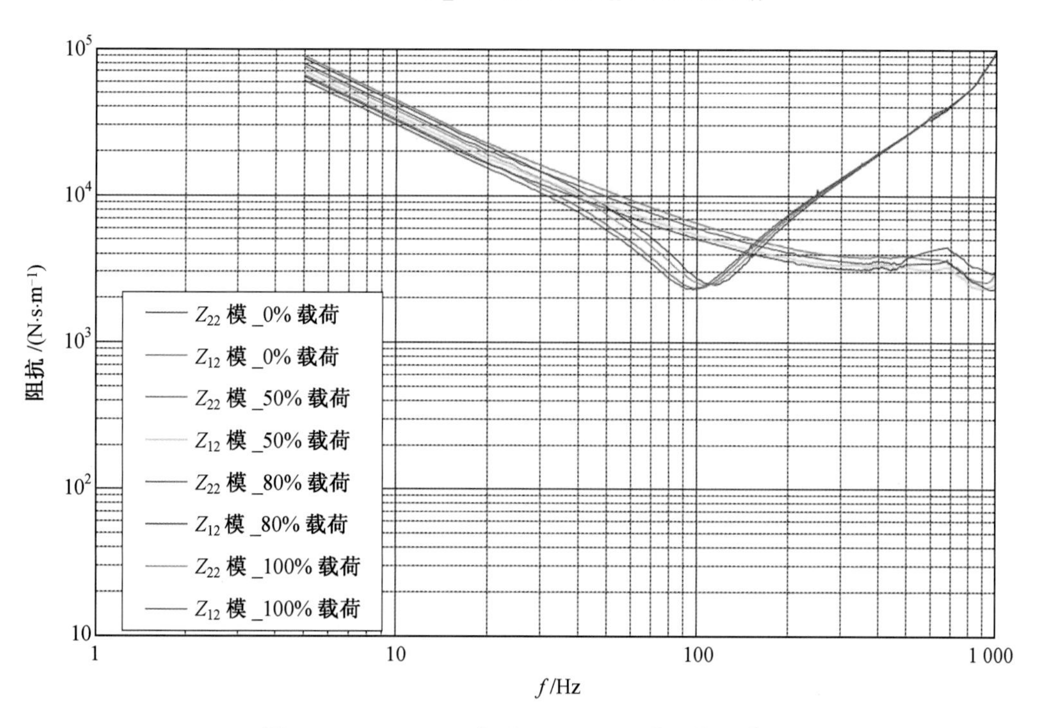

图 19　WH－800_Z 向反置 Z_{22}、Z_{12} 机械阻抗图谱

4. WH－1750 隔振器机械阻抗图谱(图 20～25)

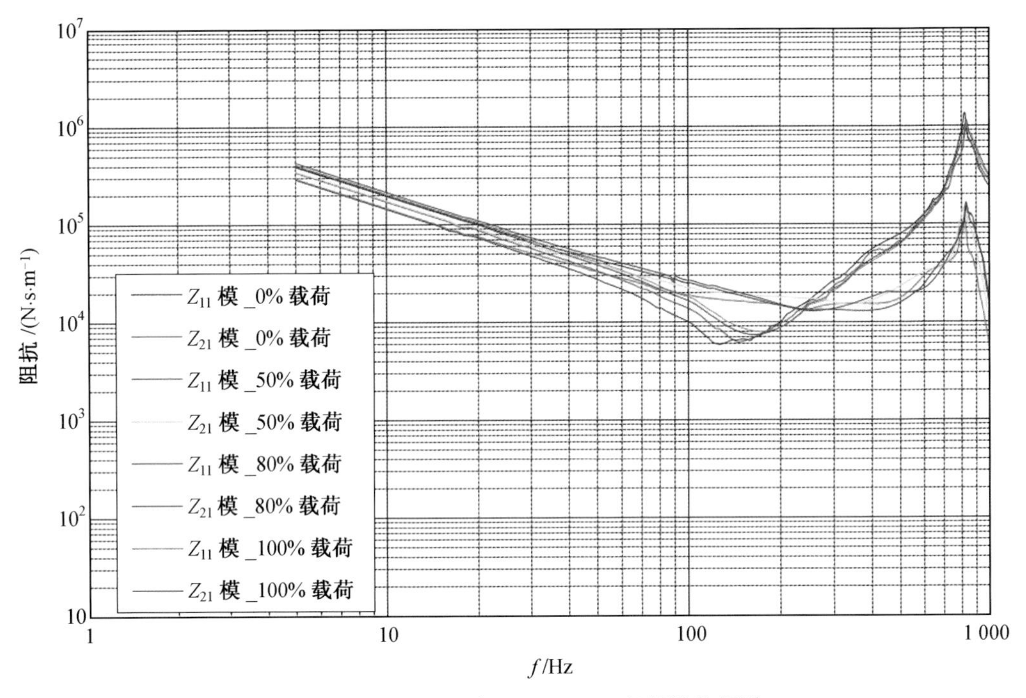

图 20　WH－1750_X 向正置 Z_{11}、Z_{21} 机械阻抗图谱

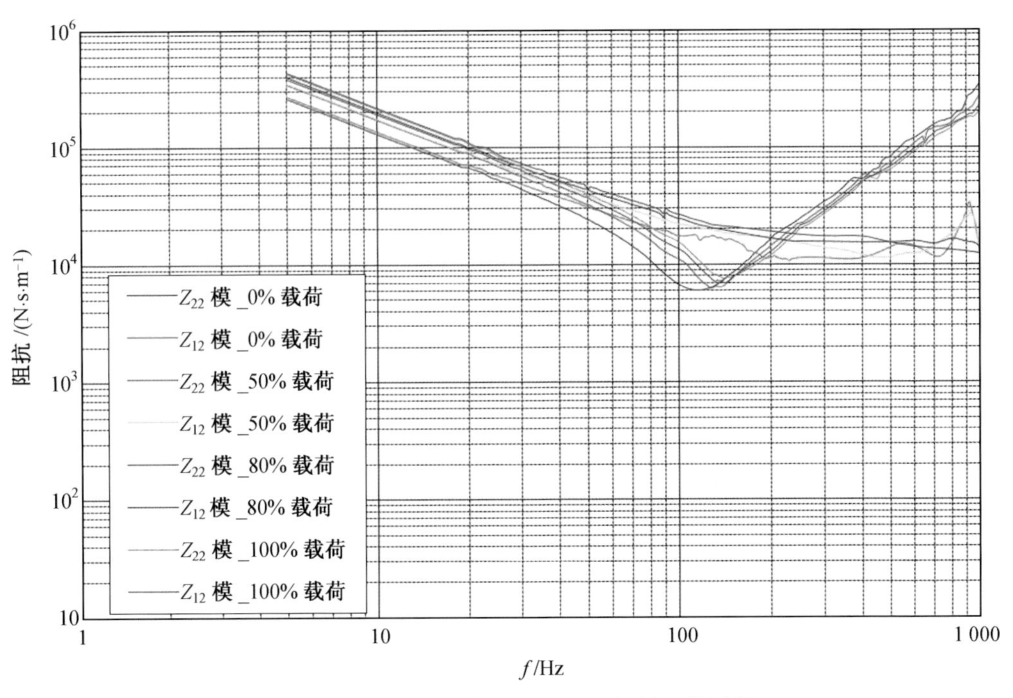

图 21　WH－1750_X 向反置 Z_{22}、Z_{12} 机械阻抗图谱

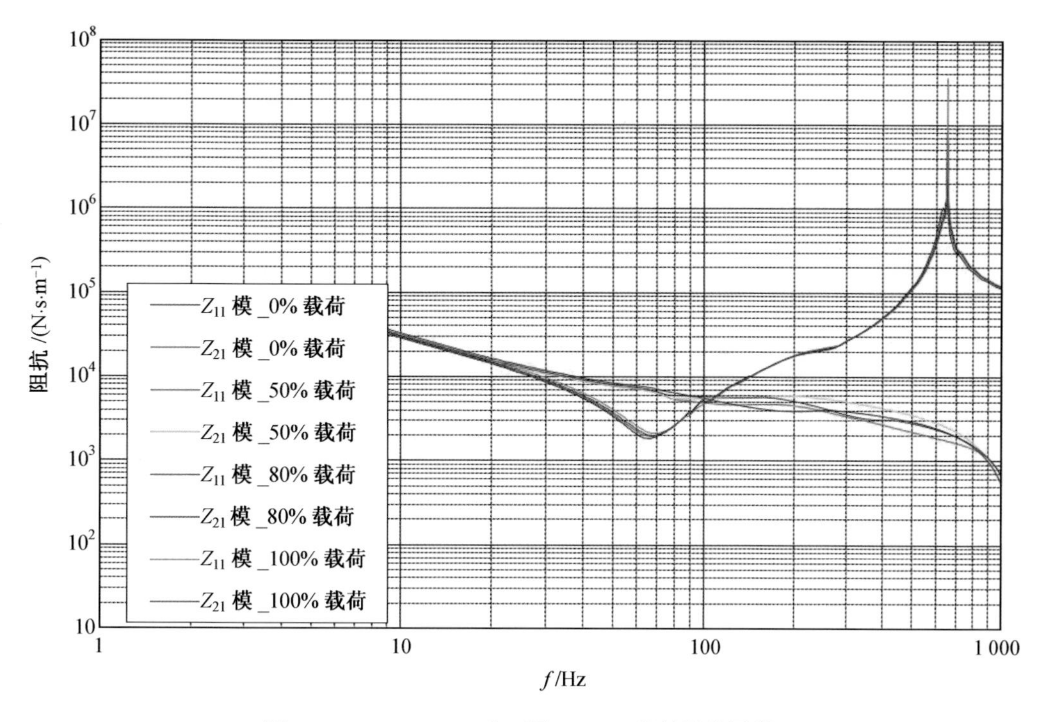

图 22　WH－1750_Y 向正置 Z_{11}、Z_{21} 机械阻抗图谱

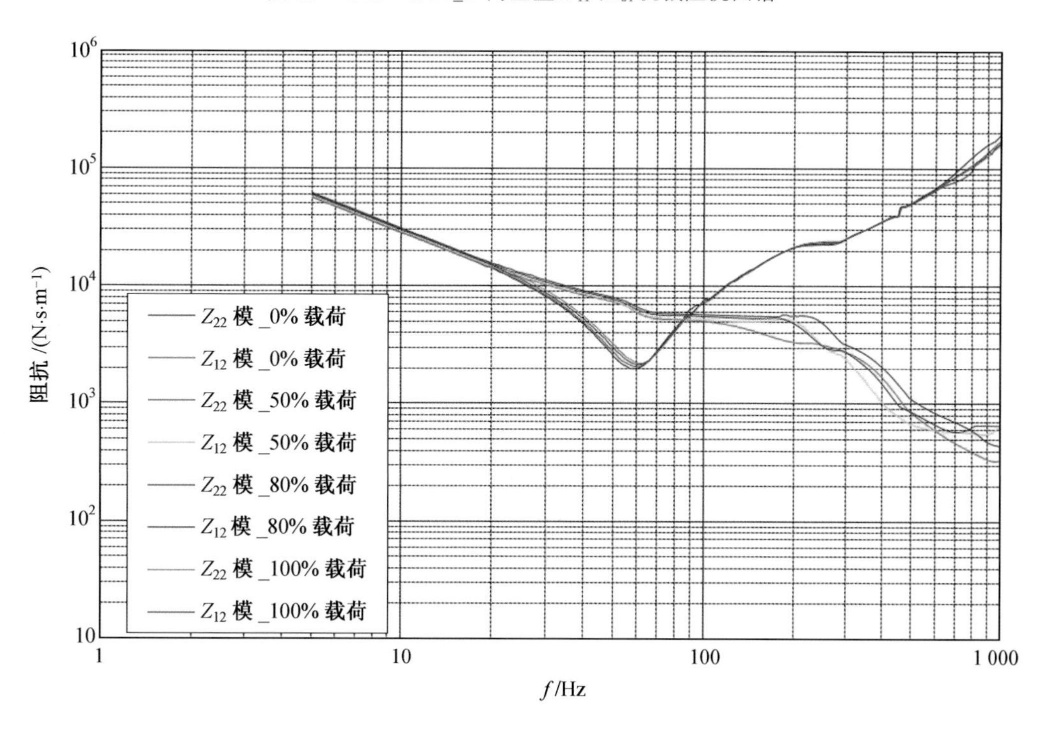

图 23　WH－1750_Y 向反置 Z_{22}、Z_{12} 机械阻抗图谱

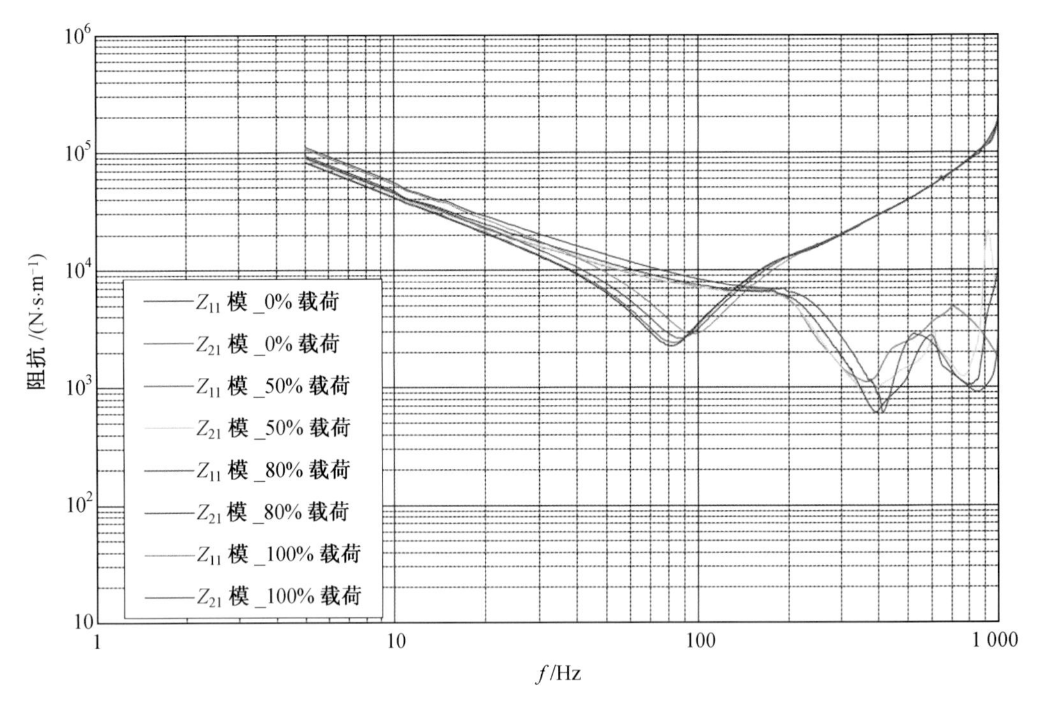

图 24　WH－1750_Z 向正置 Z_{11}、Z_{21} 机械阻抗图谱

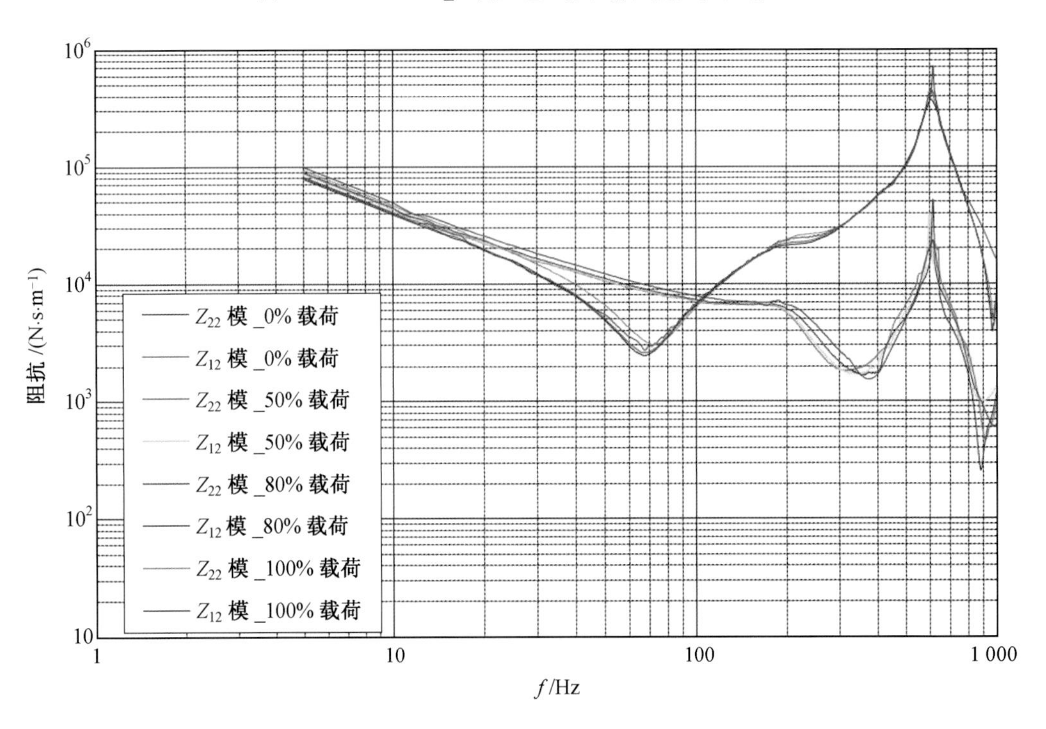

图 25　WH－1750_Z 向反置 Z_{22}、Z_{12} 机械阻抗图谱

JQ 型隔振器

一、JQ 型隔振器外形(图 1)

图 1　JQ 型隔振器外形

二、JQ 型隔振器动态特性数据测试工况(表 1)

表 1　JQ 型隔振器动态特性数据测试工况

序号	型号	编号	试件安装形式	测试方向	载荷工况
1	JQ－120	0307－03/0307－04	正/反置	Y/Z	0%、50%、80%、100%载荷
2	JQ－220	031805－04/031805－21	正/反置	Y/Z	0%、50%、80%、100%载荷
3	JQ－400	704－01/704－02	正/反置	Y/Z	0%、50%、80%、100%载荷
4	JQ－600	704－09/704－10	正/反置	Y/Z	0%、50%、80%、100%载荷
5	JQ－850	704－03/704－04	正/反置	Y/Z	0%、50%、80%、100%载荷

三、JQ 型隔振器机械阻抗图谱

1. JQ－120 隔振器机械阻抗图谱(图 2～5)

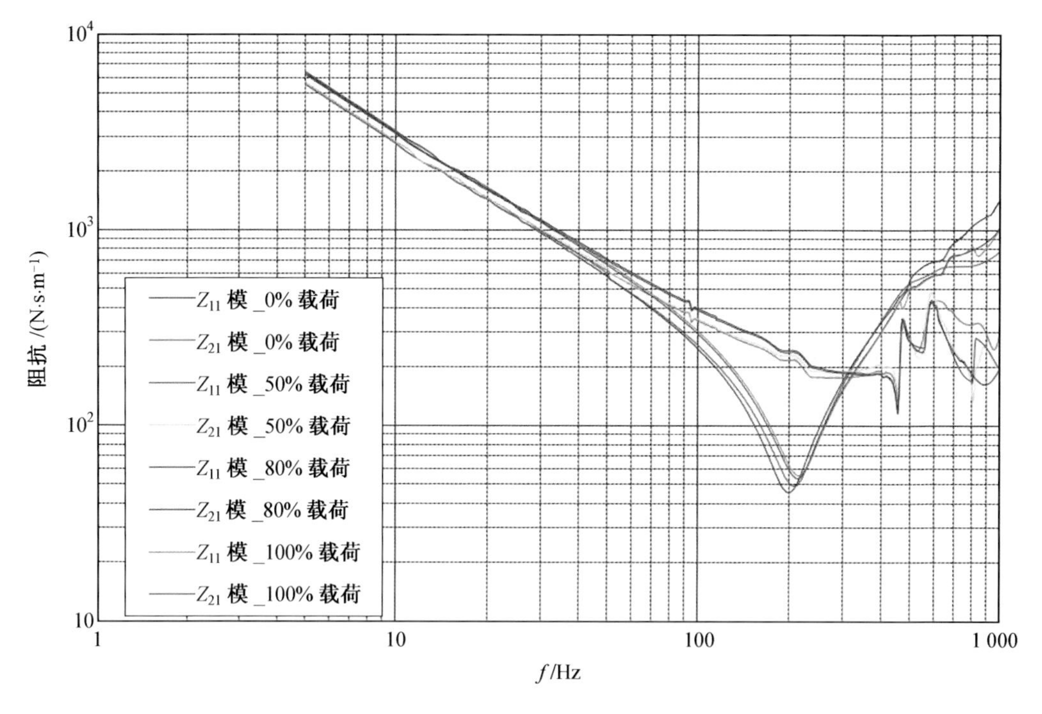

图 2　JQ－120_Y 向正置 Z_{11}、Z_{21} 机械阻抗图谱

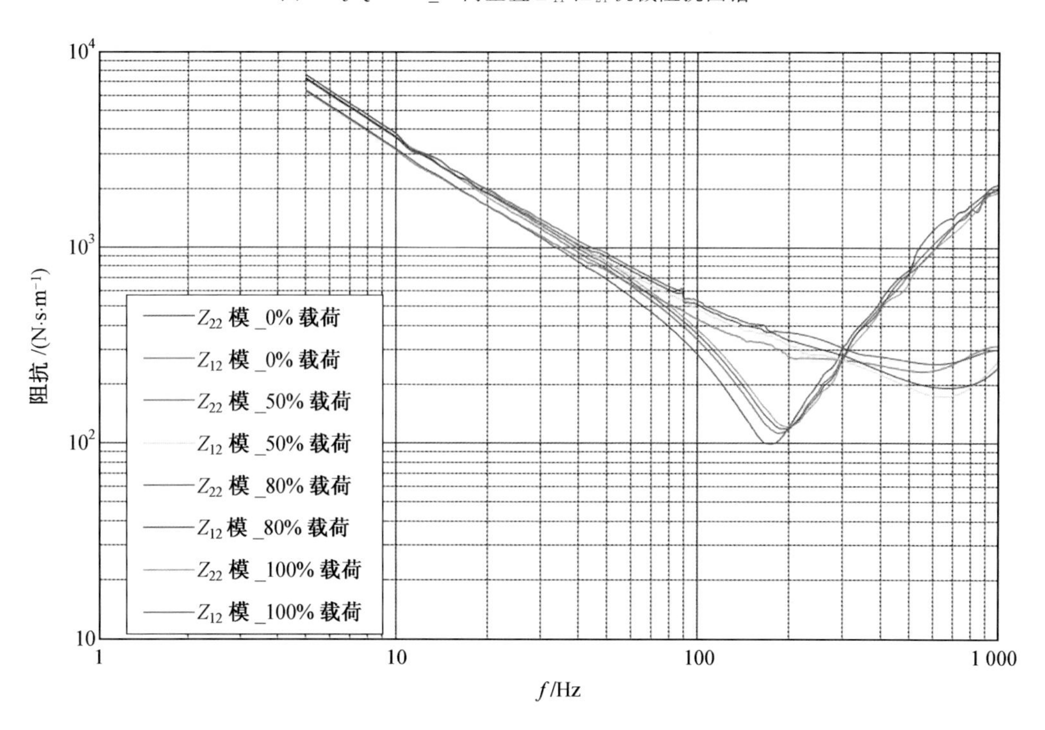

图 3　JQ－120_Y 向反置 Z_{22}、Z_{12} 机械阻抗图谱

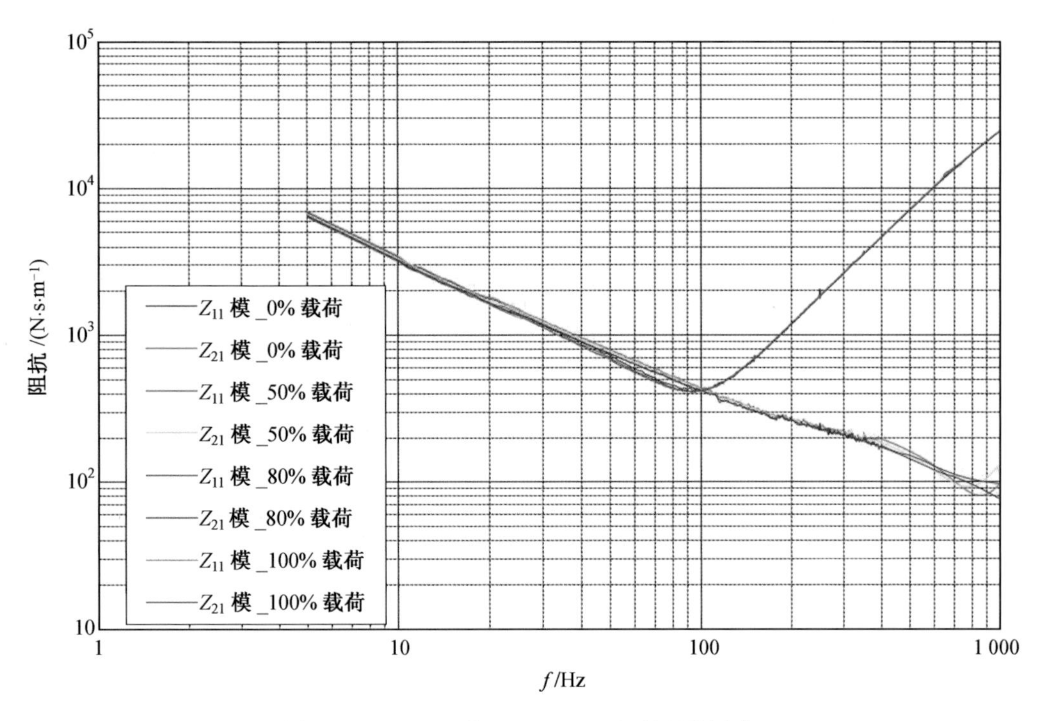

图 4　JQ—120_Z 向正置 Z_{11}、Z_{21} 机械阻抗图谱

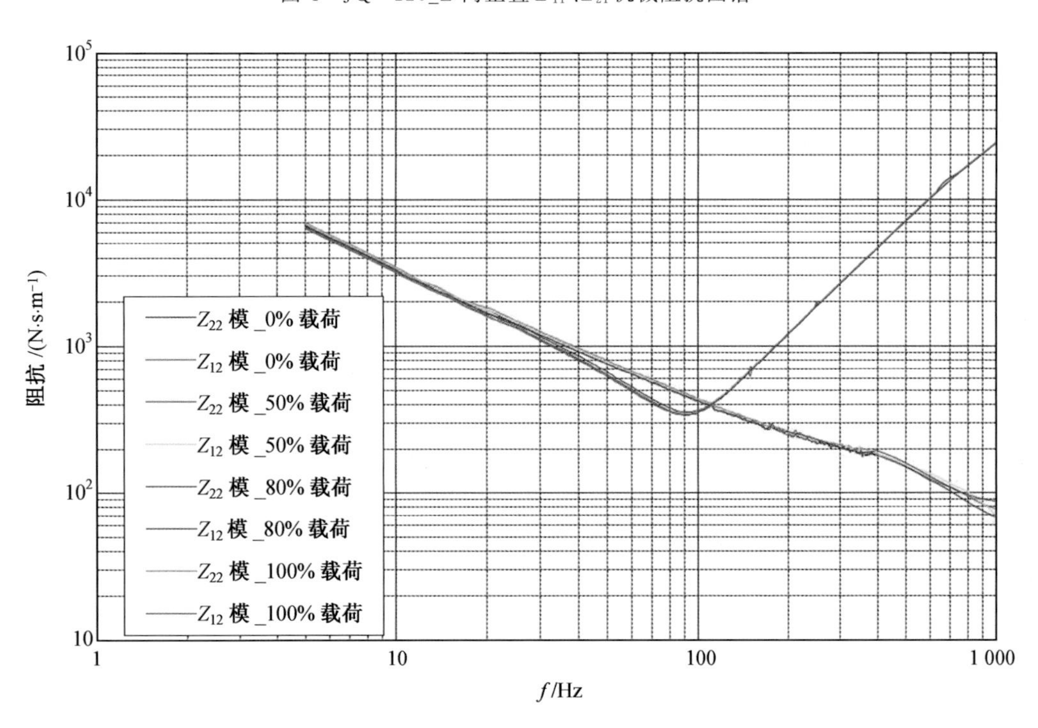

图 5　JQ—120_Z 向反置 Z_{22}、Z_{12} 机械阻抗图谱

2. JQ—220 隔振器机械阻抗图谱(图 6～9)

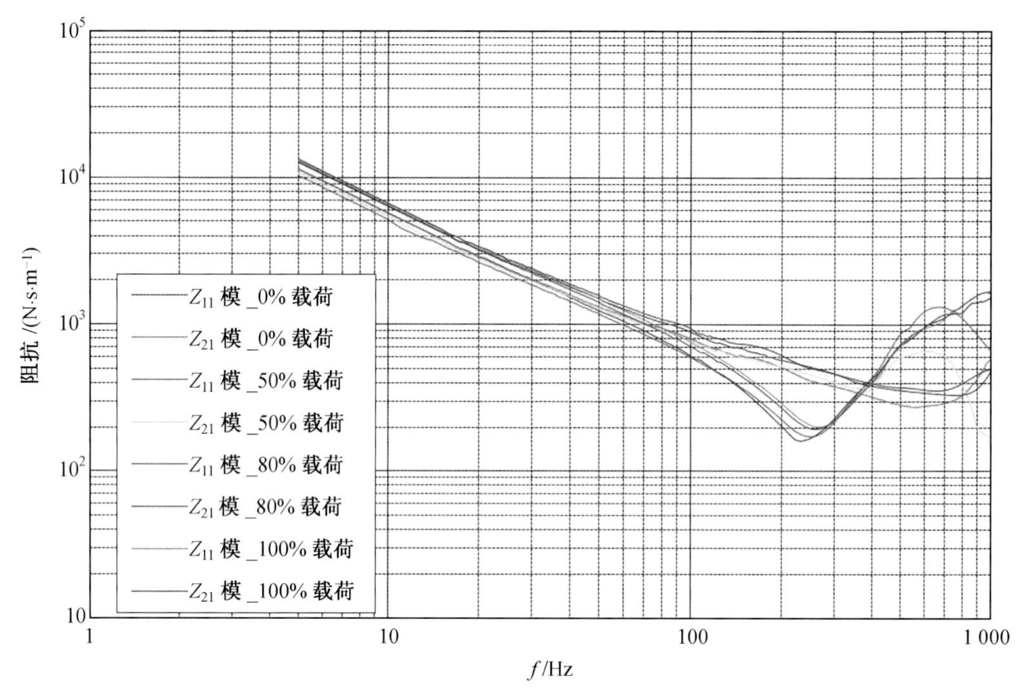

图 6　JQ—220_Y 向正置 Z_{11}、Z_{21} 机械阻抗图谱

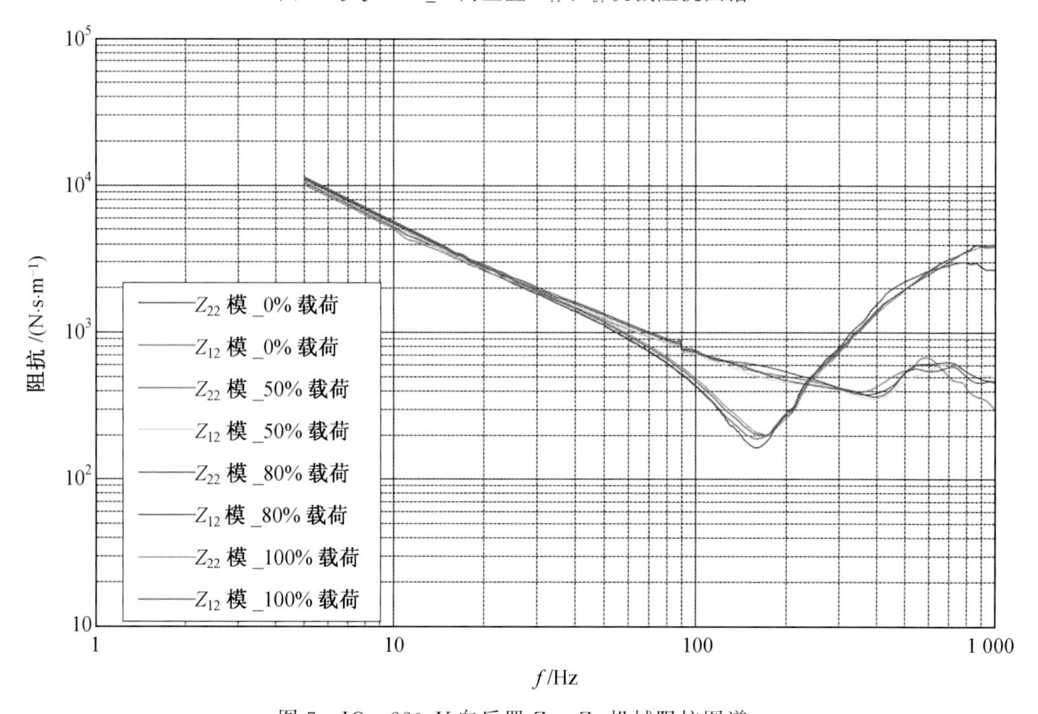

图 7　JQ—220_Y 向反置 Z_{22}、Z_{12} 机械阻抗图谱

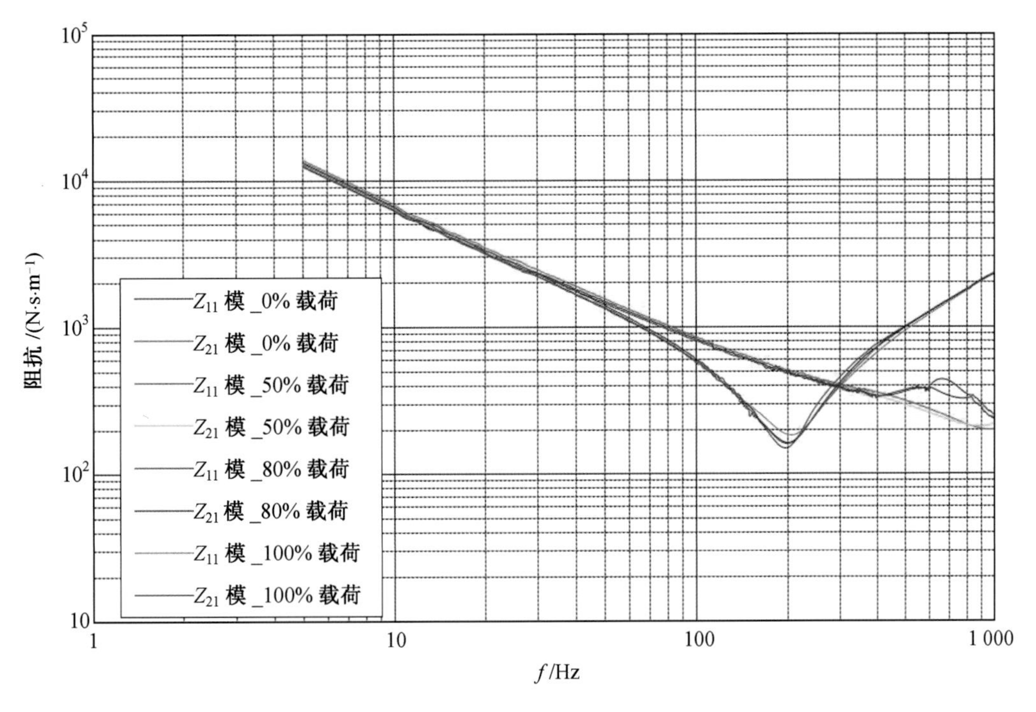

图 8　JQ—220_Z 向正置 Z_{11}、Z_{21} 机械阻抗图谱

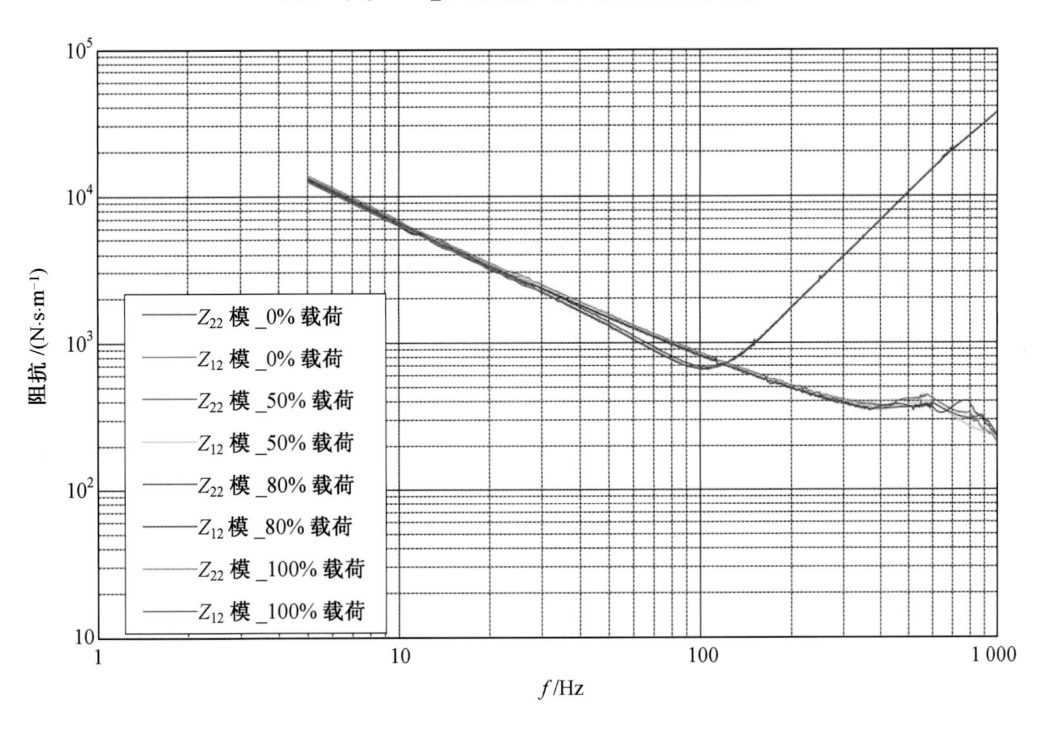

图 9　JQ—220_Z 向反置 Z_{22}、Z_{12} 机械阻抗图谱

3. JQ—400 隔振器机械阻抗图谱(图 10～13)

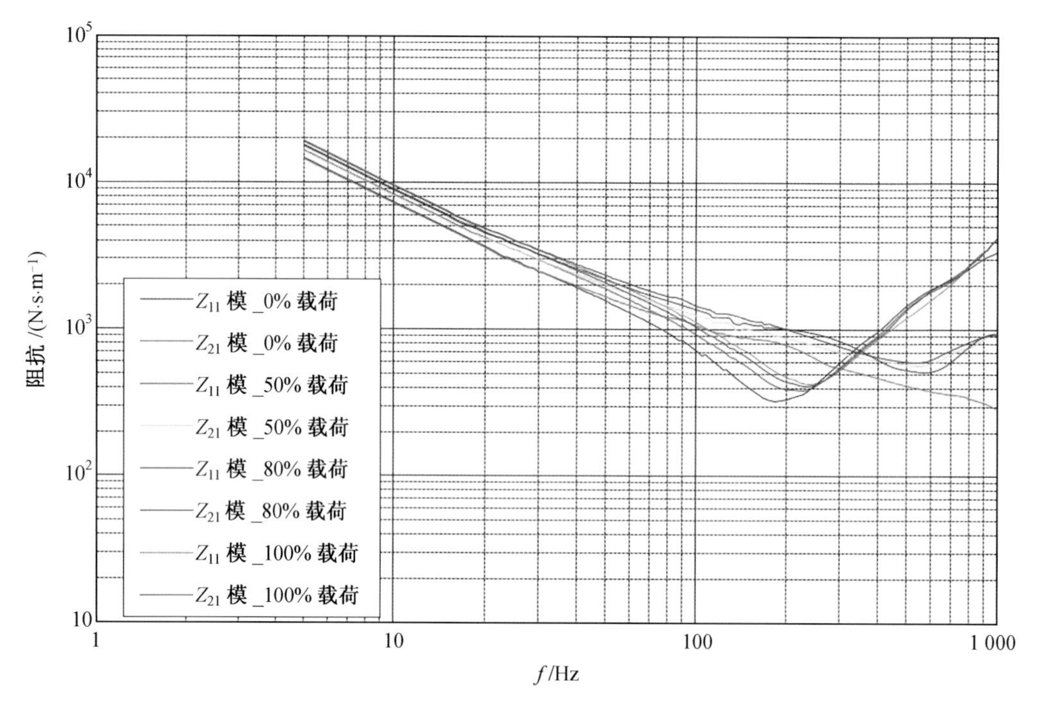

图 10 JQ—400_Y 向正置 Z_{11}、Z_{21} 机械阻抗图谱

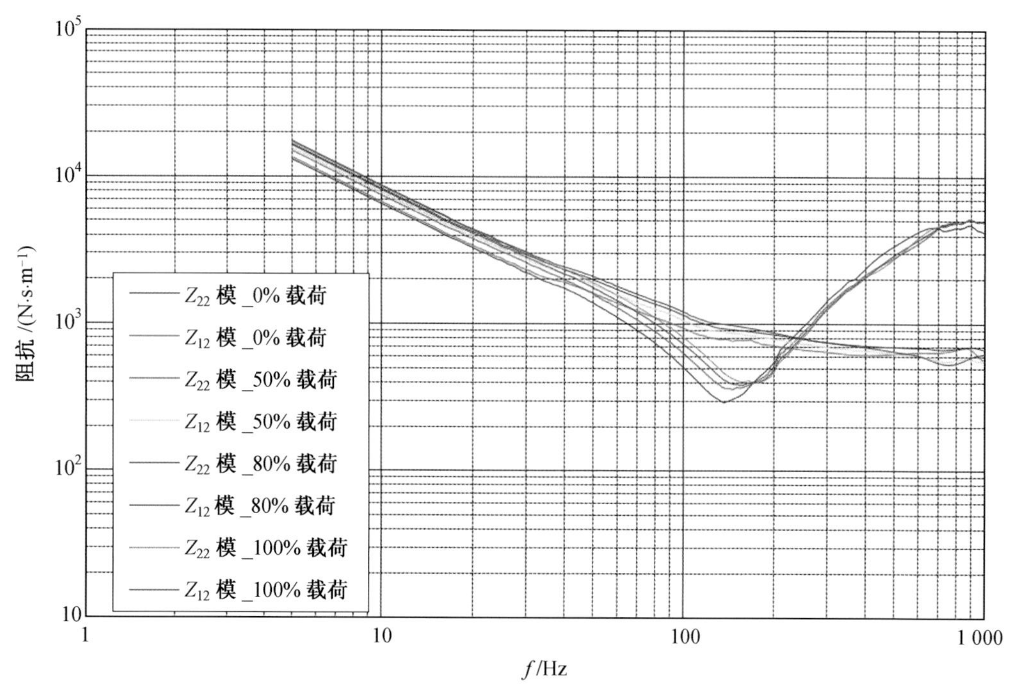

图 11 JQ—400_Y 向反置 Z_{22}、Z_{12} 机械阻抗图谱

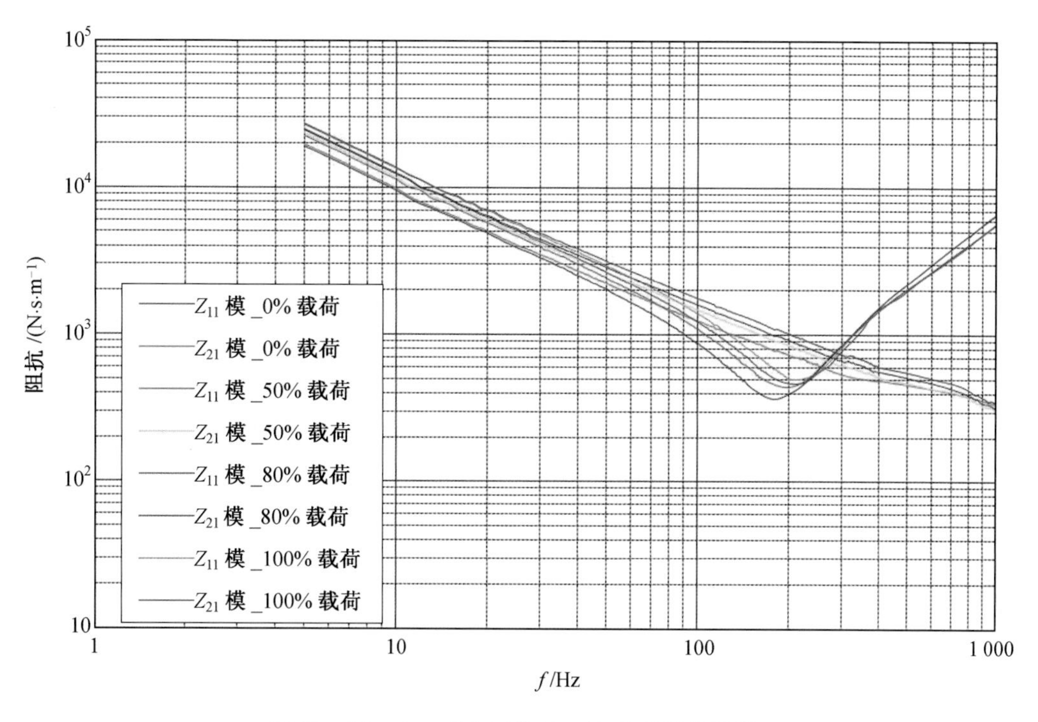

图 12 JQ—400_Z 向正置 Z_{11}、Z_{21} 机械阻抗图谱

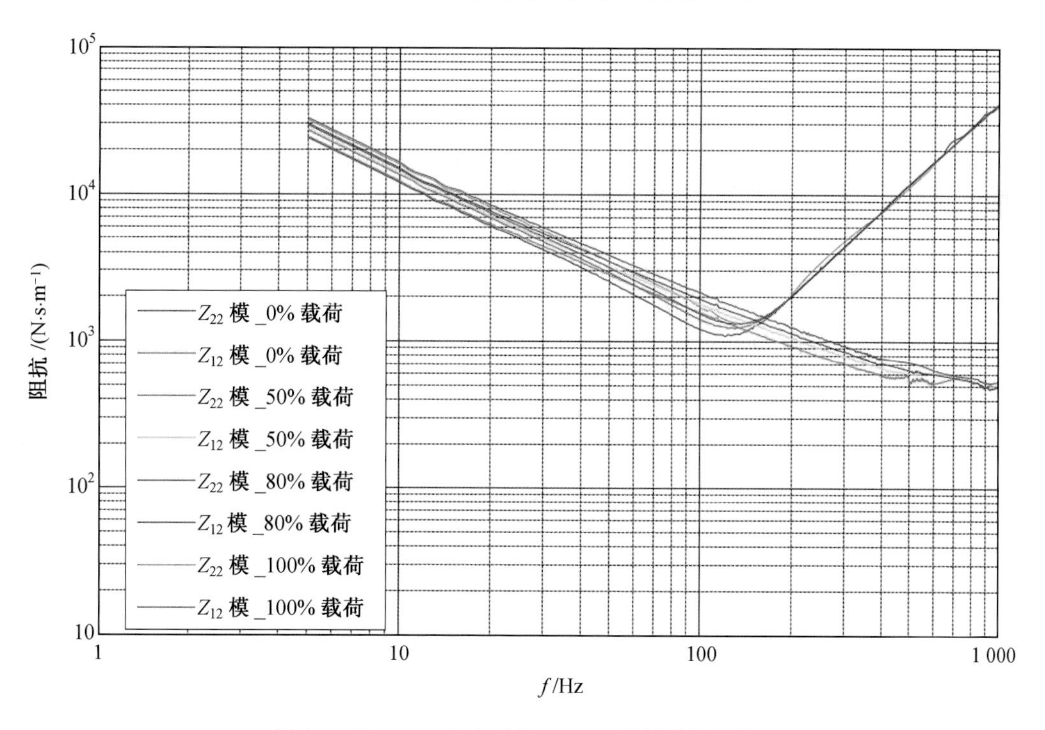

图 13 JQ—400_Z 向反置 Z_{22}、Z_{12} 机械阻抗图谱

4. JQ－600 隔振器机械阻抗图谱(图 14～17)

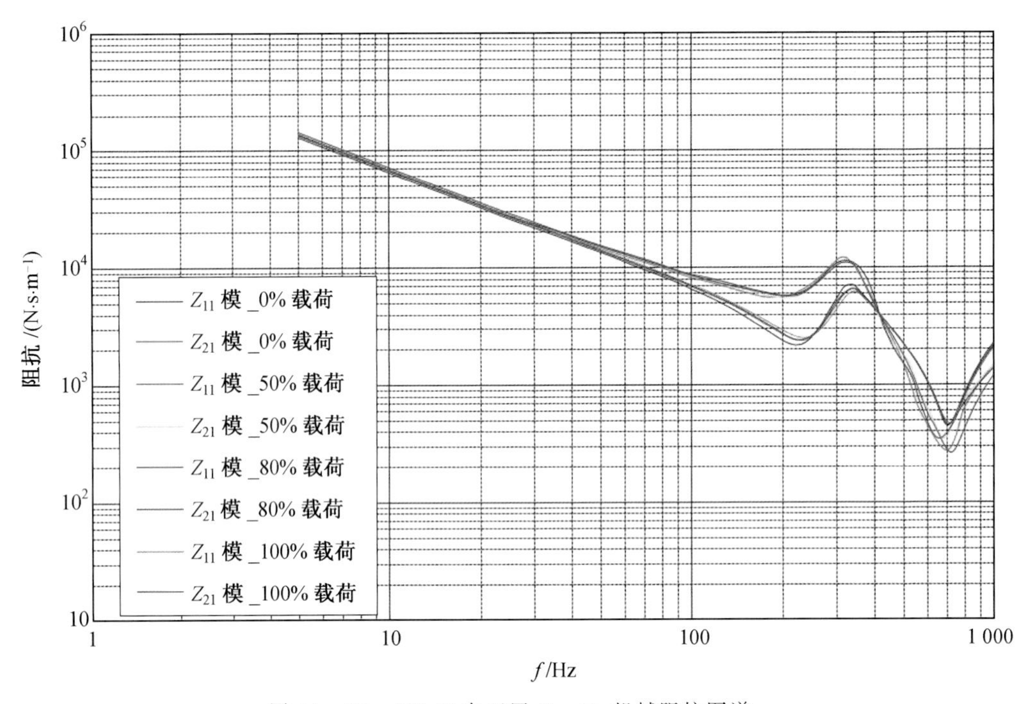

图 14　JQ－600_Y 向正置 Z_{11}、Z_{21} 机械阻抗图谱

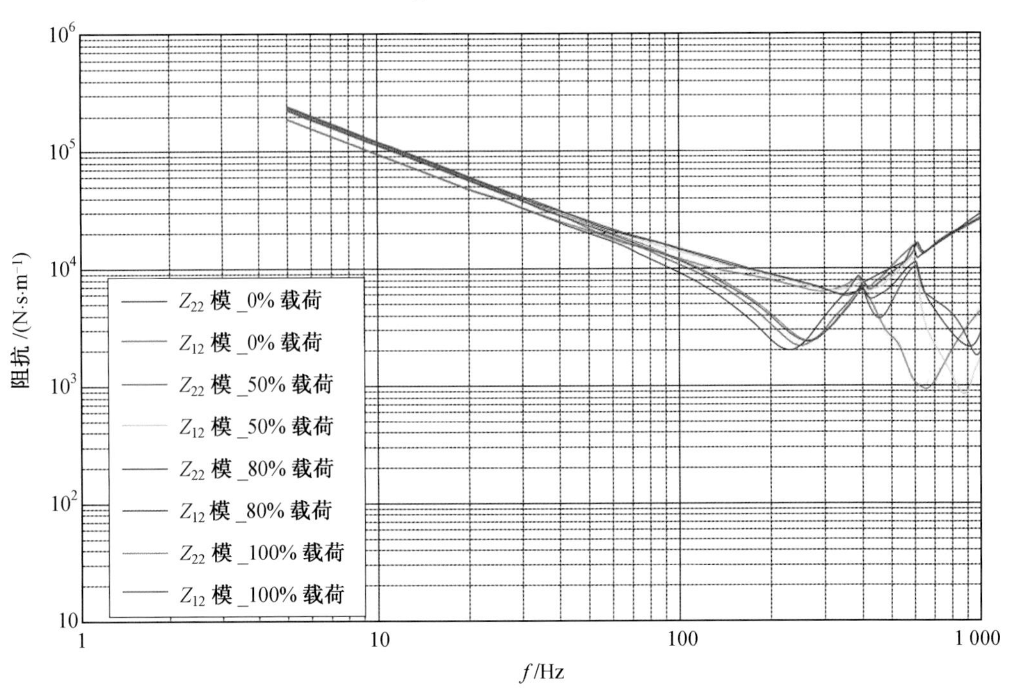

图 15　JQ－600_Y 向反置 Z_{22}、Z_{12} 机械阻抗图谱

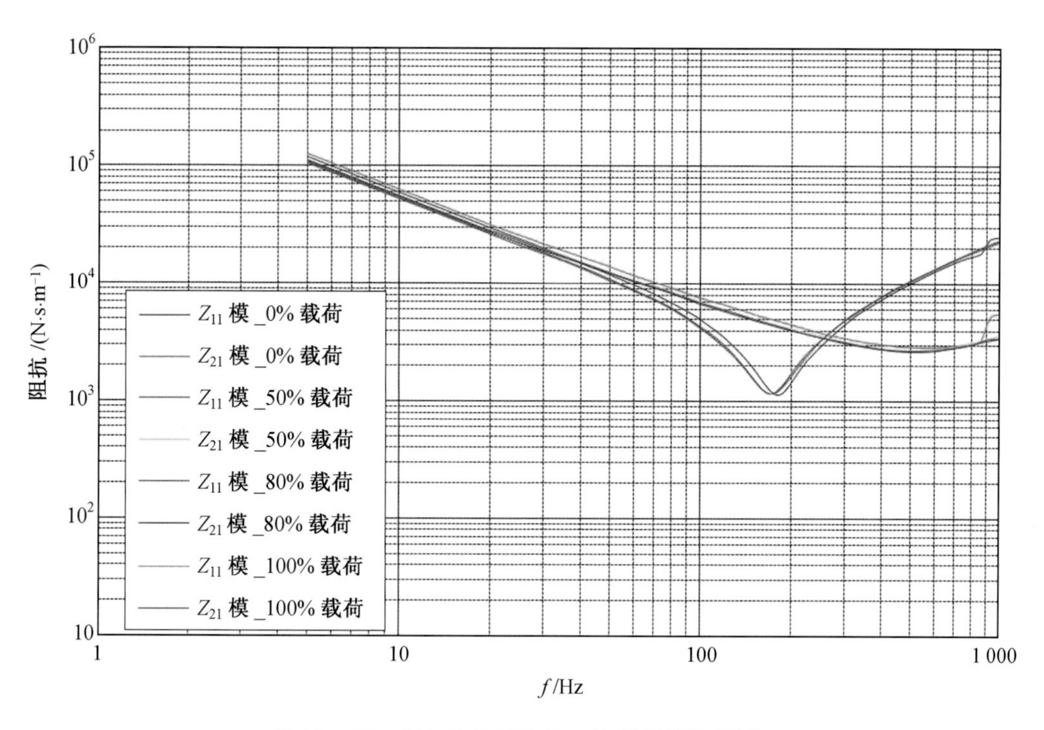

图 16　JQ—600_Z 向正置 Z_{11}、Z_{21} 机械阻抗图谱

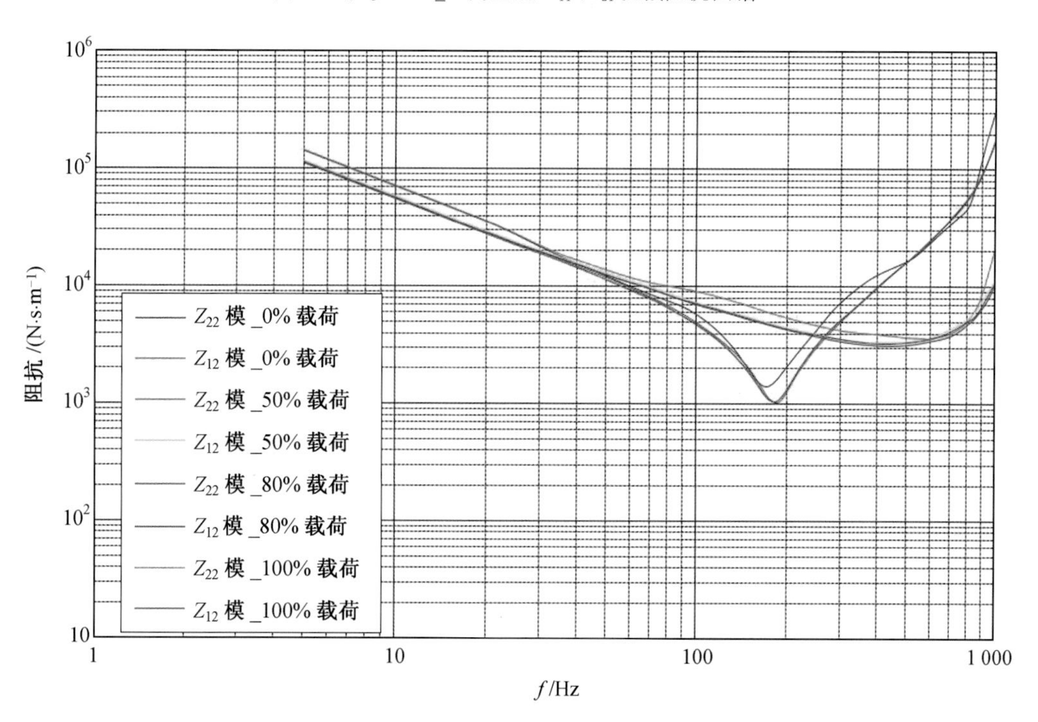

图 17　JQ—600_Z 向反置 Z_{22}、Z_{12} 机械阻抗图谱

5. JQ－850 隔振器机械阻抗图谱(图 18～21)

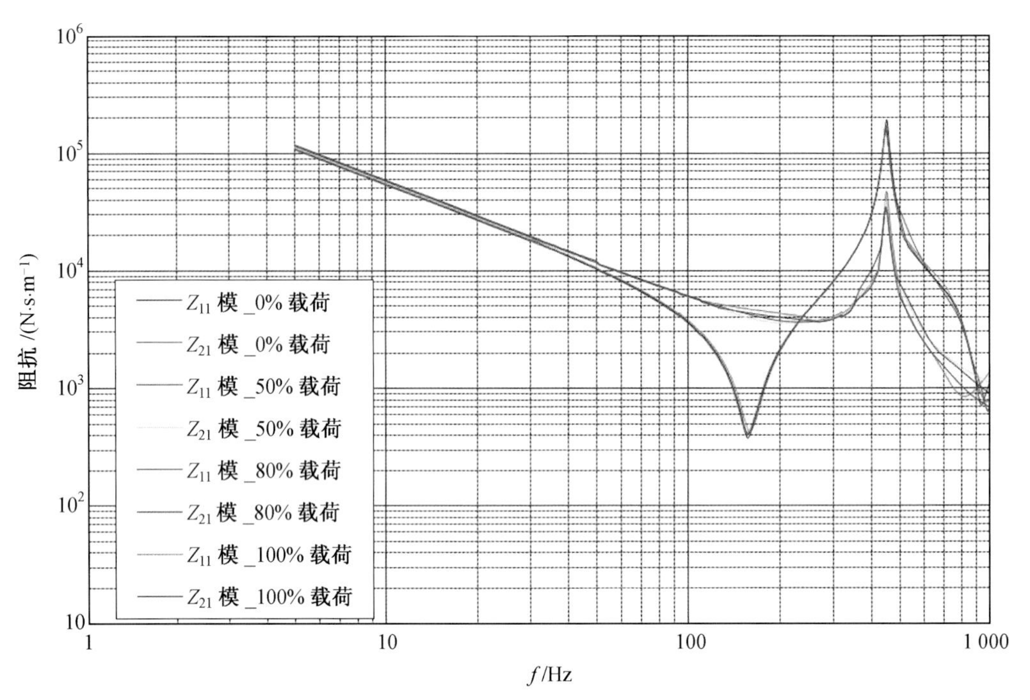

图 18　JQ－850_Y 向正置 Z_{11}、Z_{21} 机械阻抗图谱

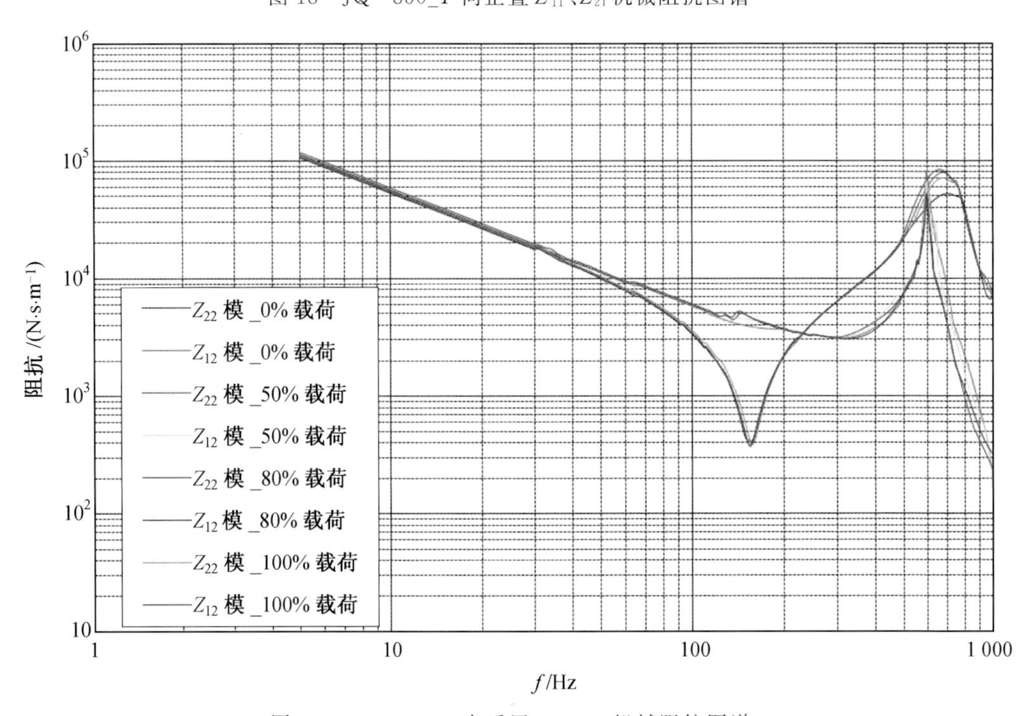

图 19　JQ－850_Y 向反置 Z_{22}、Z_{12} 机械阻抗图谱

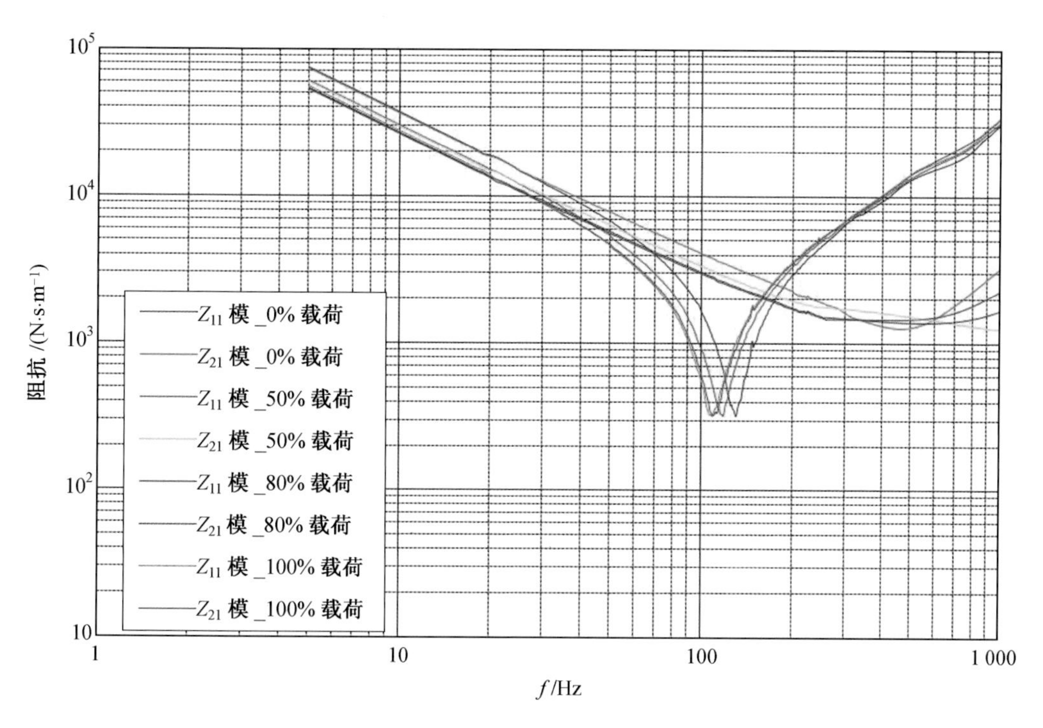

图 20　JQ—850_Z 向正置 Z_{11}、Z_{21} 机械阻抗图谱

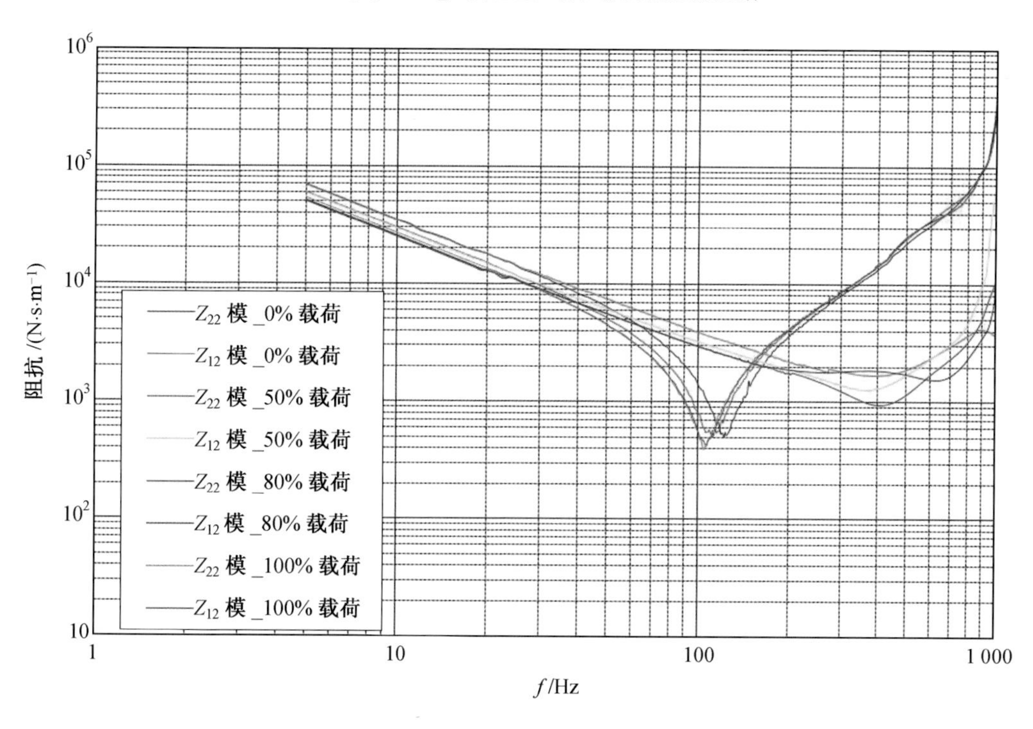

图 21　JQ—850_Z 向反置 Z_{22}、Z_{12} 机械阻抗图谱

TSH 型隔振器

一、TSH 型隔振器外形(图 1)

(a) TSH-2000

(b) TSH-3000

图 1　TSH 型隔振器外形

二、TSH 型隔振器动态特性数据测试工况(表 1)

表 1　TSH 型隔振器动态特性数据测试工况

序号	型号	编号	试件安装形式	测试方向	载荷工况
1	TSH－2000	704－05/704－06	正置	$X/Y/Z$	0%、50%、80%、100%载荷
2	TSH－3000	704－07/704－08	正置	$X/Y/Z$	0%、50%、80%、100%载荷

三、TSH 型隔振器机械阻抗图谱

1. TSH－2000 隔振器机械阻抗图谱(图 2～4)

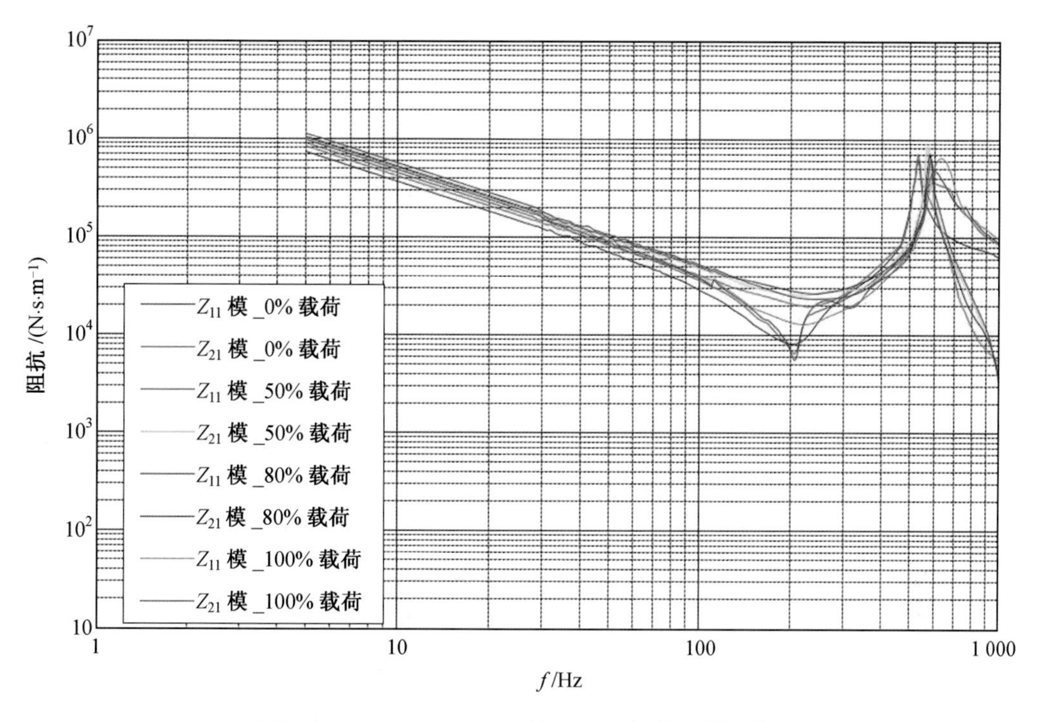

图 2　TSH－2000_X 向正置 Z_{11}、Z_{21} 机械阻抗图谱

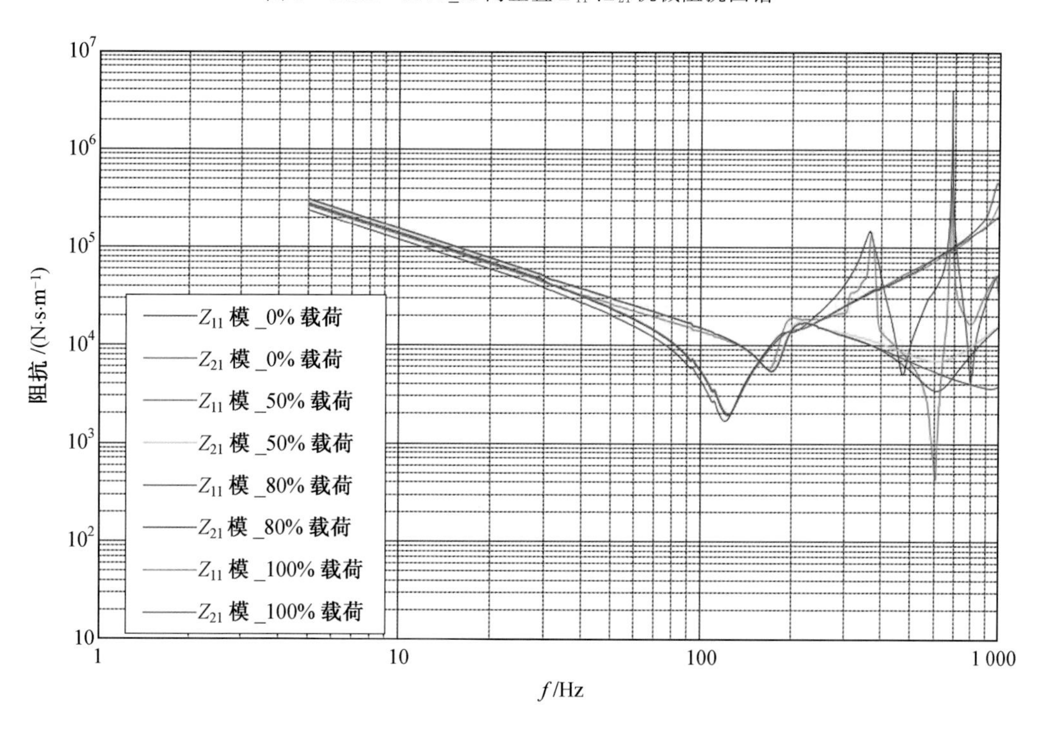

图 3　TSH－2000_Y 向正置 Z_{11}、Z_{21} 机械阻抗图谱

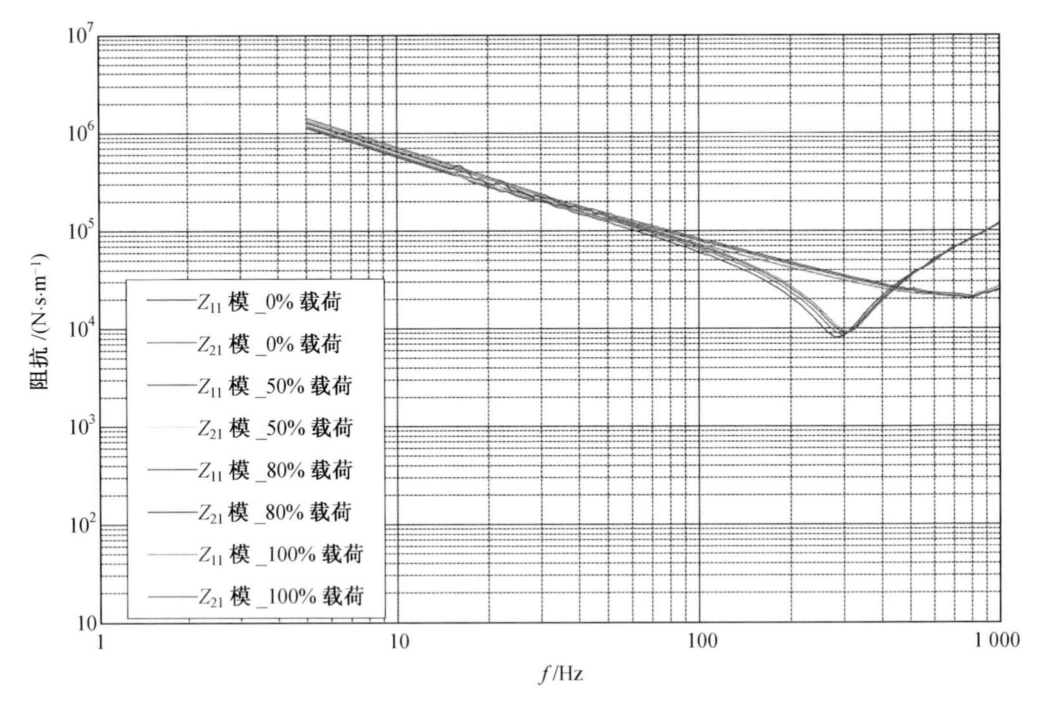

图 4　TSH－2000_Z 向正置 Z_{11}、Z_{21} 机械阻抗图谱

2. TSH－3000 隔振器机械阻抗图谱(图 5～7)

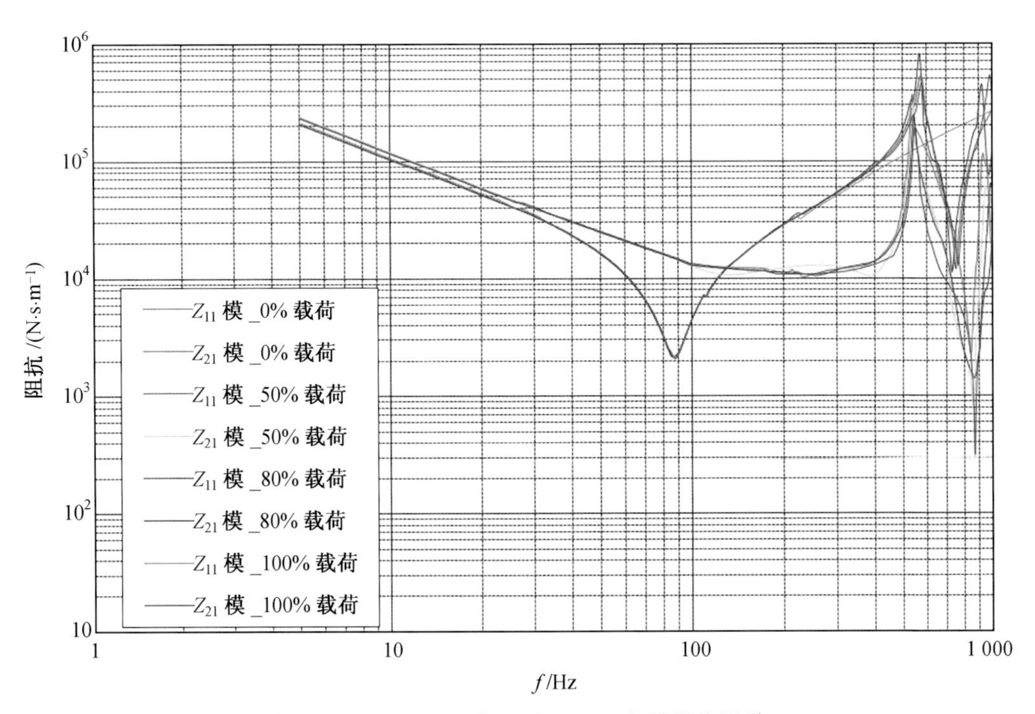

图 5　TSH－3000_X 向正置 Z_{11}、Z_{21} 机械阻抗图谱

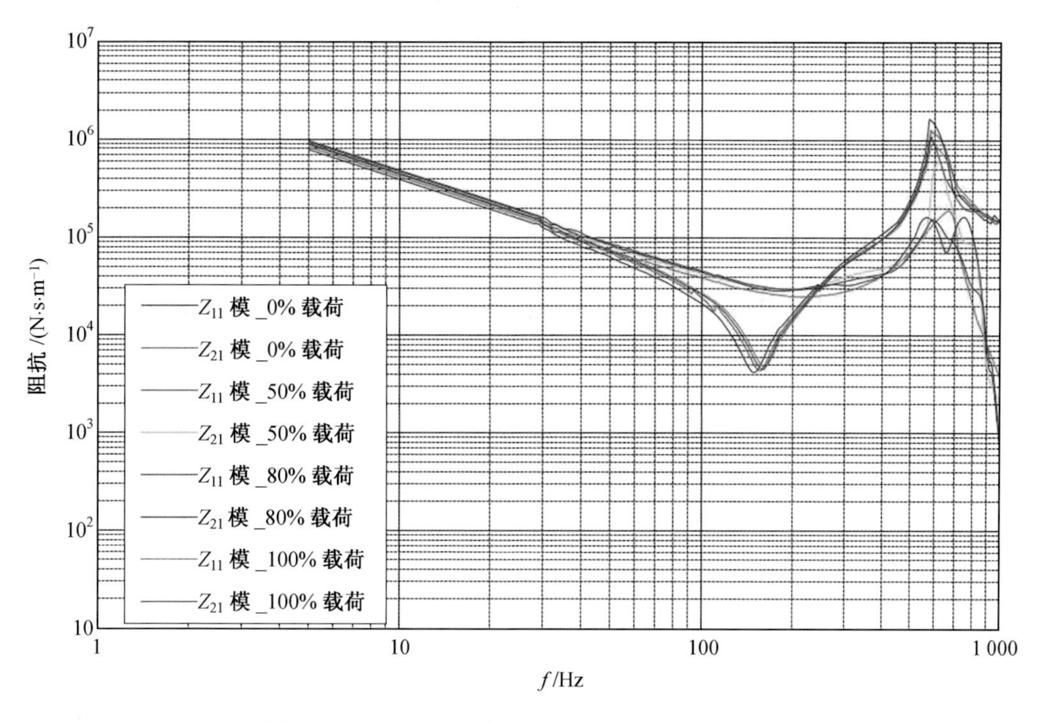

图 6　TSH－3000_Y 向正置 Z_{11}、Z_{21} 机械阻抗图谱

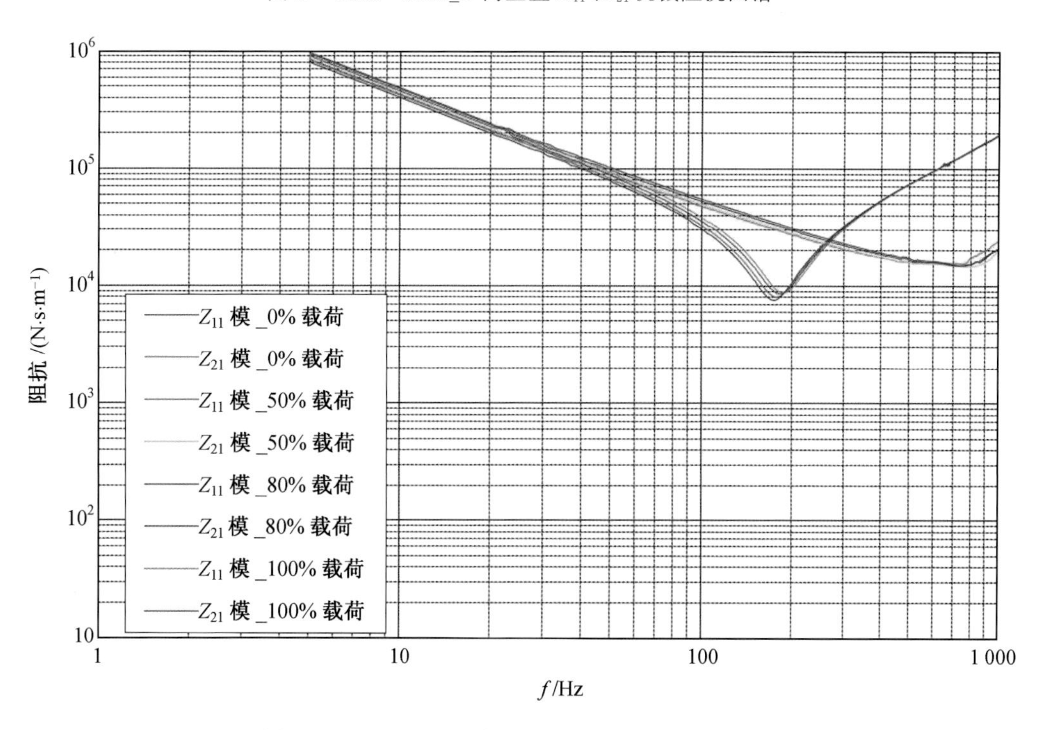

图 7　TSH－3000_Z 向正置 Z_{11}、Z_{21} 机械阻抗图谱

KB 型隔振器

一、KB 型隔振器外形(图 1)

图 1 KB 型隔振器外形

二、KB 型隔振器动态特性数据测试工况(表 1)

表 1 KB 型隔振器动态特性数据测试工况

序号	型号	编号	试件安装形式	测试方向	载荷工况
1	KB－2000	704－11/704－12	正/反置	Y/Z	0%、50%、80%、100%载荷
2	KB－4500	704－13/704－14	正/反置	Y/Z	0%、50%、80%、100%载荷
3	KB－15000	704－15/704－16	正/反置	Y/Z	0%、50%、80%、100%载荷
4	BV－7000	704－17/704－18	正/反置	Y/Z	0%、50%、80%、100%载荷

三、KB 型隔振器机械阻抗图谱

1. KB－2000 隔振器机械阻抗图谱(图 2～5)

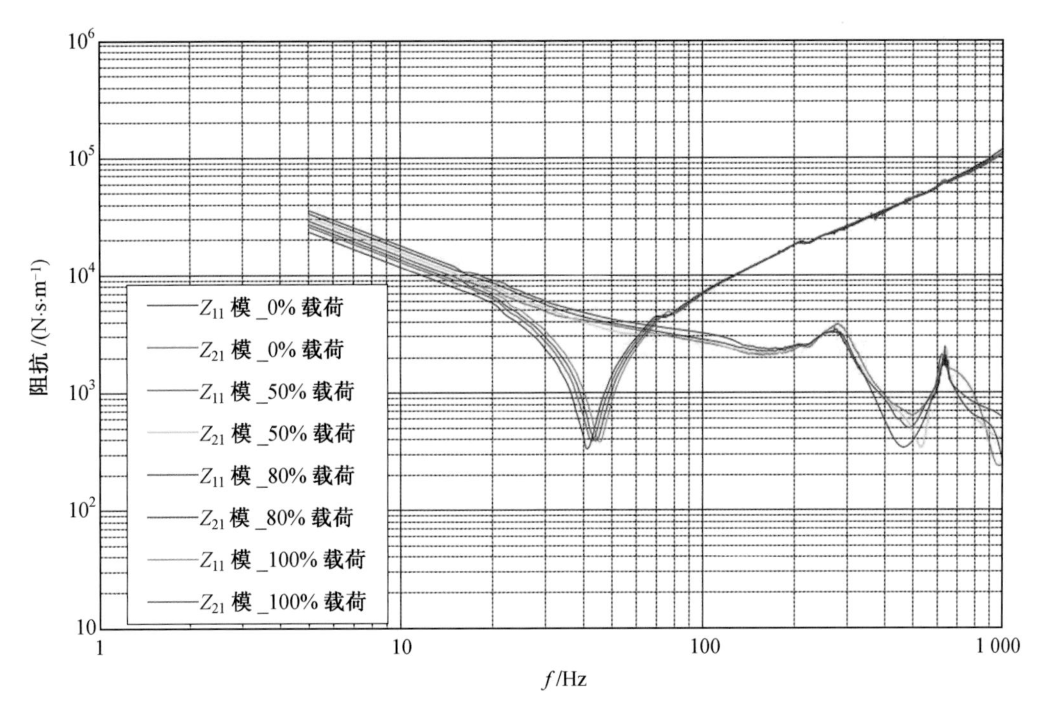

图 2 KB－2000_Y 向正置 Z_{11}、Z_{21} 机械阻抗图谱

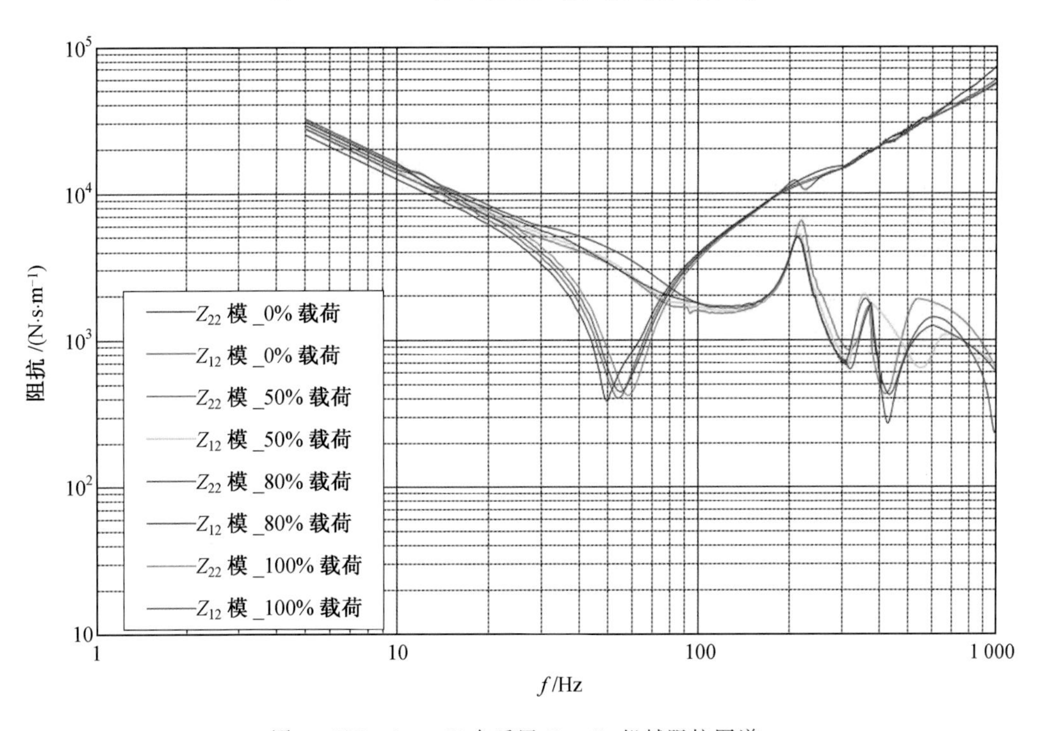

图 3 KB－2000_Y 向反置 Z_{22}、Z_{12} 机械阻抗图谱

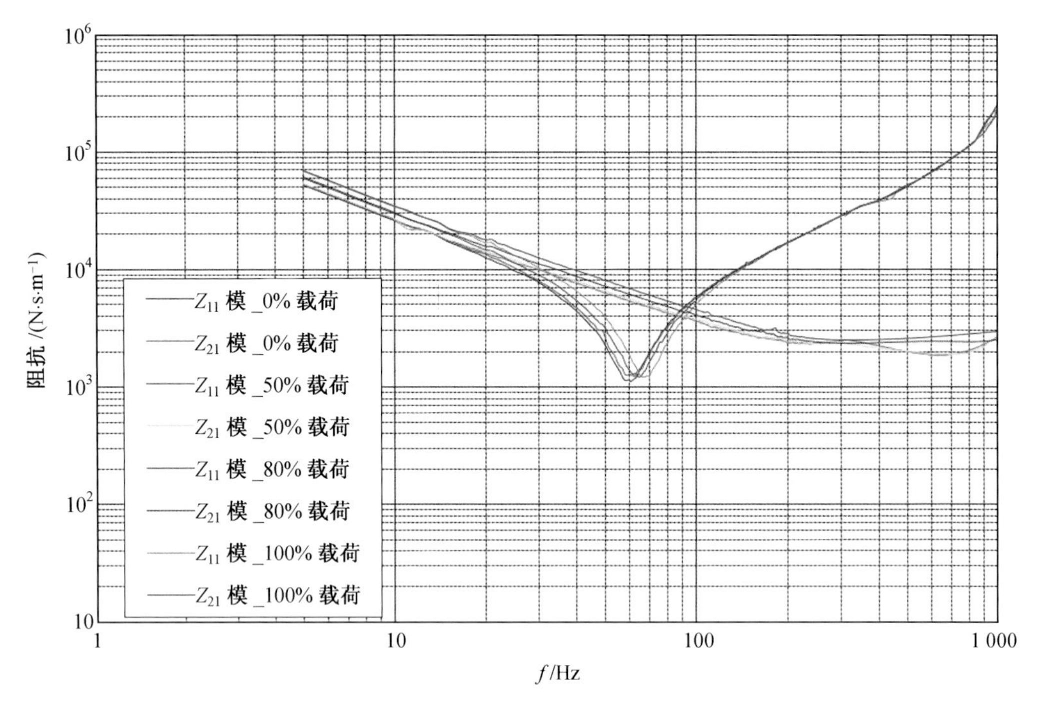

图 4　KB—2000_Z 向正置 Z_{11}、Z_{21} 机械阻抗图谱

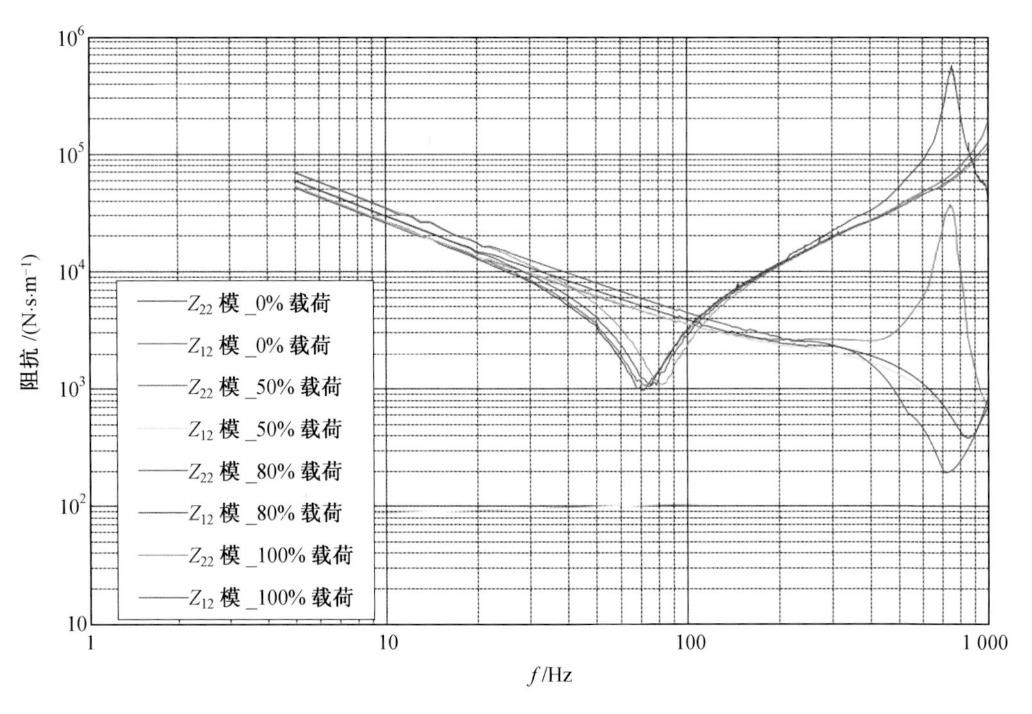

图 5　KB—2000_Z 向反置 Z_{22}、Z_{12} 机械阻抗图谱

2. KB－4500 隔振器机械阻抗图谱(图 6～9)

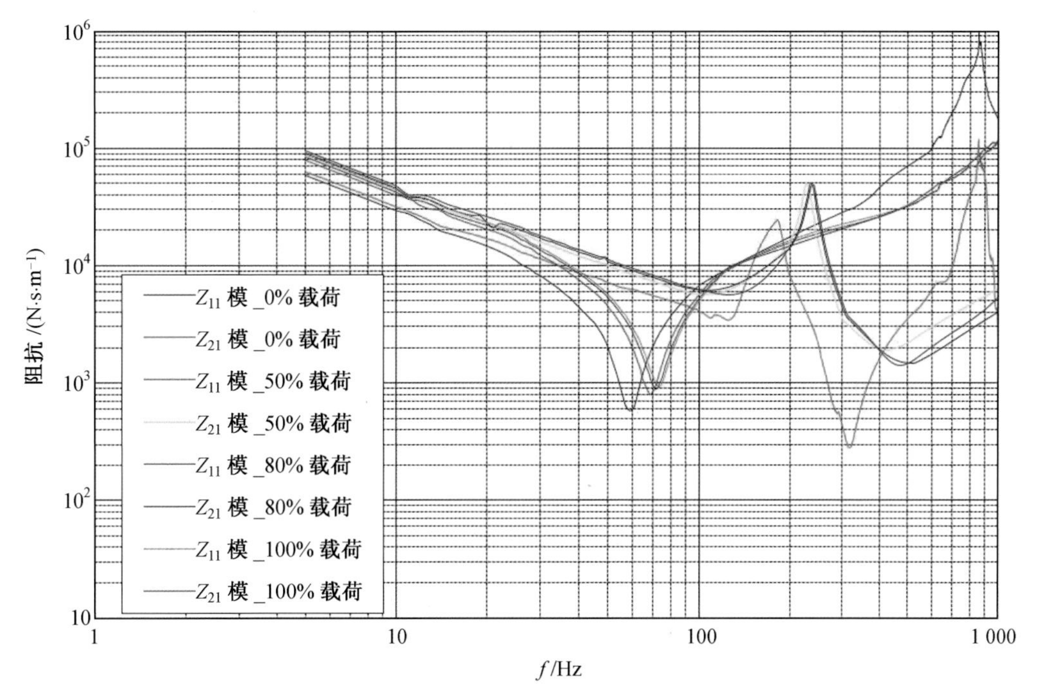

图 6 KB－4500_Y 向正置 Z_{11}、Z_{21} 机械阻抗图谱

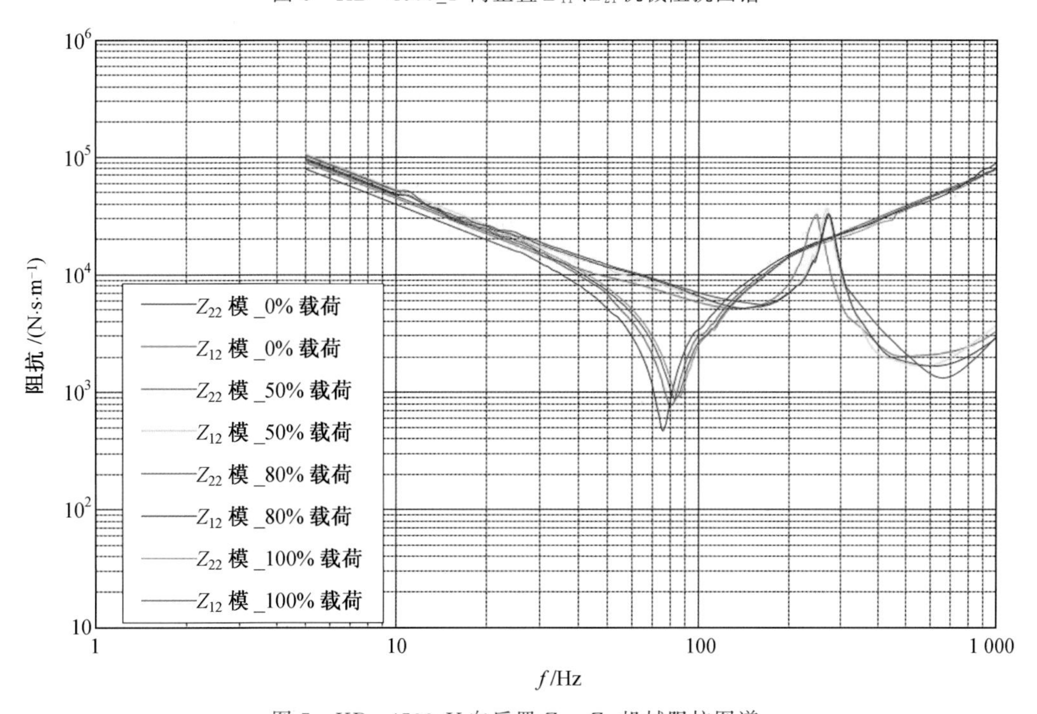

图 7 KB－4500_Y 向反置 Z_{22}、Z_{12} 机械阻抗图谱

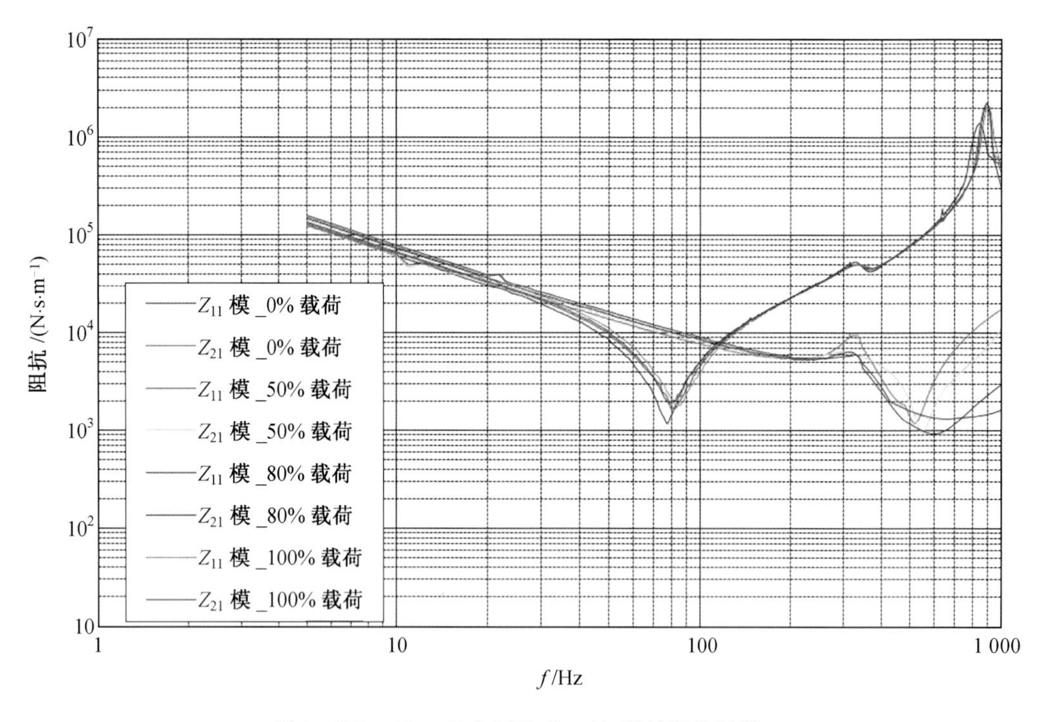

图 8　KB—4500_Z 向正置 Z_{11}、Z_{21} 机械阻抗图谱

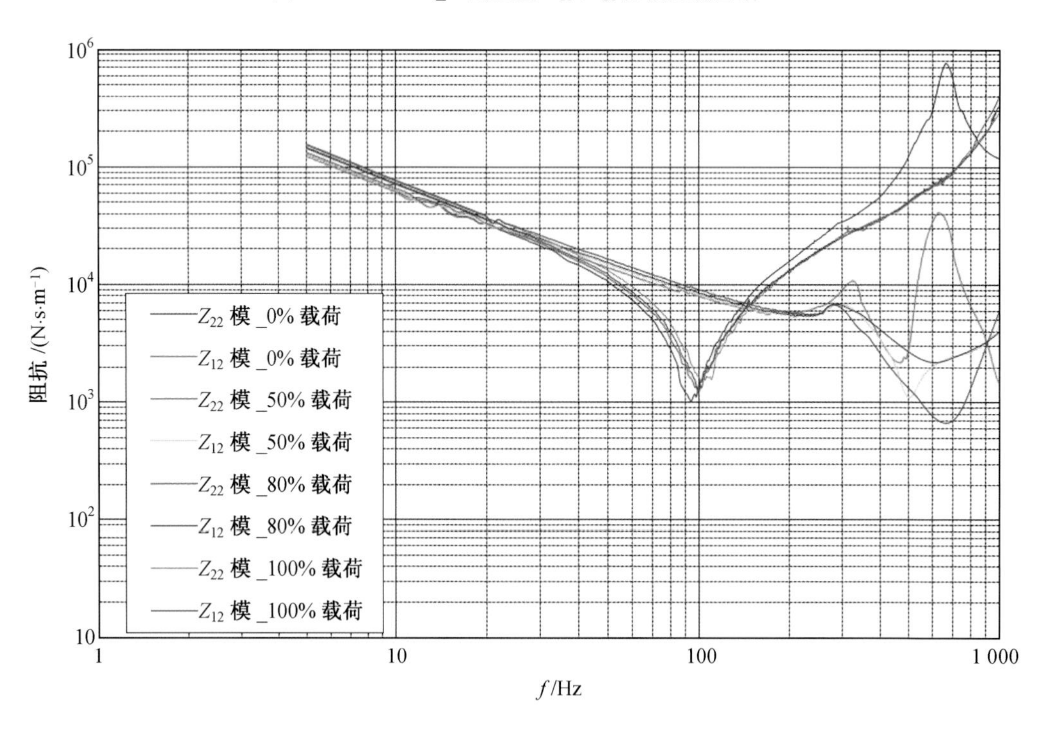

图 9　KB—4500_Z 向反置 Z_{22}、Z_{12} 机械阻抗图谱

3. KB－15000 隔振器机械阻抗图谱(图 10～13)

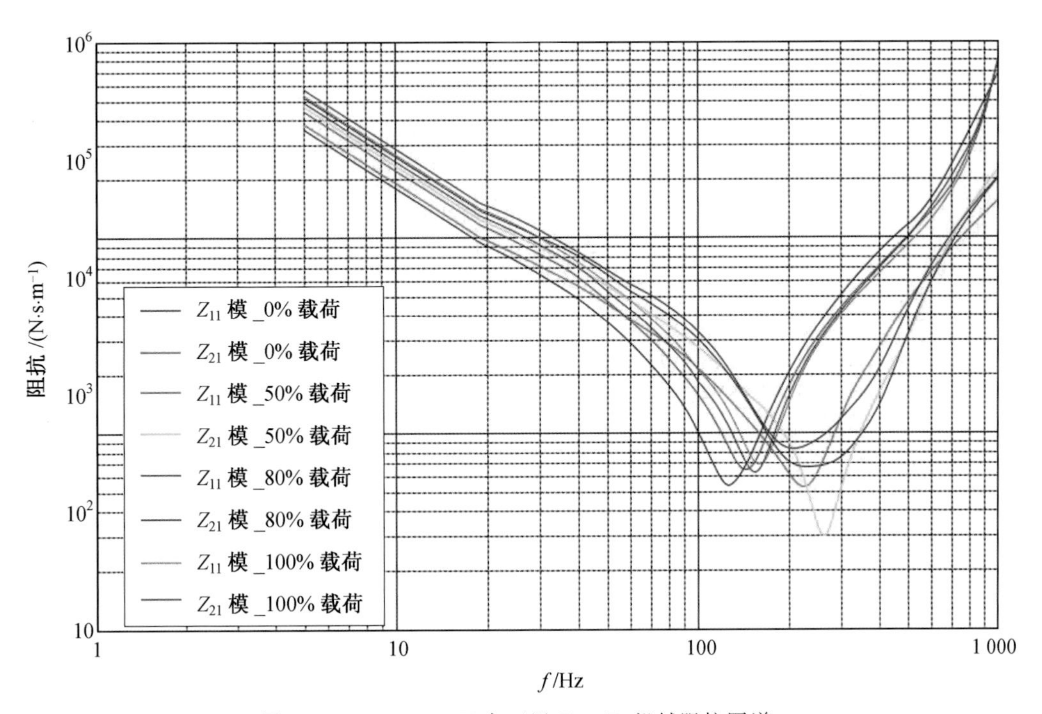

图 10　KB－15000_Y 向正置 Z_{11}、Z_{21} 机械阻抗图谱

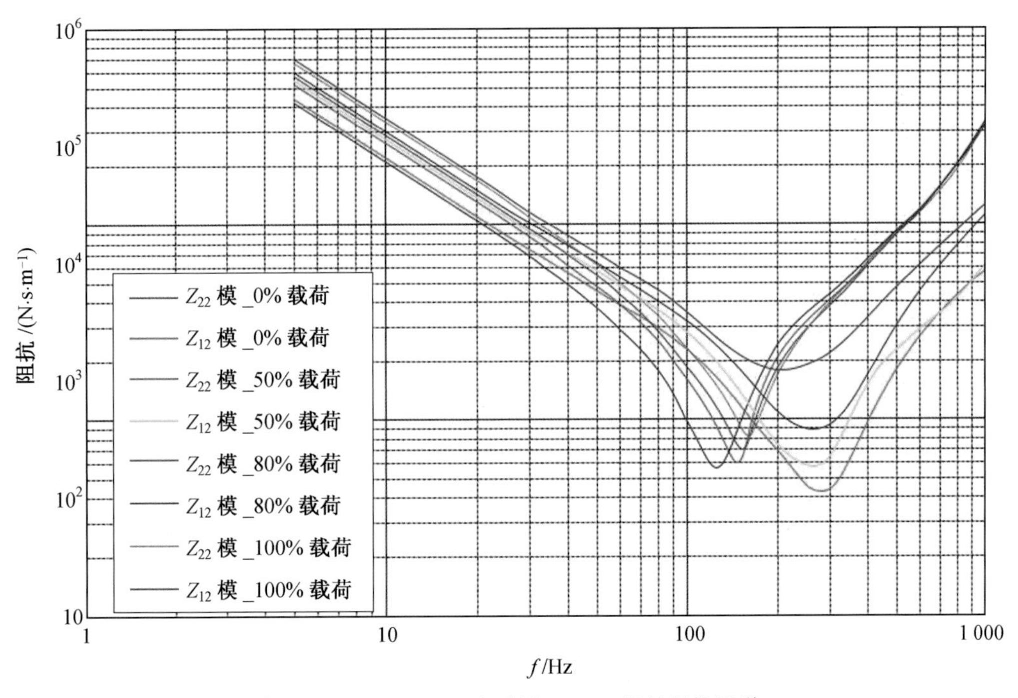

图 11　KB－15000_Y 向反置 Z_{22}、Z_{12} 机械阻抗图谱

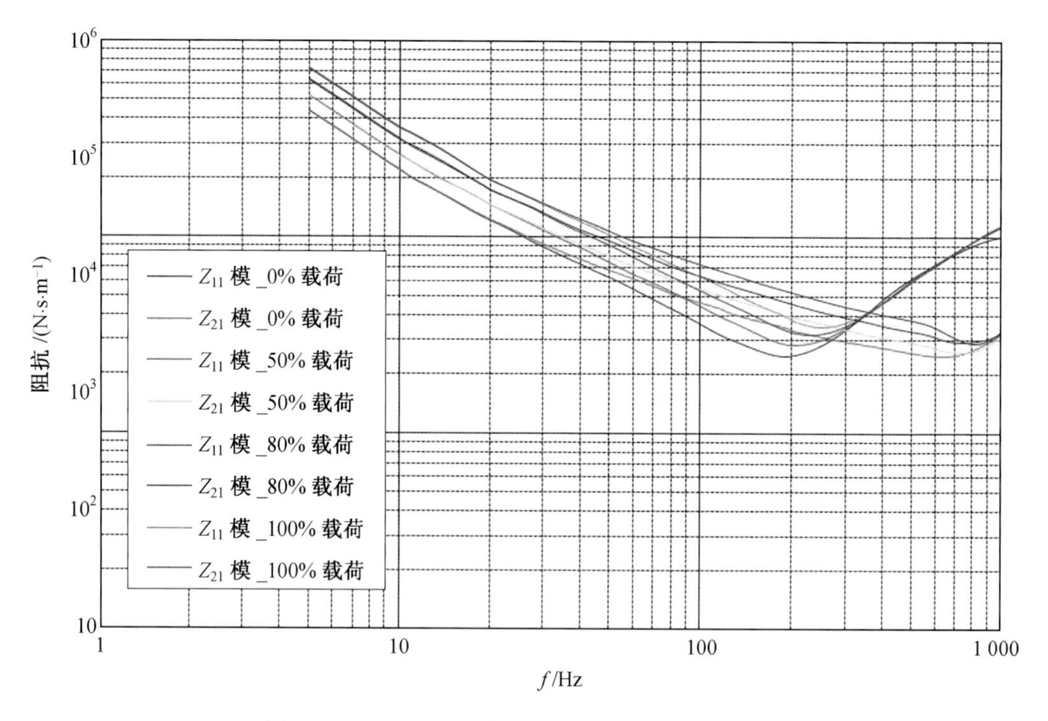

图 12　KB－15000_Z 向正置 Z_{11}、Z_{21} 机械阻抗图谱

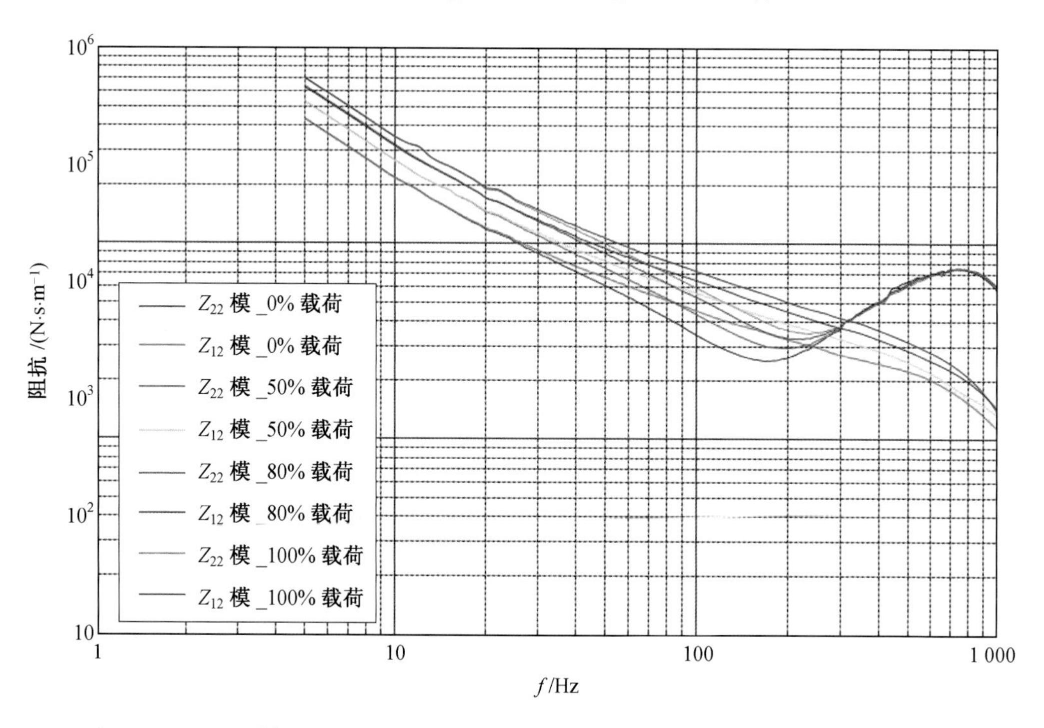

图 13　KB－15000_Z 向反置 Z_{22}、Z_{12} 机械阻抗图谱

4. BV－7000 隔振器机械阻抗图谱(图 14～17)

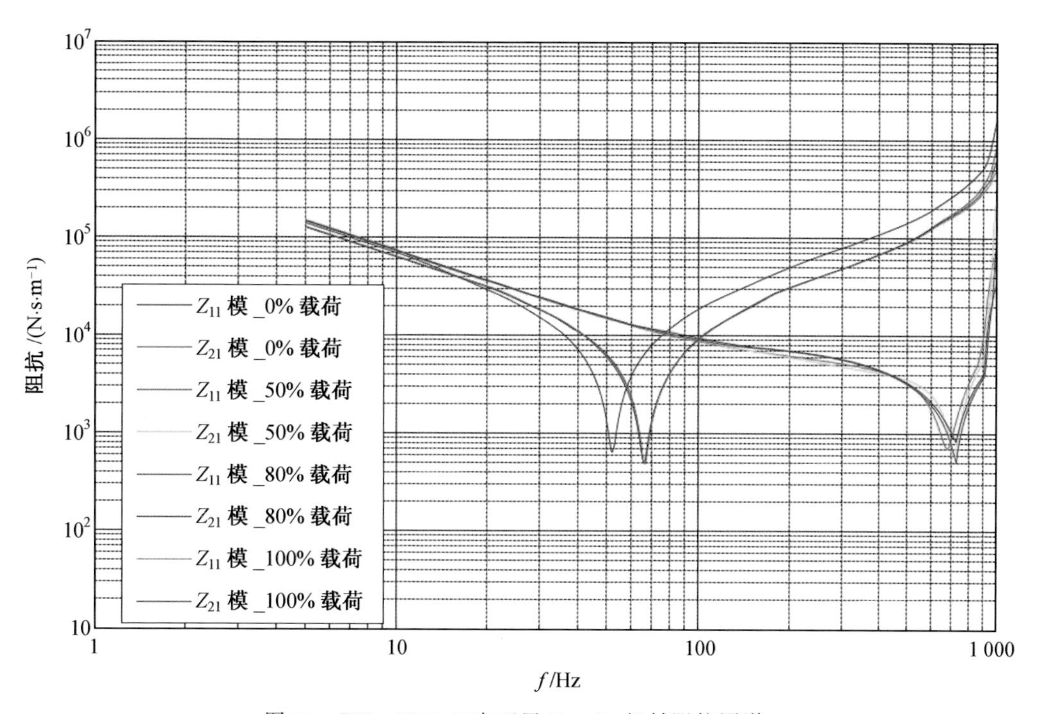

图 14　BV－7000_Y 向正置 Z_{11}、Z_{21} 机械阻抗图谱

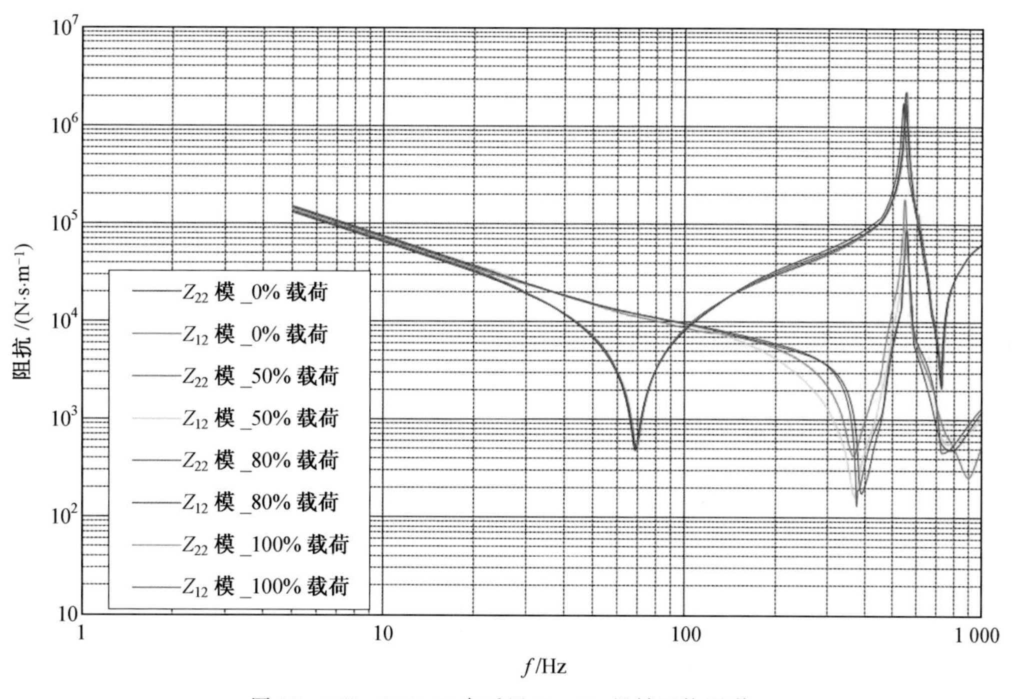

图 15　BV－7000_Y 向反置 Z_{22}、Z_{12} 机械阻抗图谱

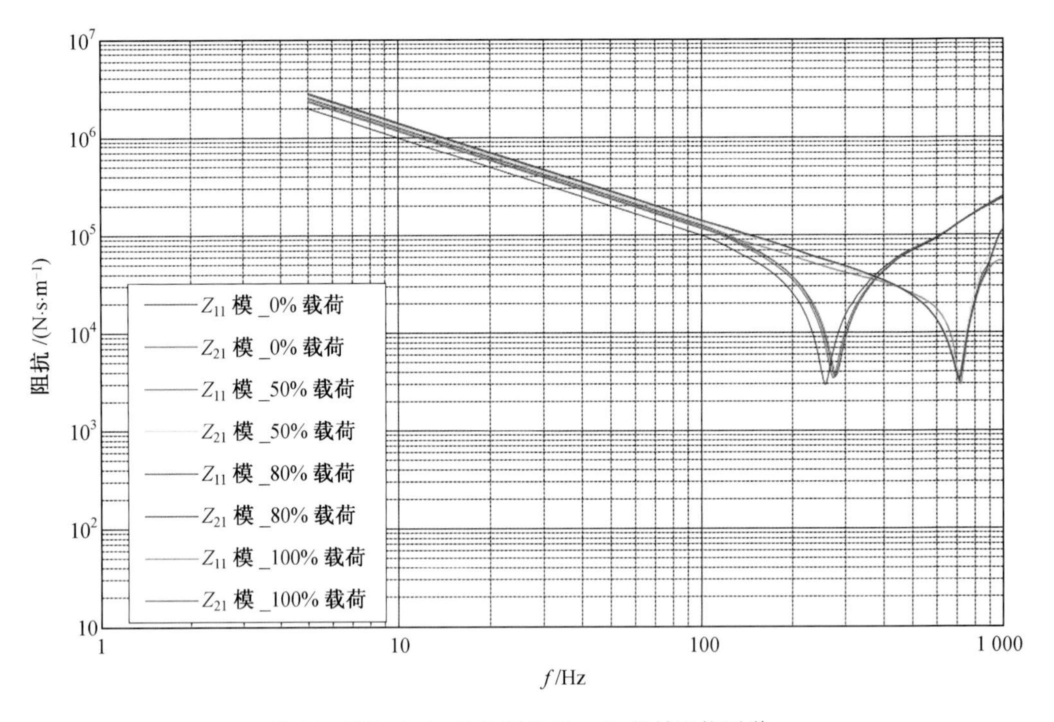

图 16　BV－7000_Z 向正置 Z_{11}、Z_{21} 机械阻抗图谱

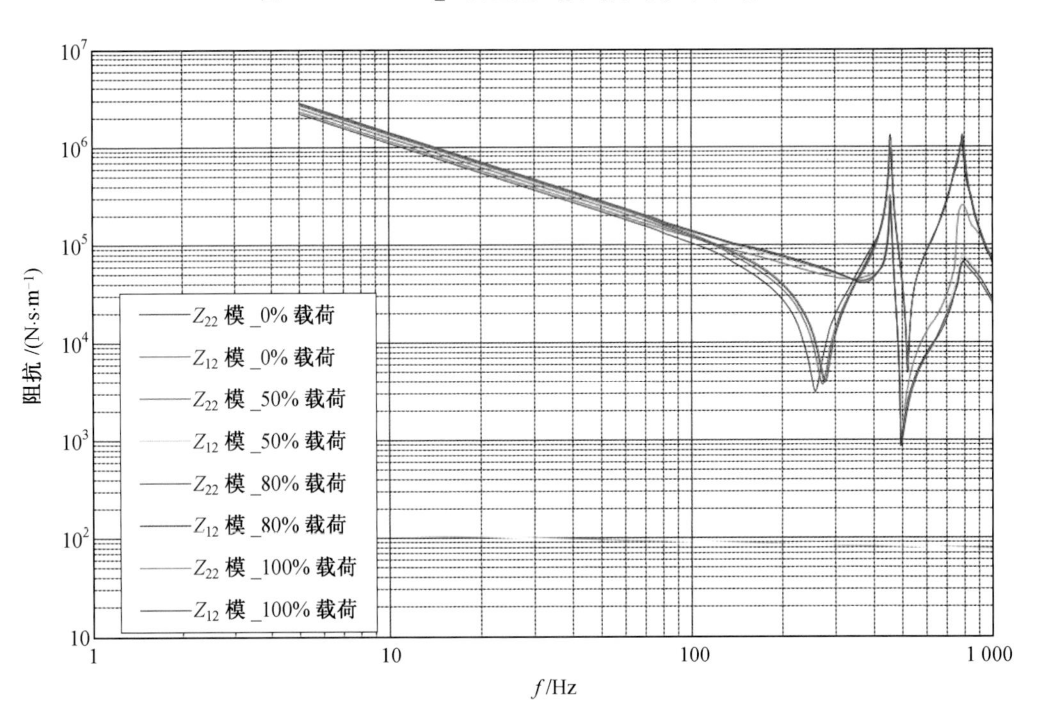

图 17　BV－7000_Z 向反置 Z_{22}、Z_{12} 机械阻抗图谱

SH－1150 隔振器

一、SH－1150 隔振器外形(图 1)

图 1　SH－1150 型隔振器外形

二、SH－1150 隔振器动态特性数据测试工况(表 1)

表 1　SH－1150 隔振器动态特性数据测试工况

序号	型号	编号	试件安装形式	测试方向	载荷工况
1	SH－1150	711－1/711－2	正置	$X/Y/Z$	0%、50%、80%、100%载荷

三、SH－1150 隔振器机械阻抗图谱(图 2～4)

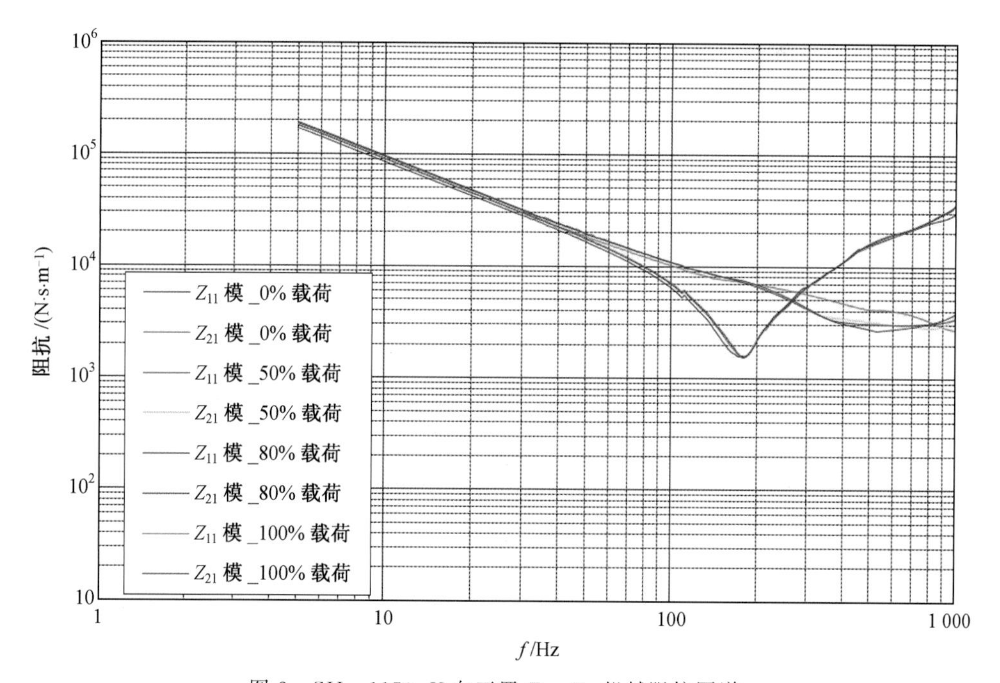

图 2　SH－1150_X 向正置 Z_{11}、Z_{21} 机械阻抗图谱

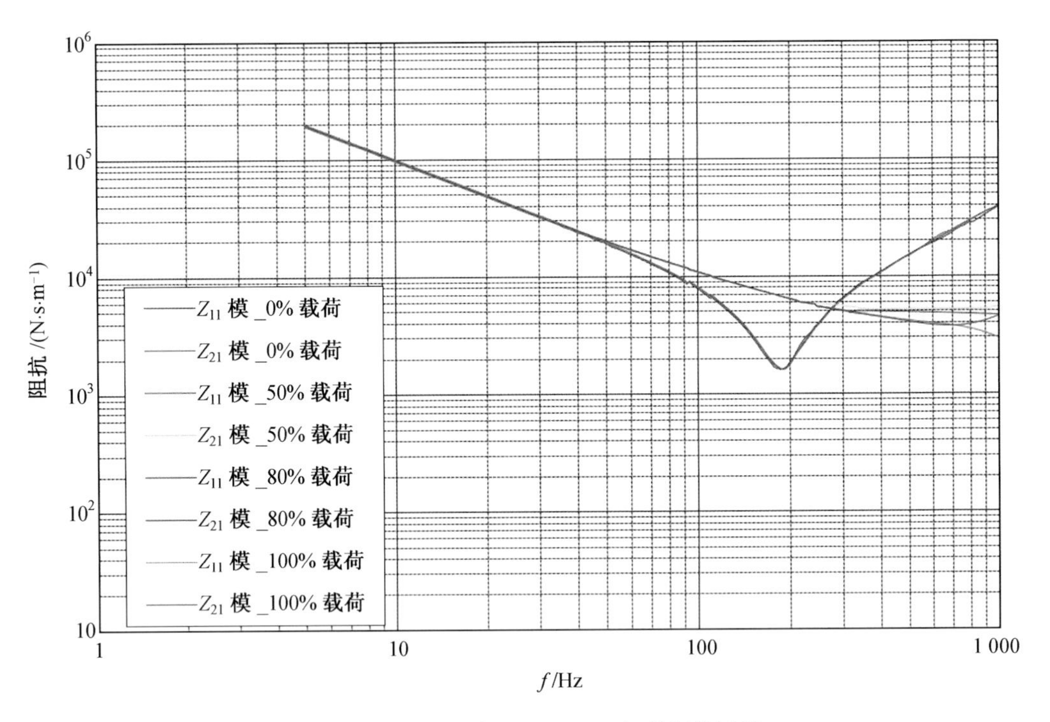

图 3　SH－1150_Y 向正置 Z_{11}、Z_{21} 机械阻抗图谱

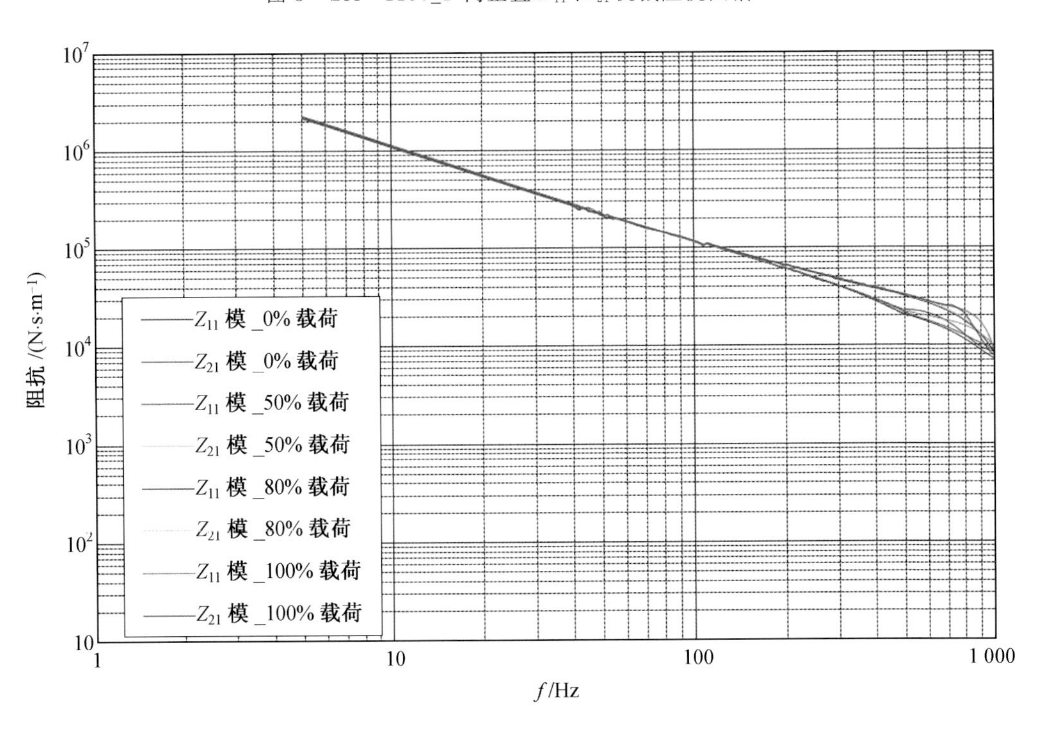

图 4　SH－1150_Z 向正置 Z_{11}、Z_{21} 机械阻抗图谱

DY－30 隔振器

一、DY－30 隔振器外形(图 1)

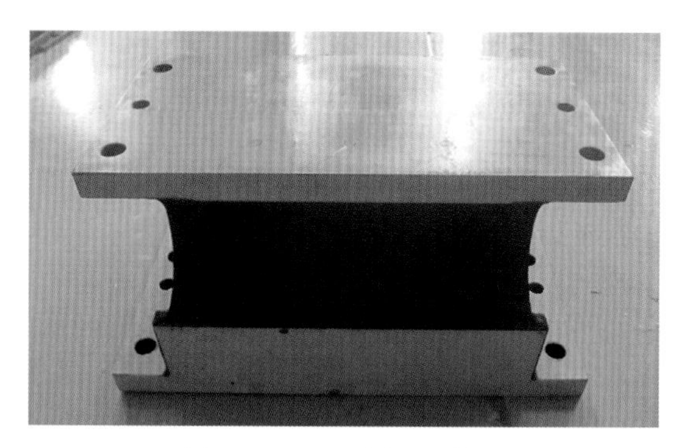

图 1　DY－30 隔振器外形

二、DY－30 隔振器动态特性数据测试工况(表 1)

表 1　DY－30 隔振器动态特性数据测试工况

序号	型号	编号	试件安装形式	测试方向	载荷工况
1	DY－30	711－3/711－4	正/反置	$X/Y/Z$	0%、50%、80%、100%载荷

三、DY－30 隔振器机械阻抗图谱(图 2～7)

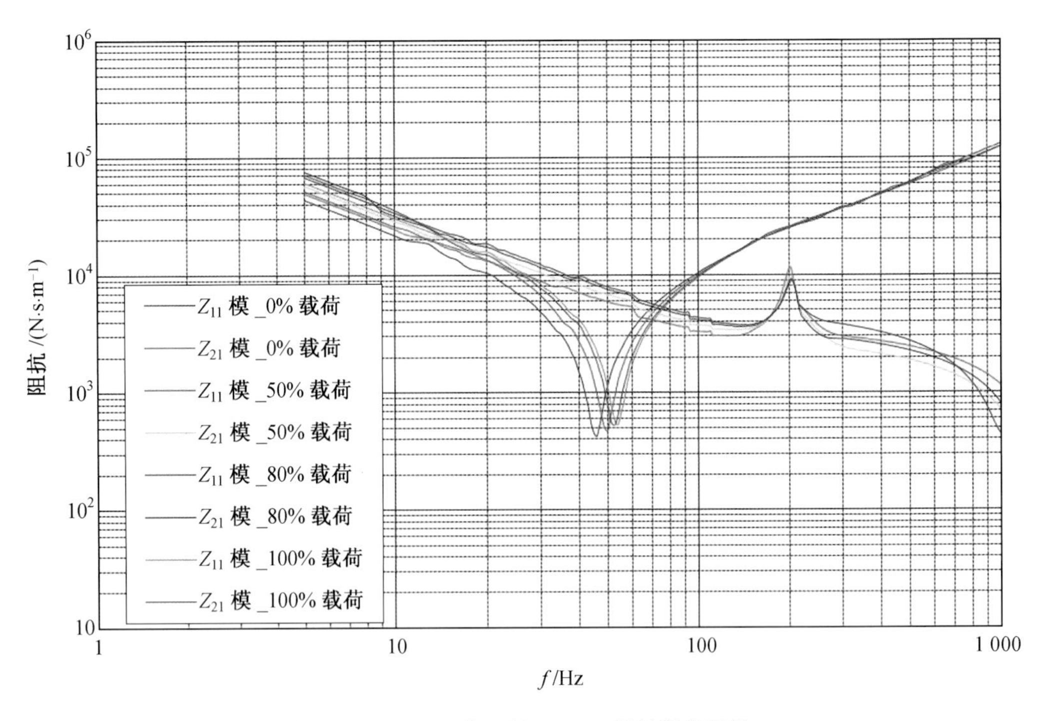

图 2　DY－30_X 向正置 Z_{11}、Z_{21} 机械阻抗图谱

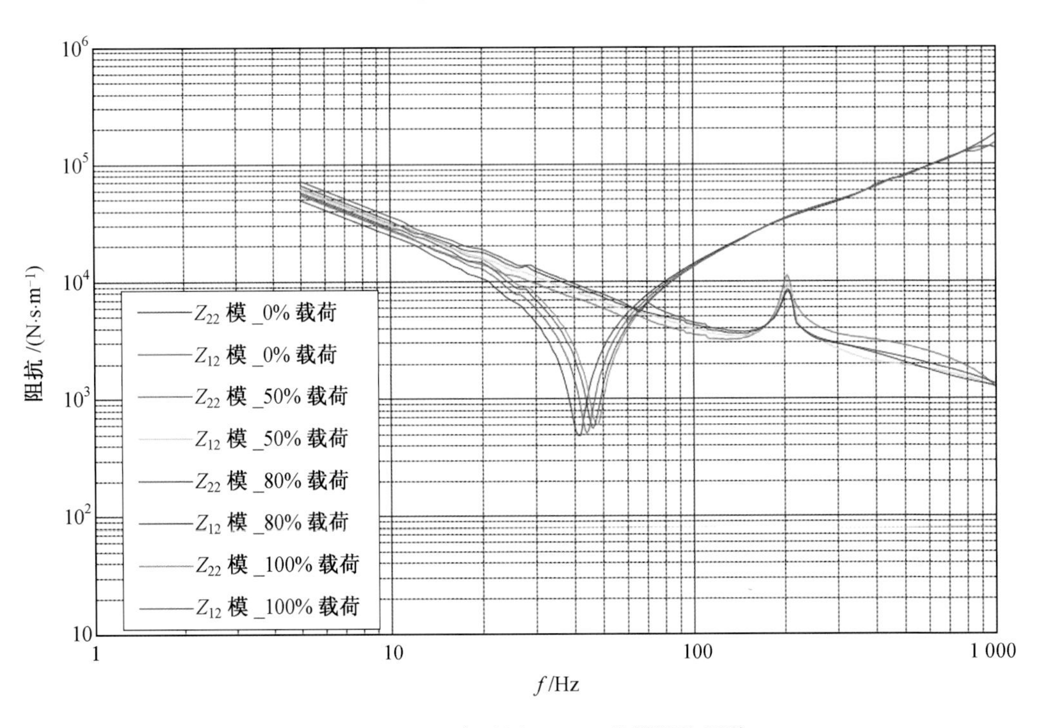

图 3　DY－30_X 向反置 Z_{22}、Z_{12} 机械阻抗图谱

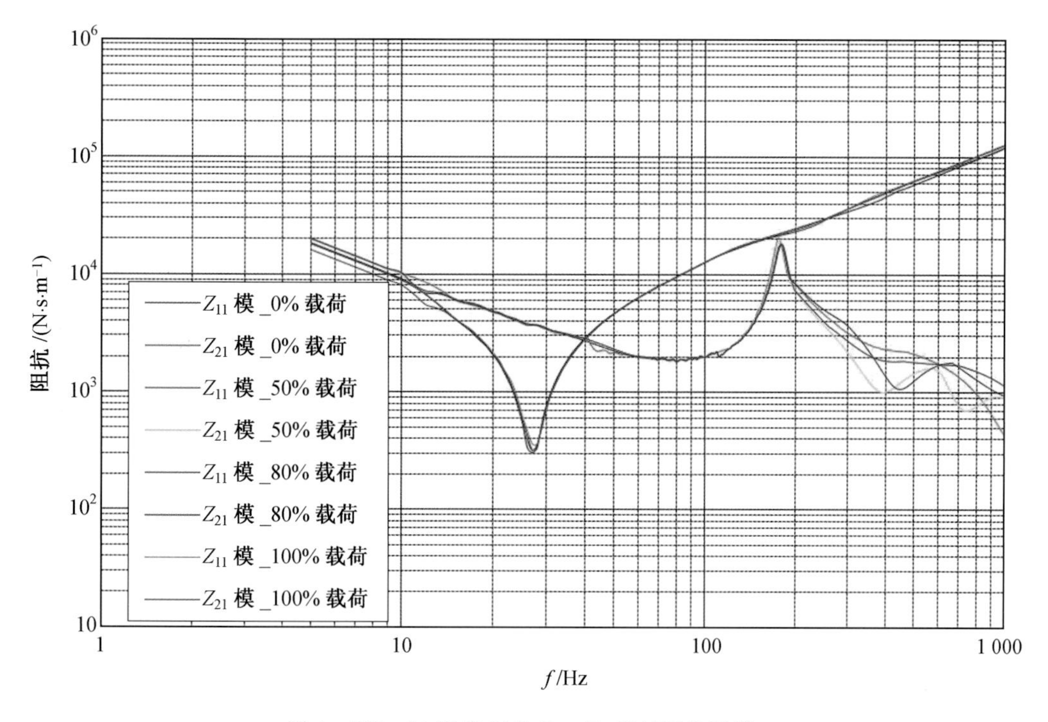

图 4 DY—30_Y 向正置 Z_{11}、Z_{21} 机械阻抗图谱

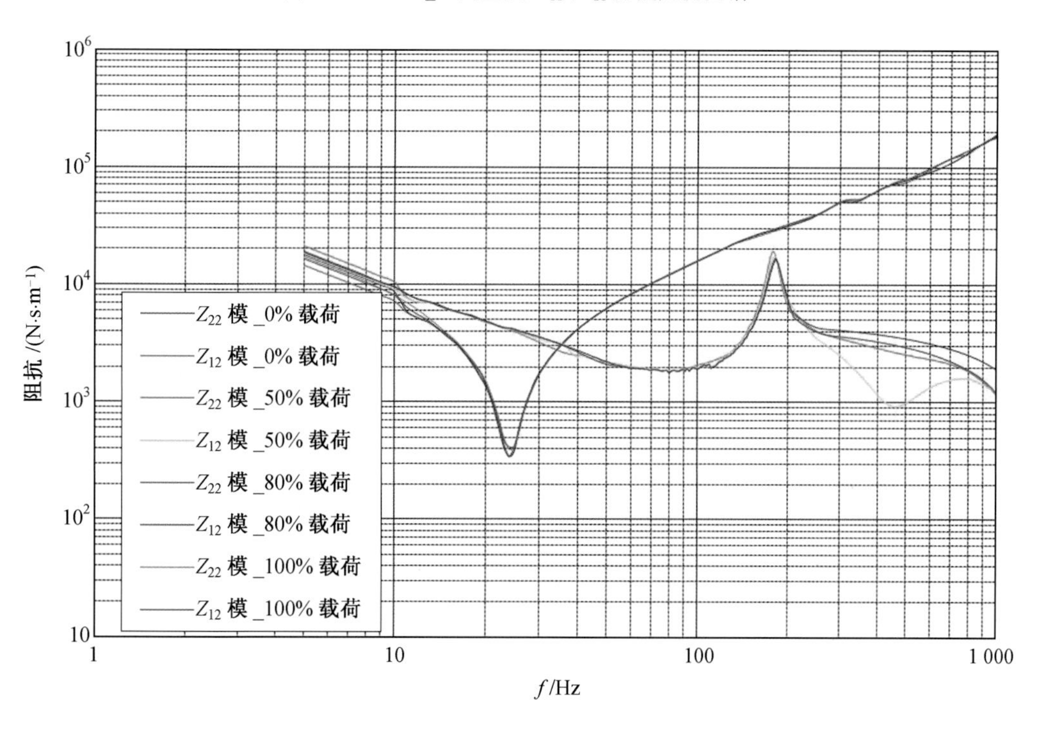

图 5 DY—30_Y 向反置 Z_{22}、Z_{12} 机械阻抗图谱

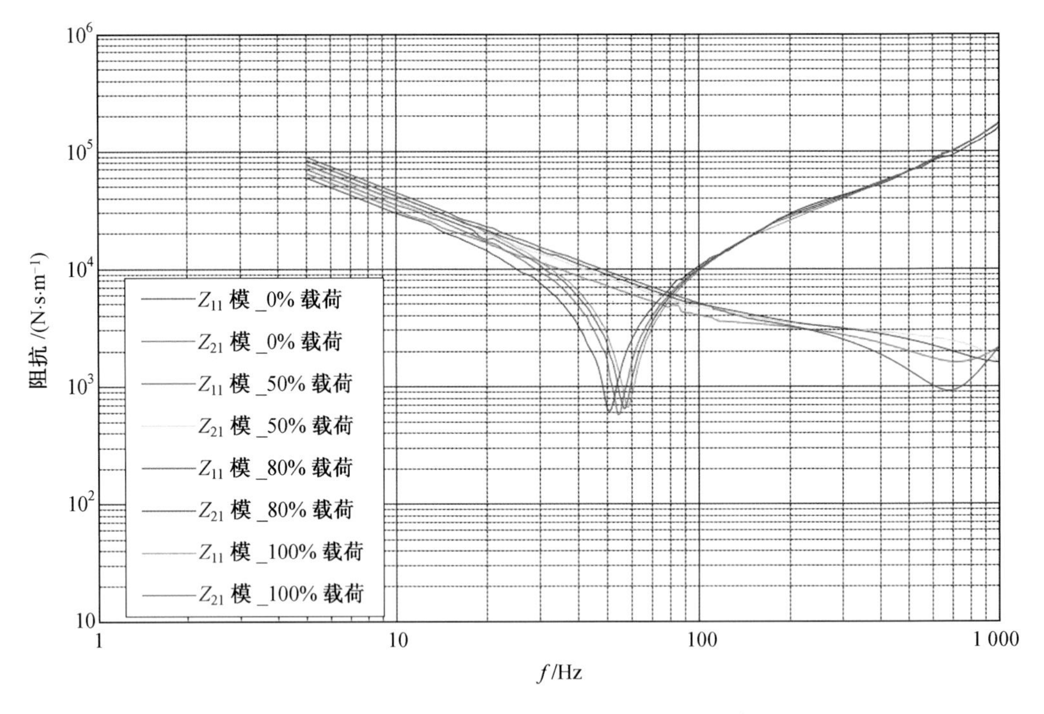

图 6　DY－30_Z 向正置 Z_{11}、Z_{21} 机械阻抗图谱

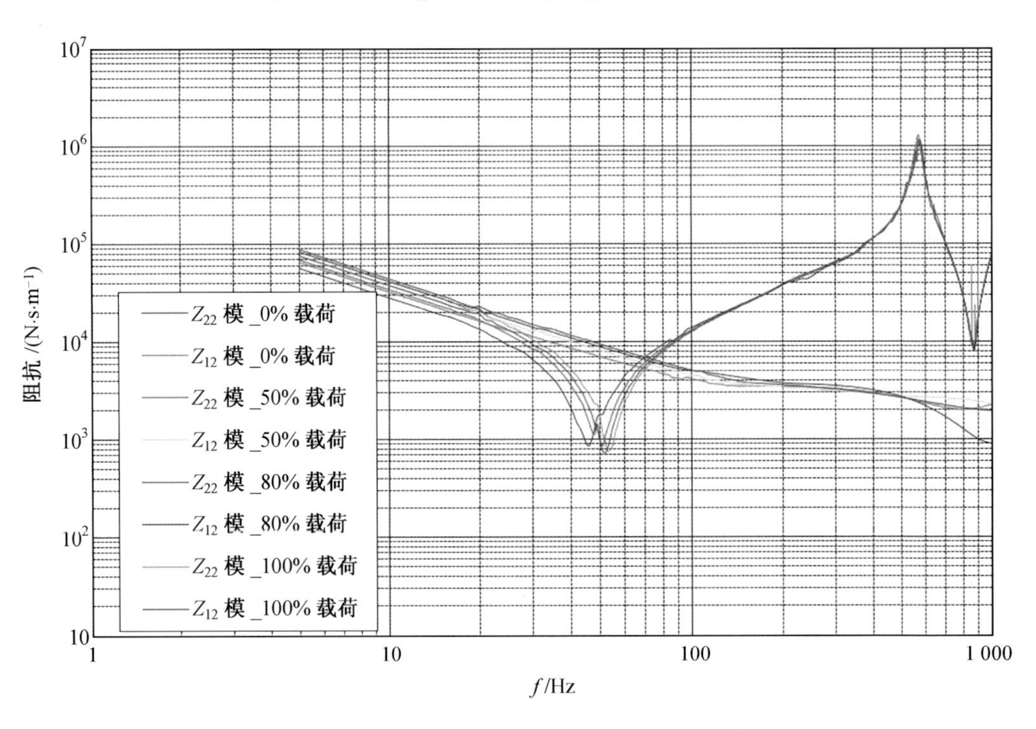

图 7　DY－30_Z 向反置 Z_{22}、Z_{12} 机械阻抗图谱

SJA－500 隔振器

一、SJA－500 隔振器外形(图 1)

图 1　SJA－500 隔振器外形

二、SJA－500 隔振器动态特性数据测试工况(表 1)

表 1　SJA－500 隔振器动态特性数据测试工况

序号	型号	编号	试件安装形式	测试方向	载荷工况
1	SJA－500	SJ－01/SJ－02	正/反置	$X/Y/Z$	0%、50%、80%、100%载荷

三、SJA－500 隔振器机械阻抗图谱(图 2～7)

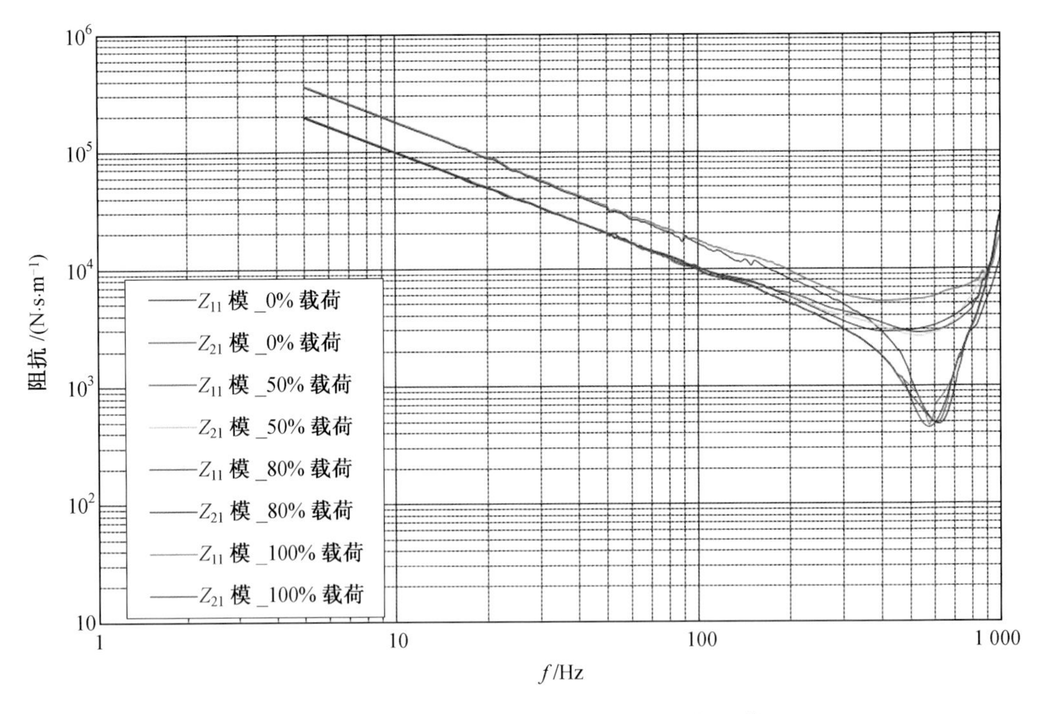

图 2　SJA—500_X 向正置 Z_{11}、Z_{21} 机械阻抗图谱

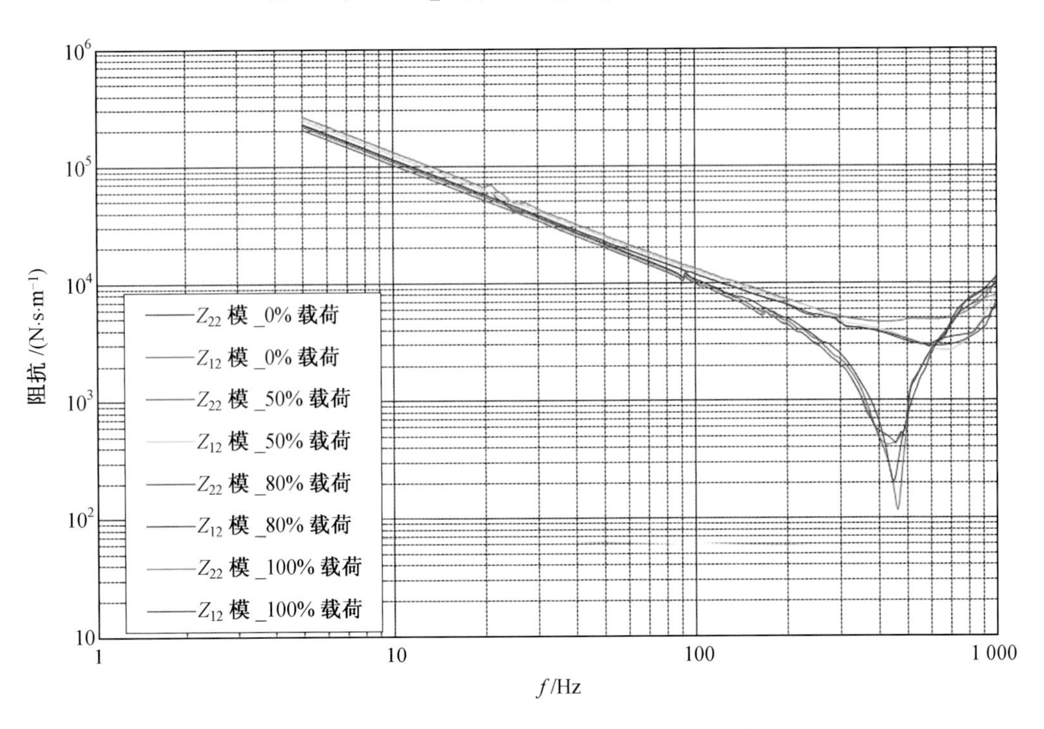

图 3　SJA—500_X 向反置 Z_{22}、Z_{12} 机械阻抗图谱

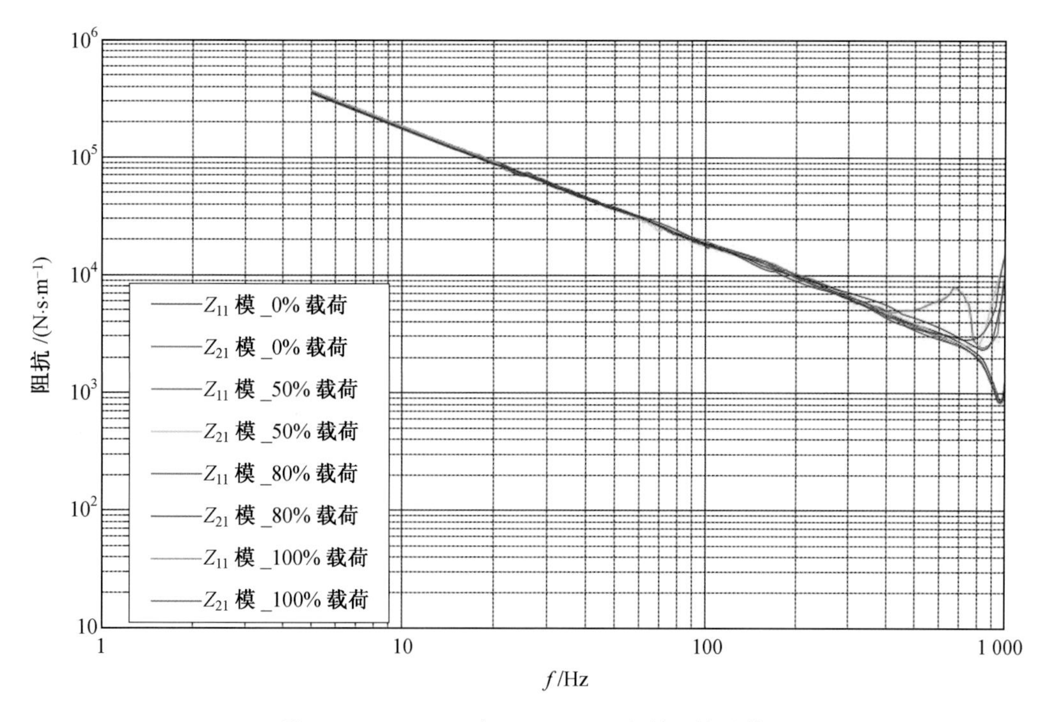

图 4　SJA－500_Y 向正置 Z_{11}、Z_{21} 机械阻抗图谱

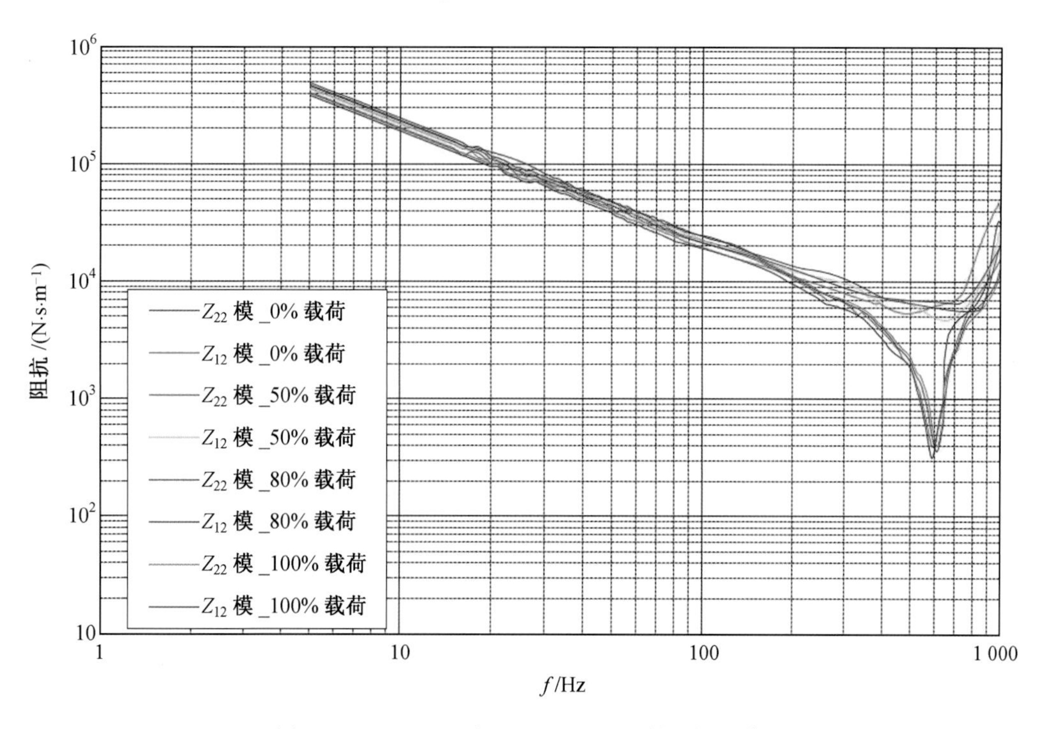

图 5　SJA－500_Y 向反置 Z_{22}、Z_{12} 机械阻抗图谱

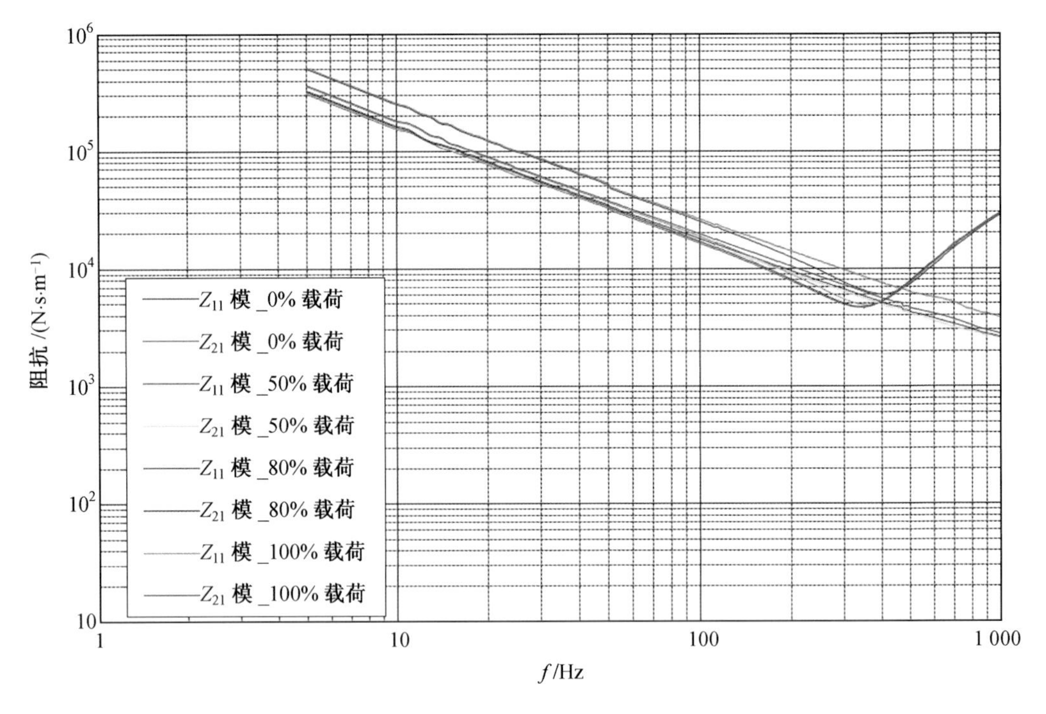

图 6　SJA－500_Z 向正置 Z_{11}、Z_{21} 机械阻抗图谱

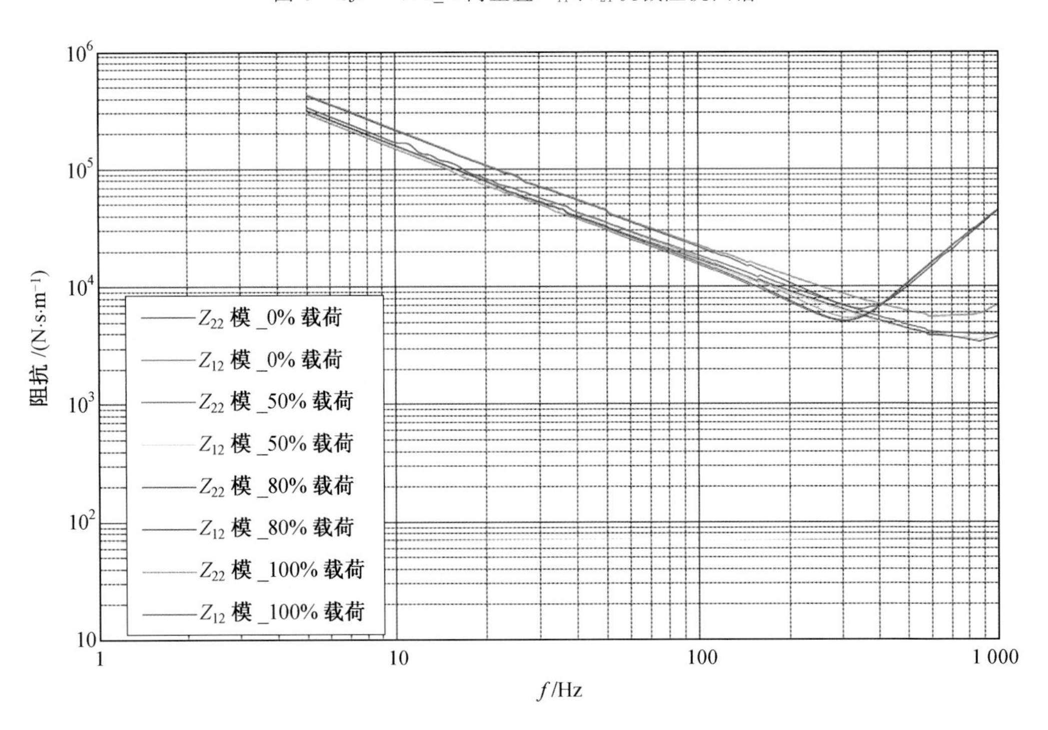

图 7　SJA－500_Z 向反置 Z_{22}、Z_{12} 机械阻抗图谱

JCG－2500 隔振器

一、JCG－2500 隔振器外形(图 1)

图 1　JCG－2500 隔振器外形

二、JCG－2500 隔振器动态特性数据测试工况(表 1)

表 1　JCG－2500 隔振器动态特性数据测试工况

序号	型号	编号	试件安装形式	测试方向	载荷工况
1	JCG－2500	120505/120604	正/反置	Y/Z	0%、50%、80%、100%载荷

三、JCG－2500 隔振器机械阻抗图谱(图 2～5)

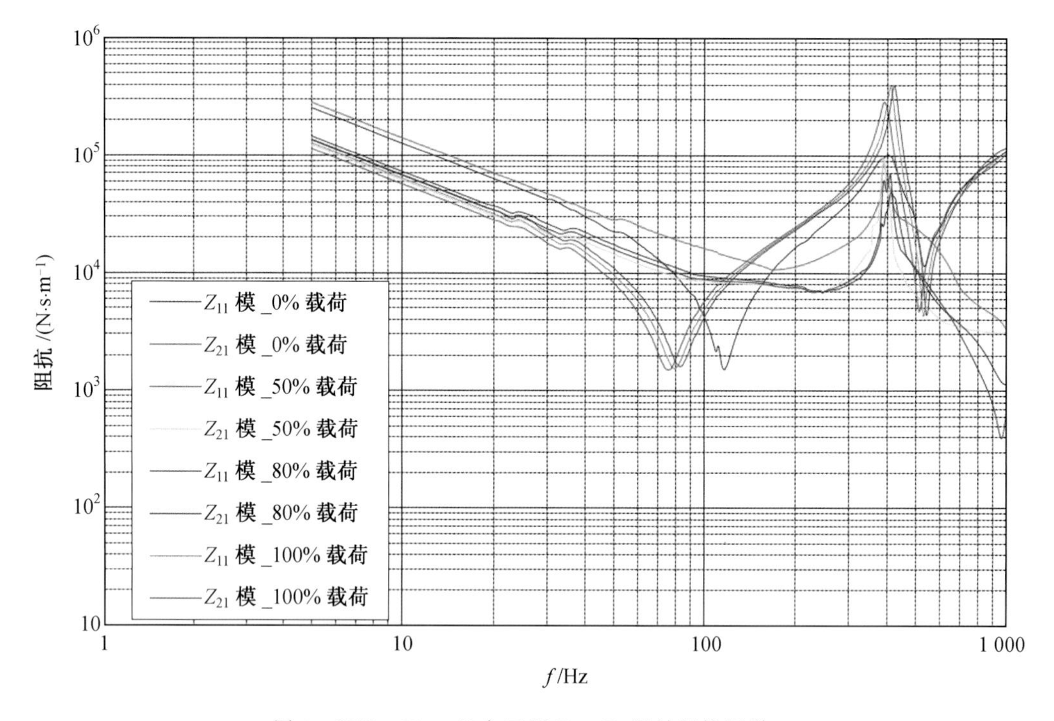

图 2　JCG－2500_Y 向正置 Z_{11}、Z_{21} 机械阻抗图谱

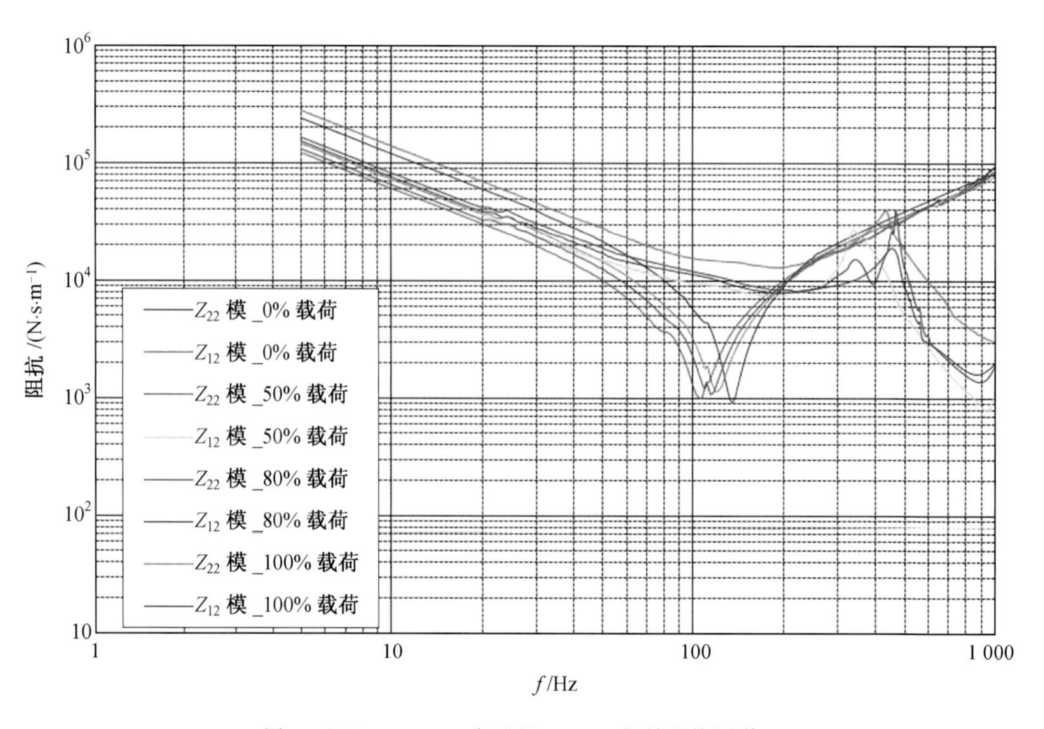

图 3　JCG－2500_Y 向反置 Z_{22}、Z_{12} 机械阻抗图谱

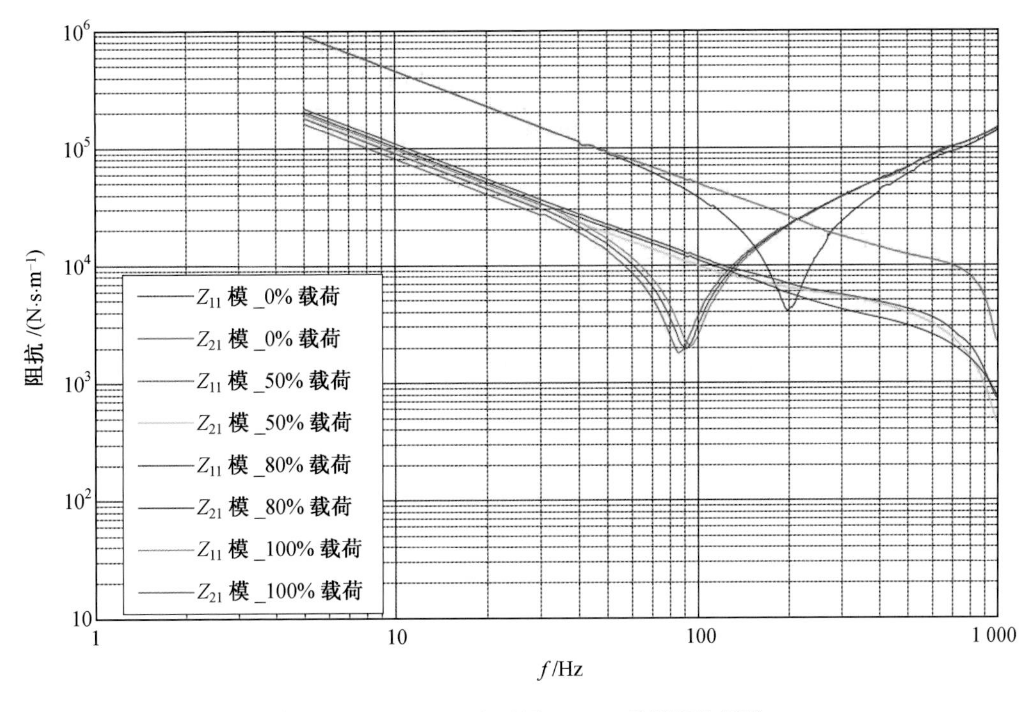

图 4 JCG—2500_Z 向正置 Z_{11}、Z_{21} 机械阻抗图谱

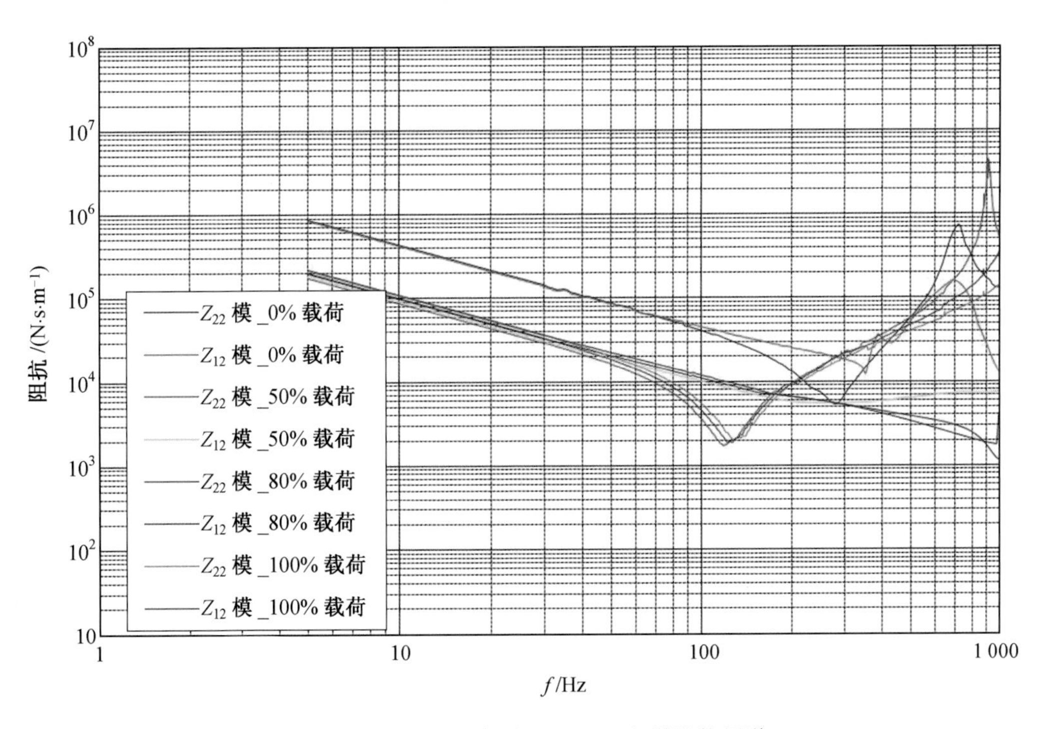

图 5 JCG—2500_Z 向反置 Z_{22}、Z_{12} 机械阻抗图谱

HGGS－100E 隔振器

一、HGGS－100E 隔振器外形(图 1)

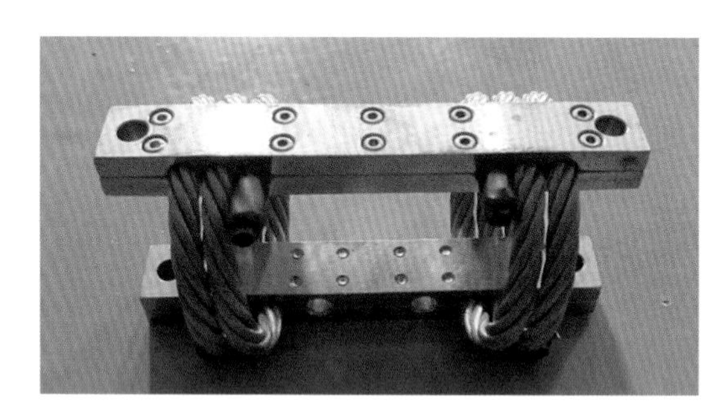

图 1　HGGS－100E 隔振器外形

二、HGGS－100E 隔振器动态特性数据测试工况(表 1)

表 1　HGGS－100E 隔振器动态特性数据测试工况

序号	型号	编号	试件安装形式	测试方向	载荷工况
1	HGGS－100E	HG－1/HG－2	正置	$X/Y/Z$	0%、50%、80%、100%载荷

三、HGGS－100E 隔振器机械阻抗图谱(图 2～4)

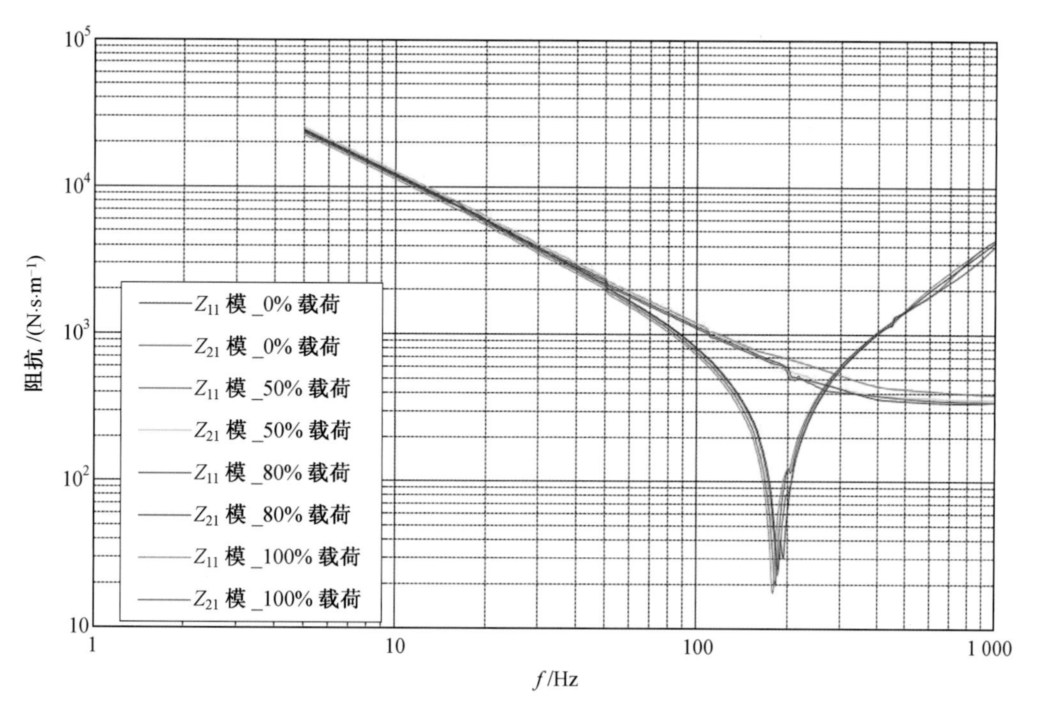

图 2　HGGS—100E_X 向正置 Z_{11}、Z_{21} 机械阻抗图谱

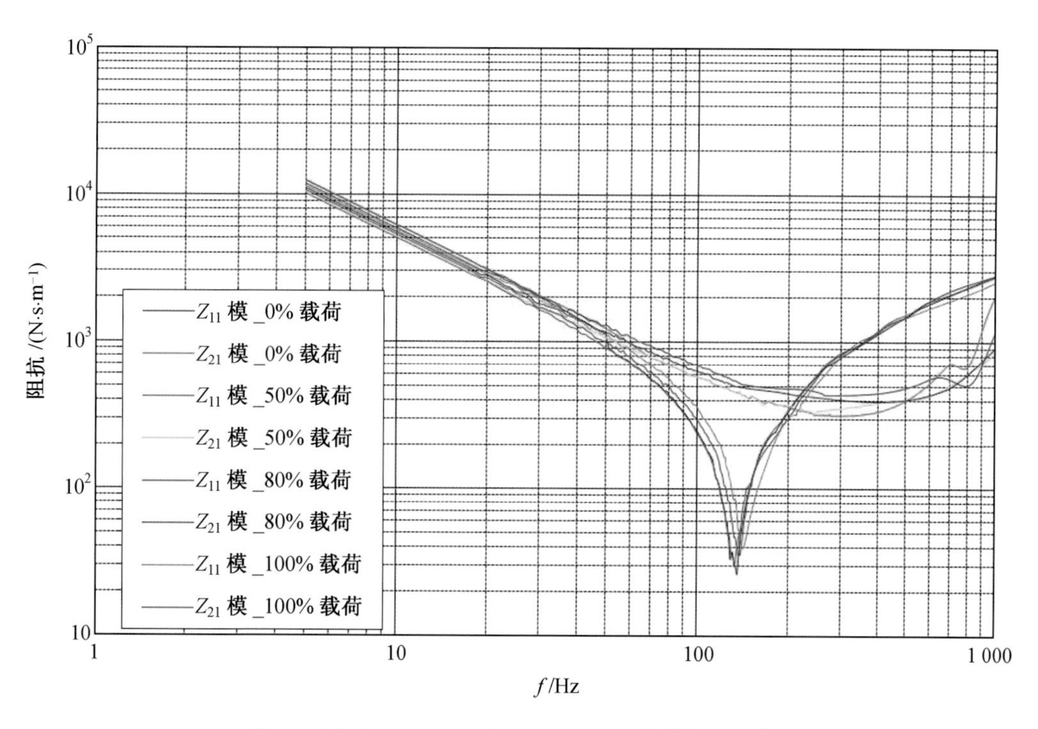

图 3　HGGS—100E_Y 向正置 Z_{11}、Z_{21} 机械阻抗图谱

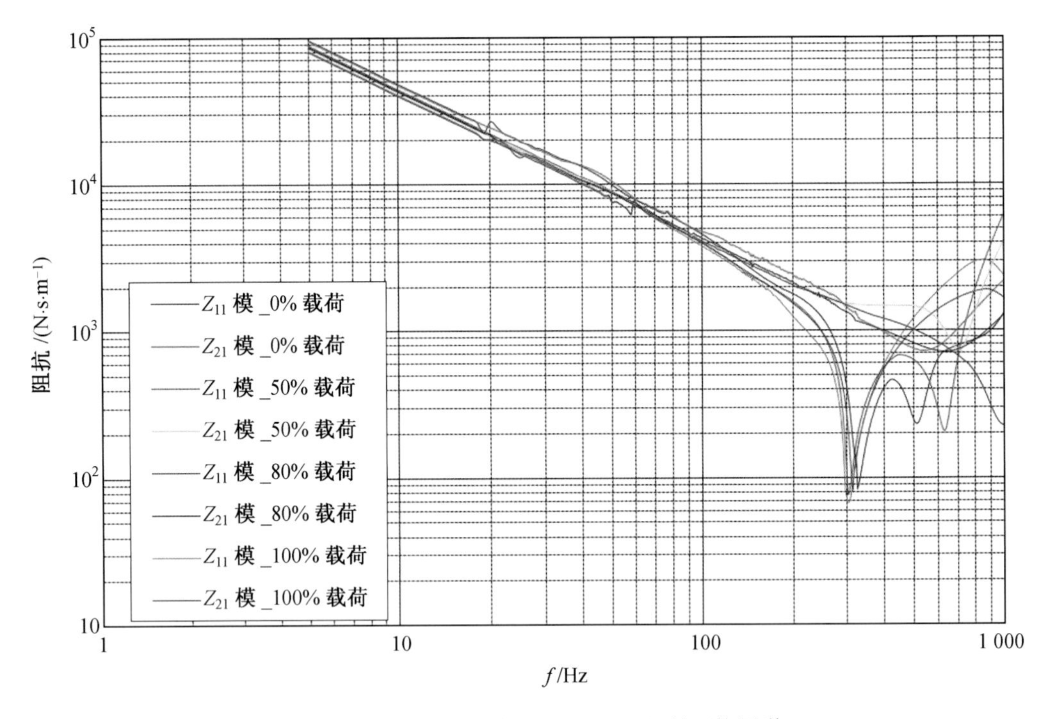

图 4　HGGS－100E_Z 向正置 Z_{11}、Z_{21} 机械阻抗图谱

JYQN－4000 气囊型隔振器

一、JYQN－4000 气囊型隔振器外形(图 1)

图 1　JYQN－4000 气囊型隔振器外形

二、JYQN－4000 气囊型隔振器动态特性数据测试工况(表 1)

表 1　JYQN－4000 气囊型隔振器动态特性数据测试工况

序号	型号	编号	试件安装形式	测试方向	载荷工况
1	JQYN－4000	MH－1/MH－2	正置	Y/Z	0.2/0.8/1.4/1.7 MPa

三、JYQN－4000 气囊型隔振器机械阻抗图谱(图 2、图 3)

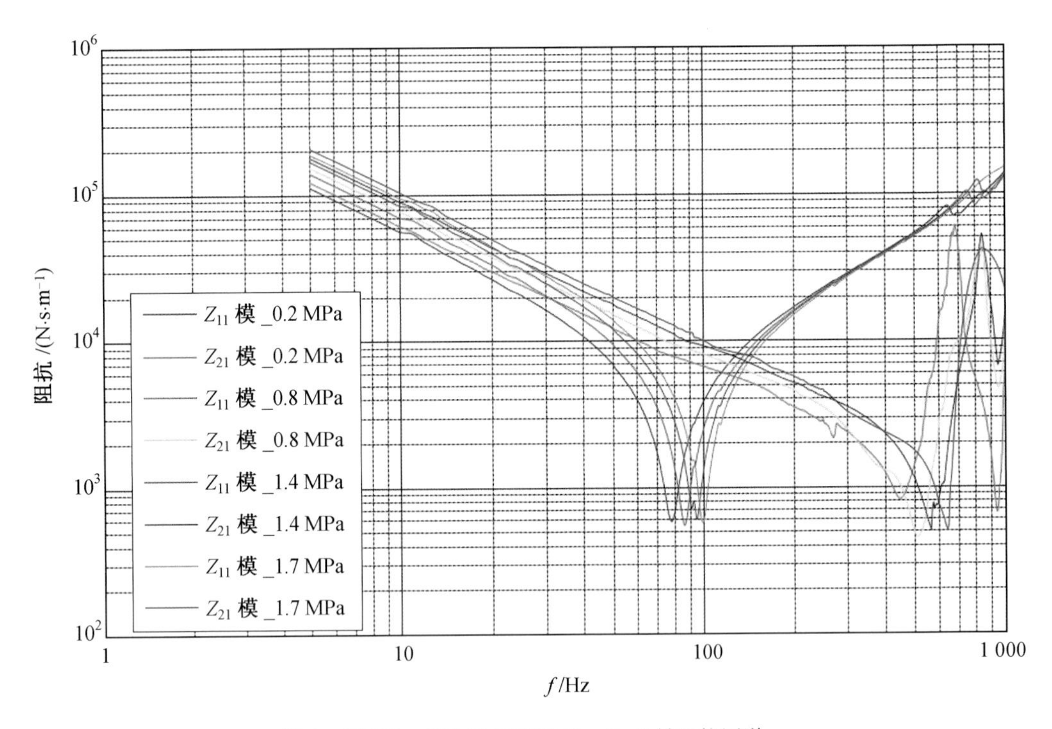

图 2　JYQN—4000_Y 向正置 Z_{11}、Z_{21} 机械阻抗图谱

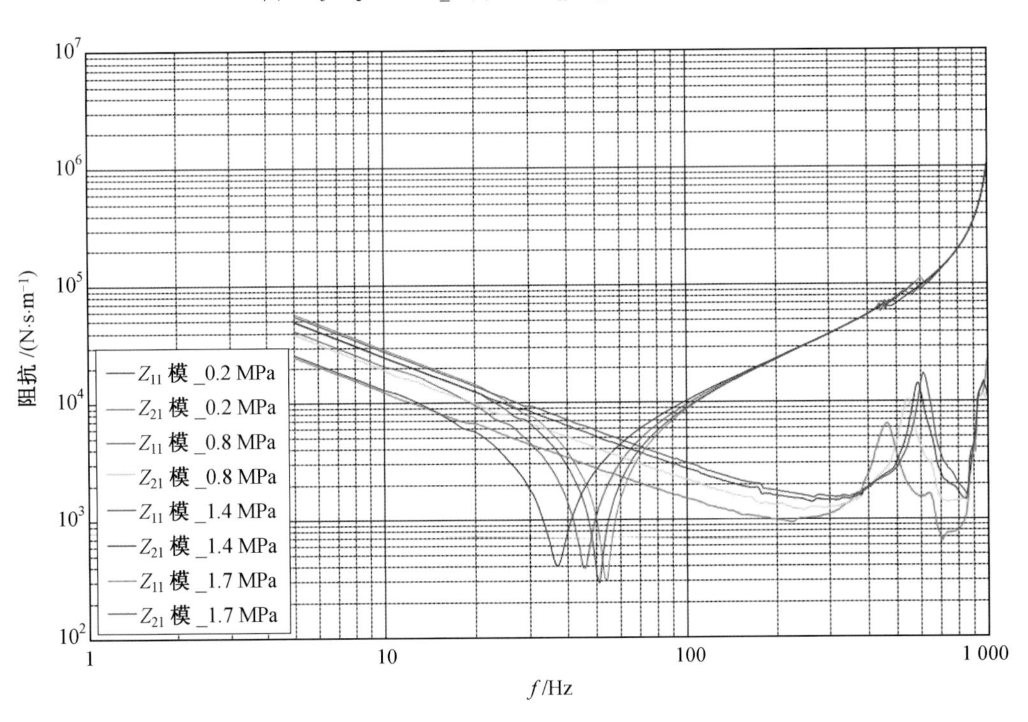

图 3　JYQN—4000_Z 向正置 Z_{11}、Z_{21} 机械阻抗图谱

可曲挠法兰橡胶接头

一、可曲挠法兰橡胶接头外形(图 1)

图 1　可曲挠法兰橡胶接头外形

二、可曲挠法兰橡胶接头动态特性数据测试工况(表 1)

表 1　可曲挠法兰橡胶接头动态特性数据测试工况

序号	型号	编号	试验类型	测试方向	载荷工况
1	CKST－FDN80LPN1.0	171629/171628	机械阻抗	Y/Z	0/0.5/0.8/1.0 MPa
2	CKXT－FDN80LPN1.0	171630/171631	机械阻抗	Y/Z	0/0.5/0.8/1.0 MPa
3	CKXT－FDN125LPN1.0	171632/171633	机械阻抗	Y/Z	0/0.5/0.8/1.0 MPa
4	CKXT－FDN150LPN1.0	171634/171635	机械阻抗	Y/Z	0/0.5/0.8/1.0 MPa
5	CKXT－FDN250LPN1.0	171636/171637	机械阻抗	Y/Z	0/0.5/0.8/1.0 MPa

三、可曲挠法兰橡胶接头机械阻抗图谱

1. CKST－FDN80LPN1.0 可曲挠法兰橡胶接头机械阻抗图谱(图 2、图 3)

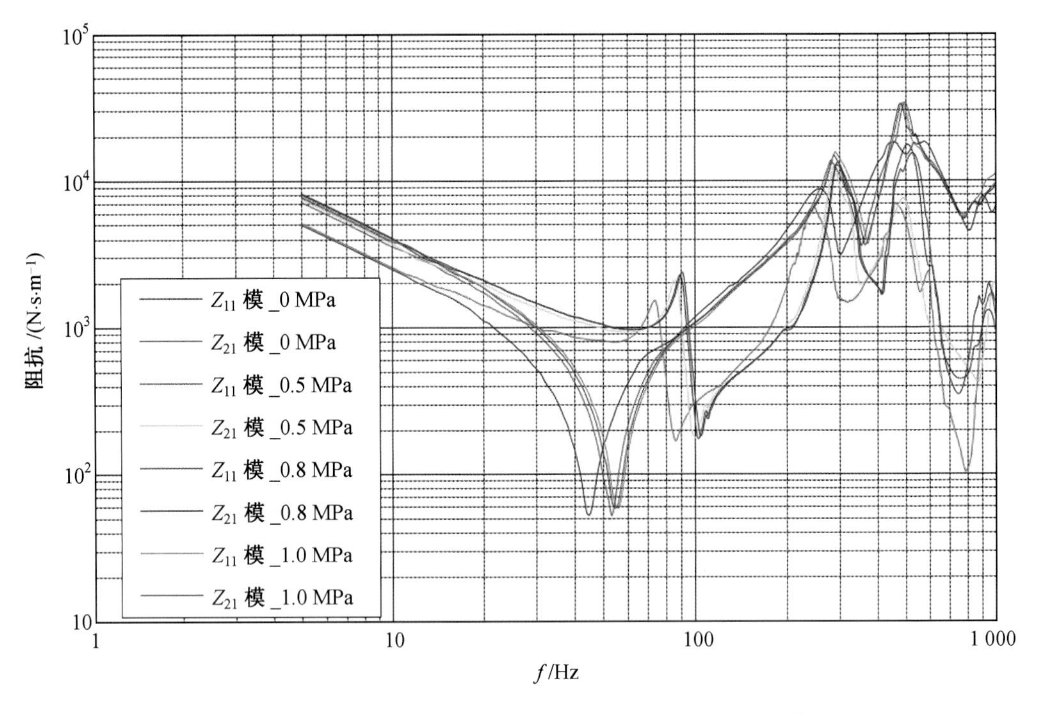

图 2 CKST－FDN80LPN1.0_Y 向正置 Z_{11}、Z_{21} 机械阻抗图谱

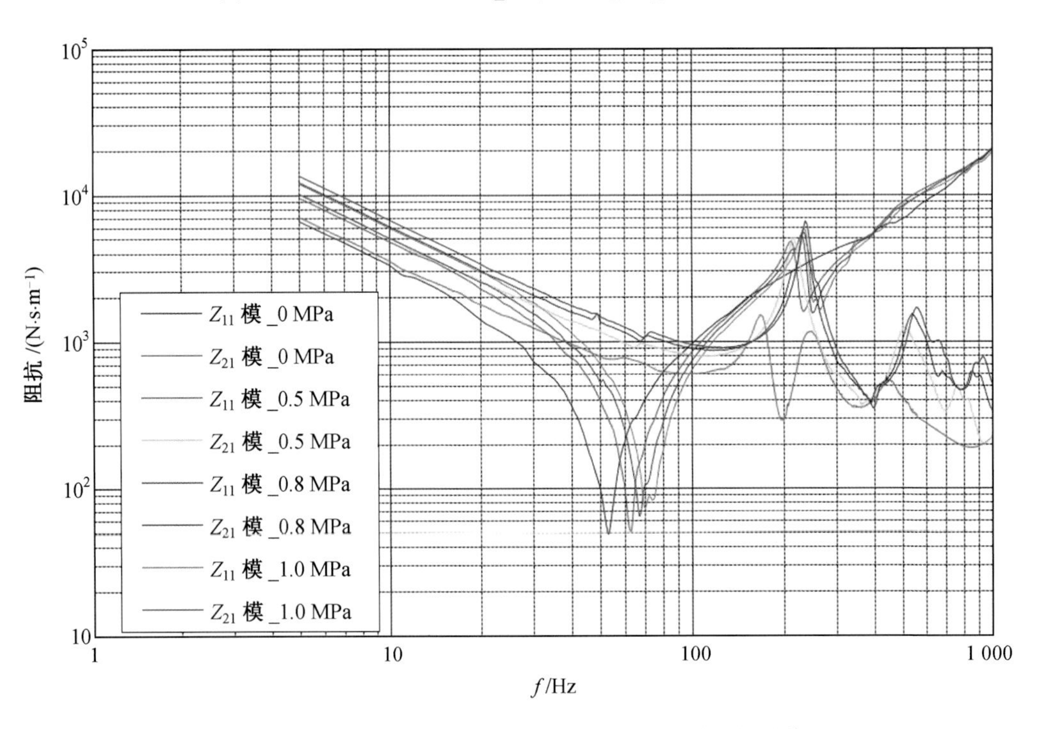

图 3 CKST－FDN80LPN1.0_Z 向正置 Z_{11}、Z_{21} 机械阻抗图谱

2. CKXT－FDN80LPN1.0 可曲挠法兰橡胶接头机械阻抗图谱(图 4、图 5)

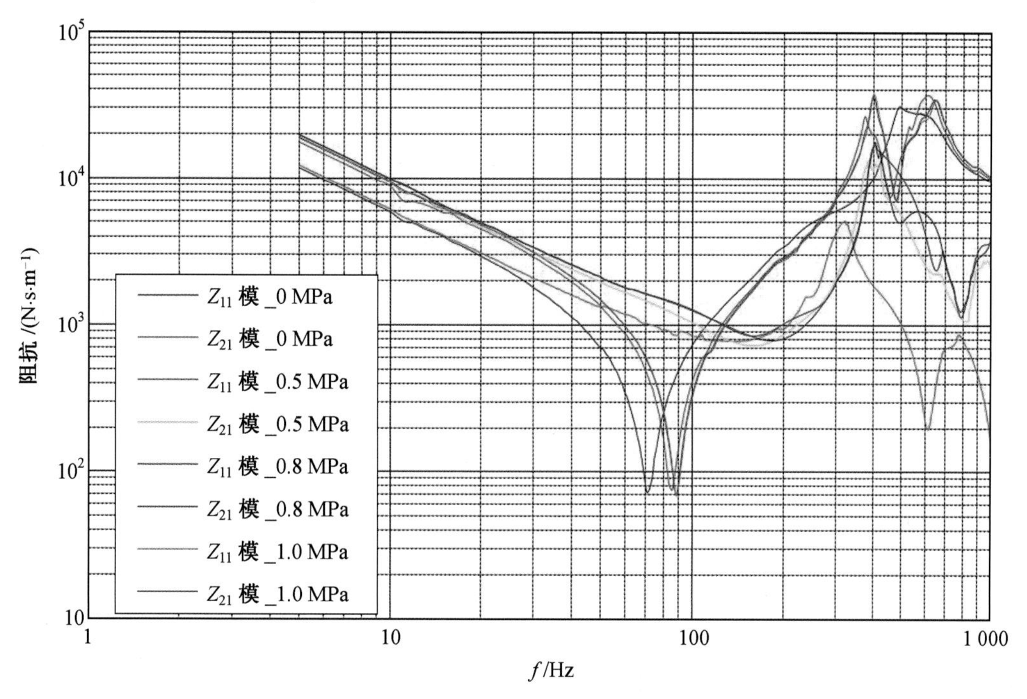

图 4　CKXT－FDN80LPN1.0_Y 向正置 Z_{11}、Z_{21} 机械阻抗图谱

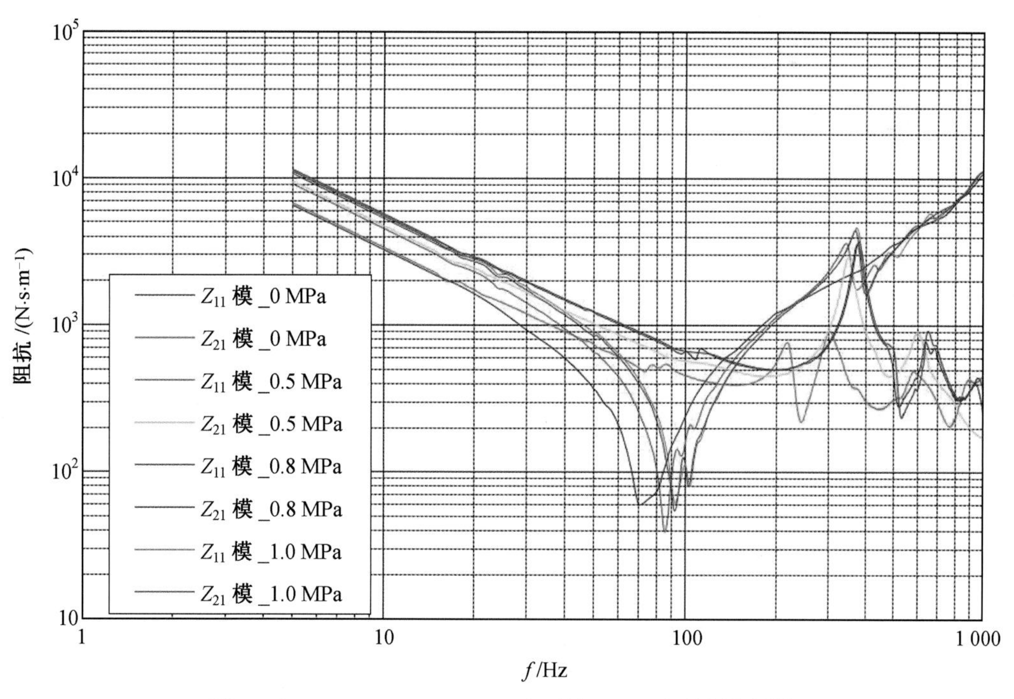

图 5　CKXT－FDN80LPN1.0_Z 向正置 Z_{11}、Z_{21} 机械阻抗图谱

3. CKXT－FDN125LPN1.0 可曲挠法兰橡胶接头机械阻抗图谱(图 6、图 7)

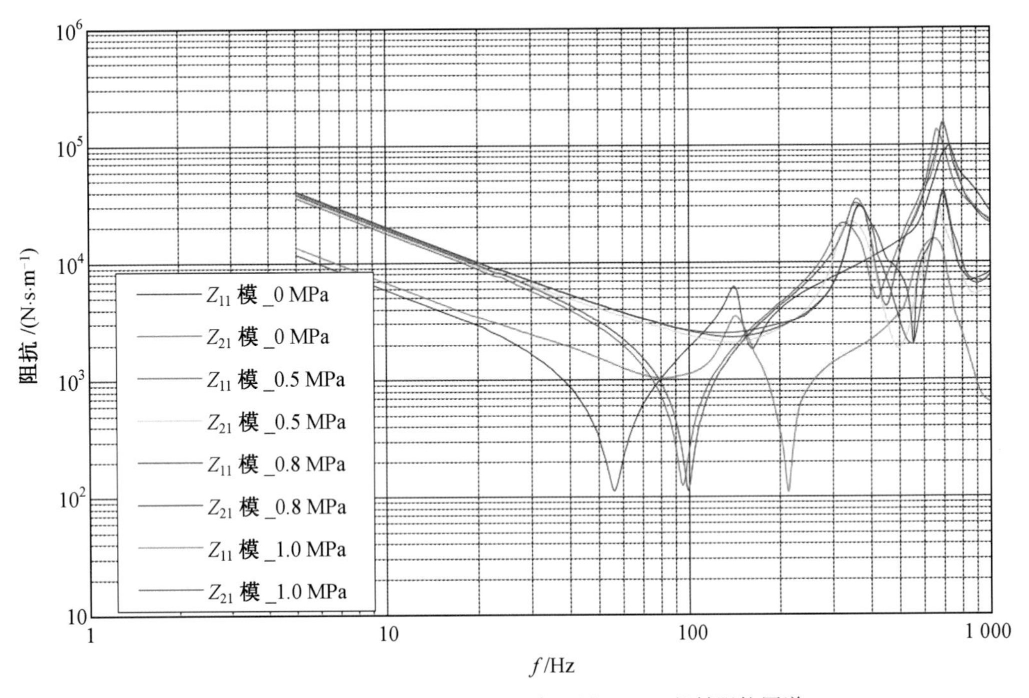

图 6　CKXT－FDN125LPN1.0_Y 向正置 Z_{11}、Z_{21} 机械阻抗图谱

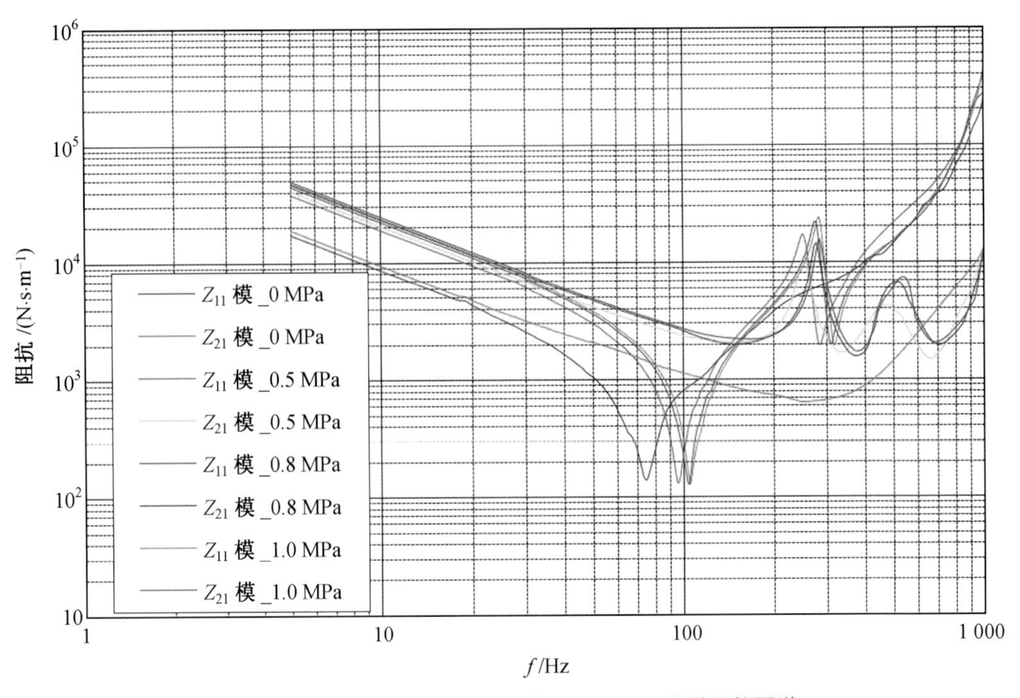

图 7　CKXT－FDN125LPN1.0_Z 向正置 Z_{11}、Z_{21} 机械阻抗图谱

4. CKXT－FDN150LPN1.0 可曲挠法兰橡胶接头机械阻抗图谱(图 8、图 9)

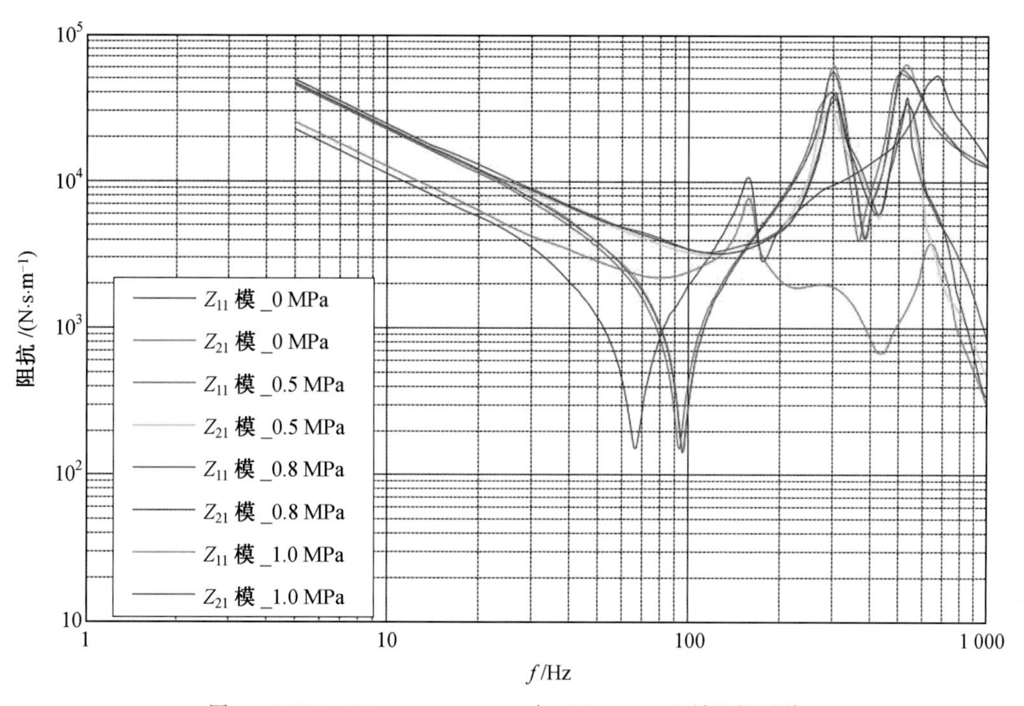

图 8 CKXT－FDN150LPN1.0_Y 向正置 Z_{11}、Z_{21} 机械阻抗图谱

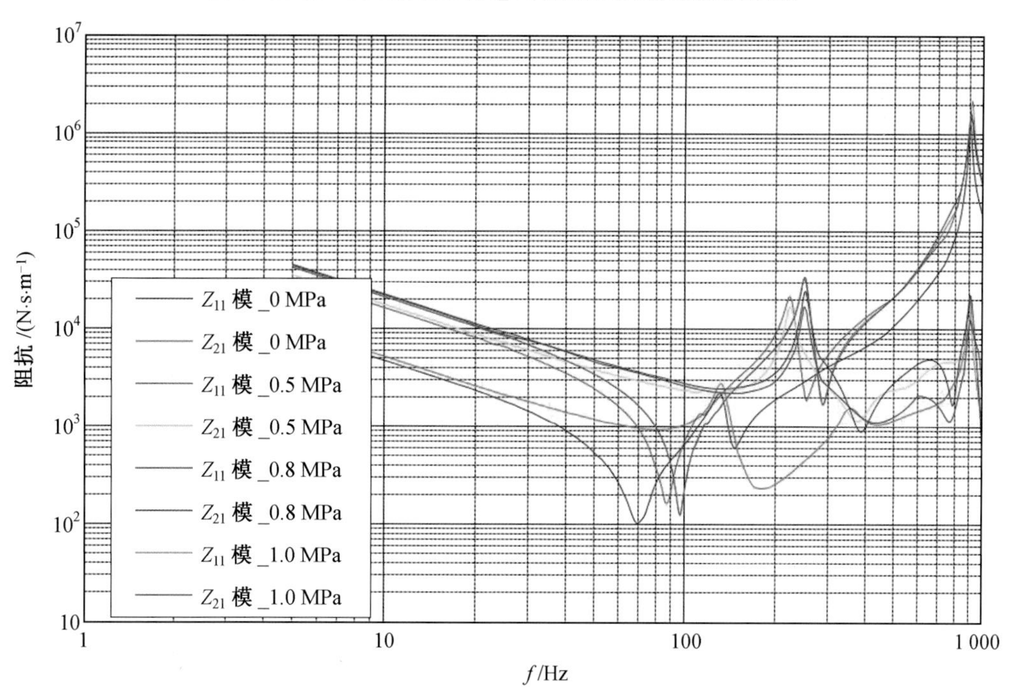

图 9 CKXT－FDN150LPN1.0_Z 向正置 Z_{11}、Z_{21} 机械阻抗图谱

5. CKXT－FDN250LPN1.0 可曲挠法兰橡胶接头机械阻抗图谱(图 10、图 11)

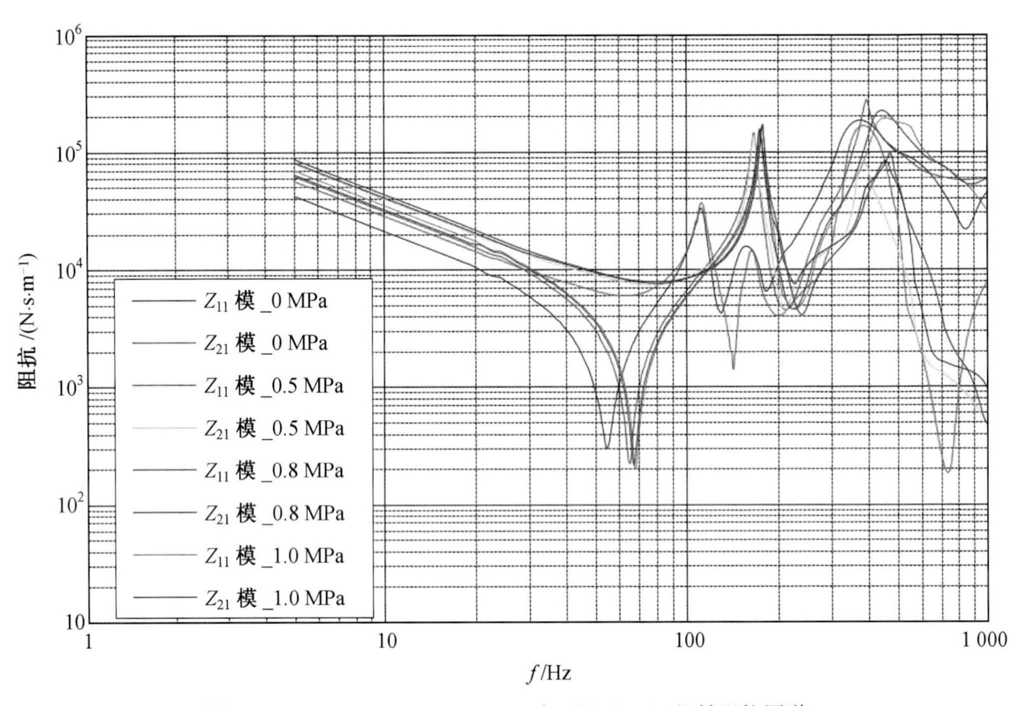

图 10　CKXT－FDN250LPN1.0_Y 向正置 Z_{11}、Z_{21} 机械阻抗图谱

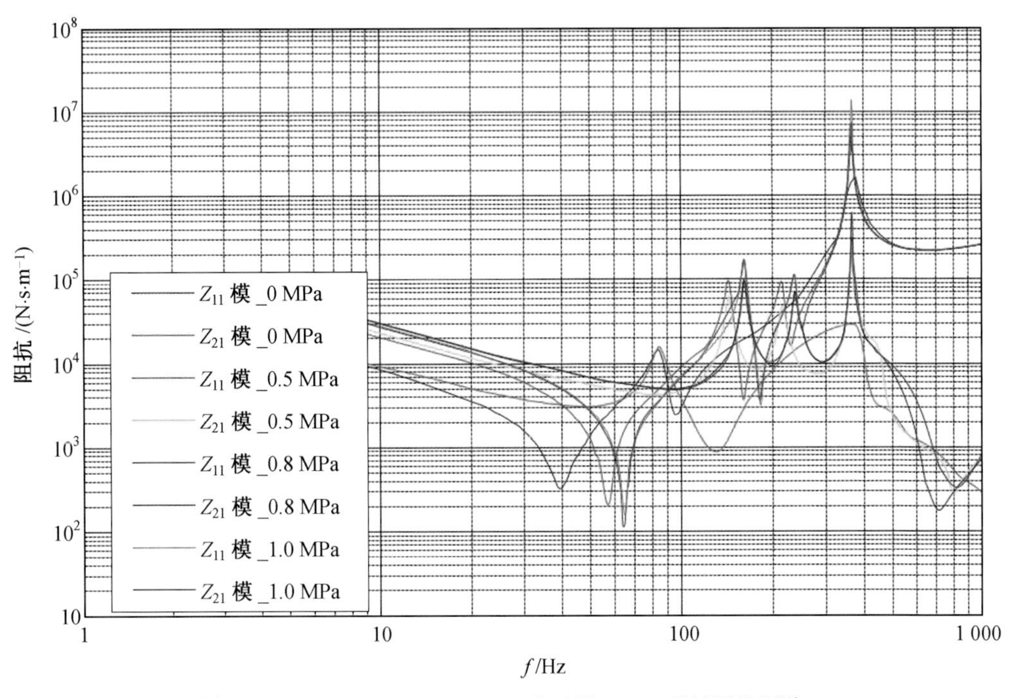

图 11　CKXT－FDN250LPN1.0_Z 向正置 Z_{11}、Z_{21} 机械阻抗图谱

JYXR(P)平衡式挠性接管

一、JYXR(P)平衡式挠性接管外形(图 1)

图 1　JYXR(P)平衡式挠性接管外形

二、JYXR(P)平衡式挠性接管动态特性数据测试工况(表 1)

表 1　JYXR(P)平衡式挠性接管动态特性数据测试工况

序号	型号	编号	试验类型	测试方向	载荷工况
1	JYXR(P)040065S－166EA	HGD－TT33－001/002	机械阻抗	Y/Z	0/1.0/2.0/3.0/4.0 MPa
			声阻抗	Z	0.5/1.0/2.0/3.0/4.0 MPa
2	JYXR(P)040080S－210EA	HGD－TT33－003/004	机械阻抗	Y/Z	0/1.0/2.0/3.0/4.0 MPa
			声阻抗	Z	0.5/1.0/2.0/3.0/4.0 MPa
3	JYXR(P)040200S－310EA	HGD－TT33－005/006	机械阻抗	Y/Z	0/1.0/2.0/3.0/4.0 MPa
			声阻抗	Z	0.5/1.0/2.0/3.0/4.0 MPa

三、JYXR(P)平衡式挠性接管机械阻抗图谱

1. JYXR(P)040065S－166EA 挠性接管机械阻抗图谱(图 2、图 3)

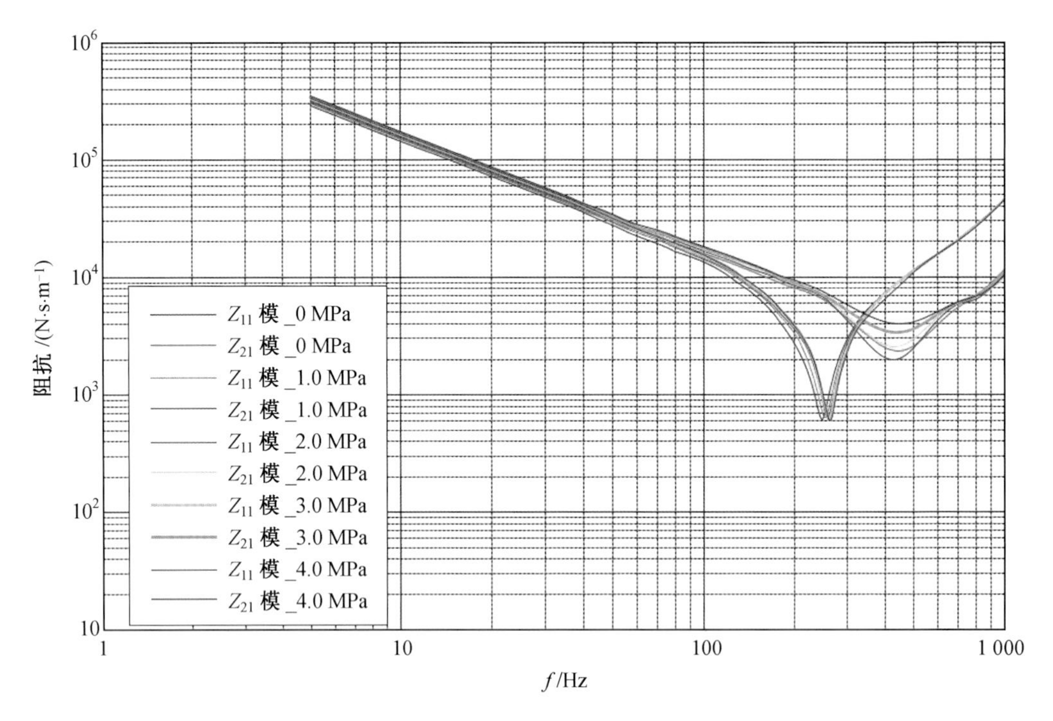

图 2　JYXR(P)040065S—166EA _Y 向正置 Z_{11}、Z_{21} 机械阻抗图谱

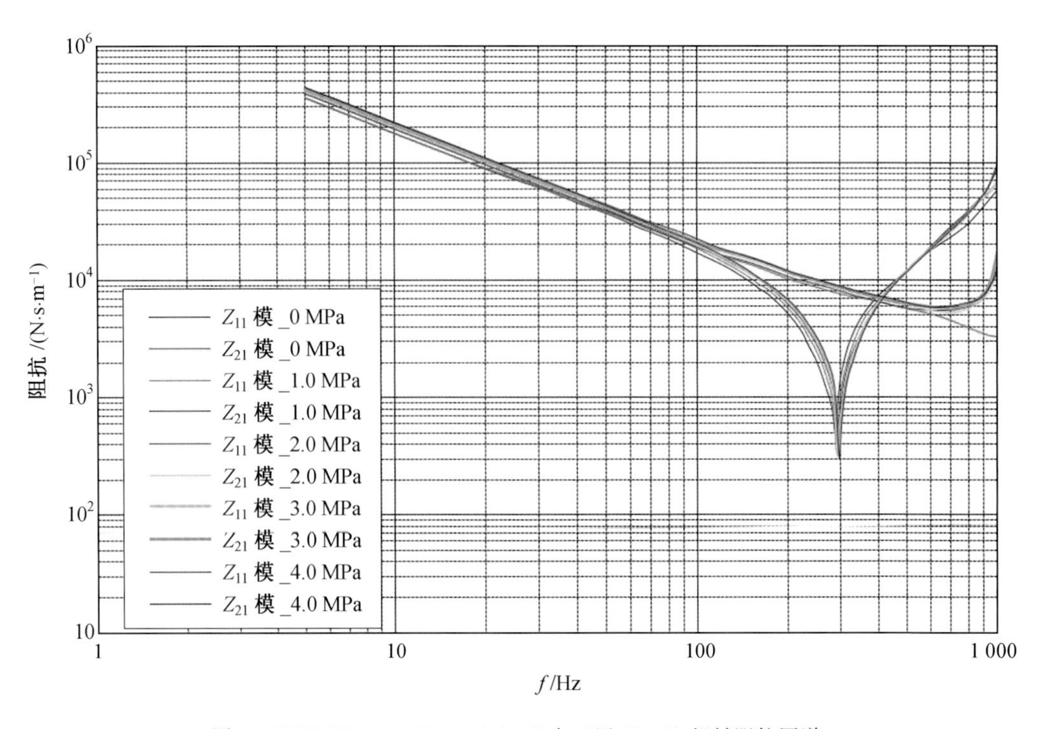

图 3　JYXR(P)040065S—166EA _Z 向正置 Z_{11}、Z_{21} 机械阻抗图谱

2. JYXR(P)040080S－210EA 挠性接管机械阻抗图谱(图 4、图 5)

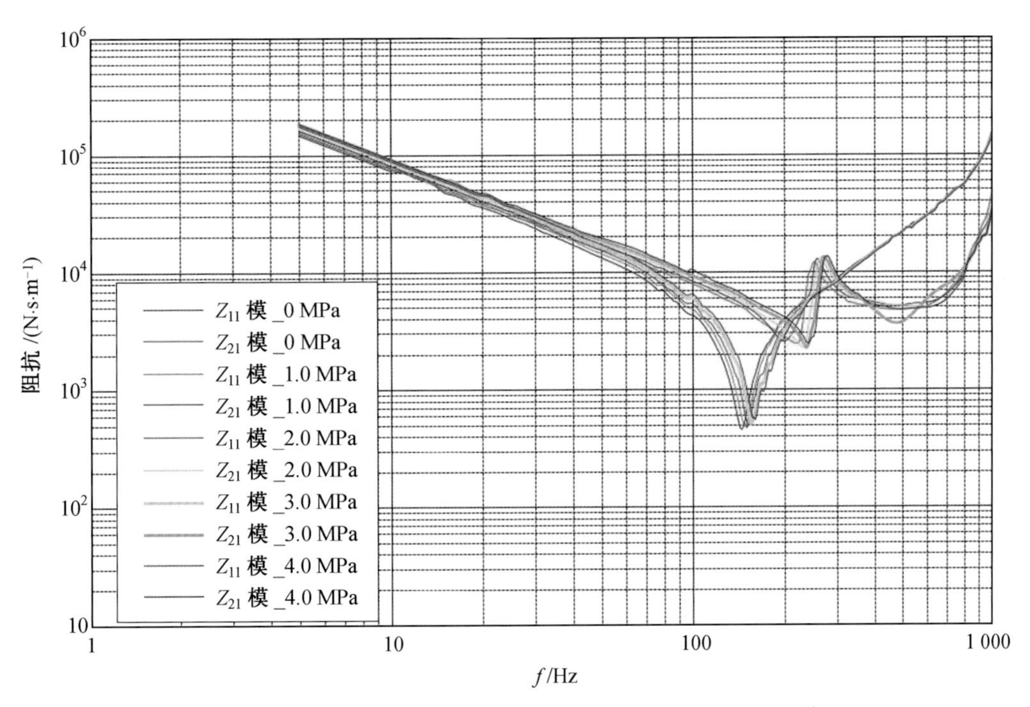

图 4　JYXR(P)040080S－210EA _Y 向正置 Z_{11}、Z_{21} 机械阻抗图谱

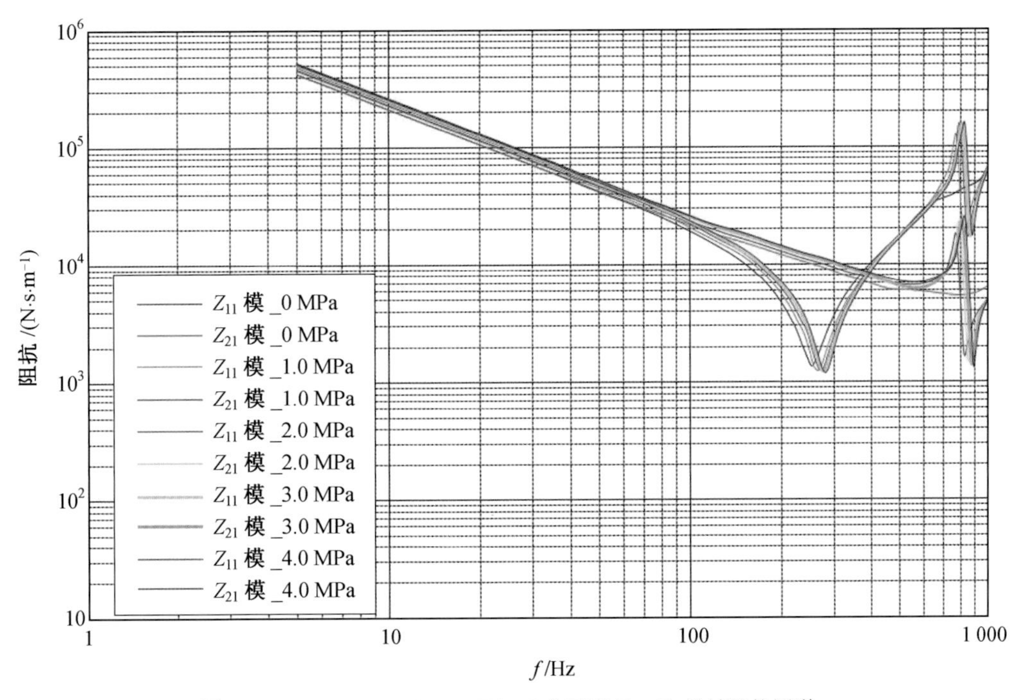

图 5　JYXR(P)040080S－210EA _Z 向正置 Z_{11}、Z_{21} 机械阻抗图谱

3. JYXR(P)040200S－310EA 挠性接管机械阻抗图谱(图6、图7)

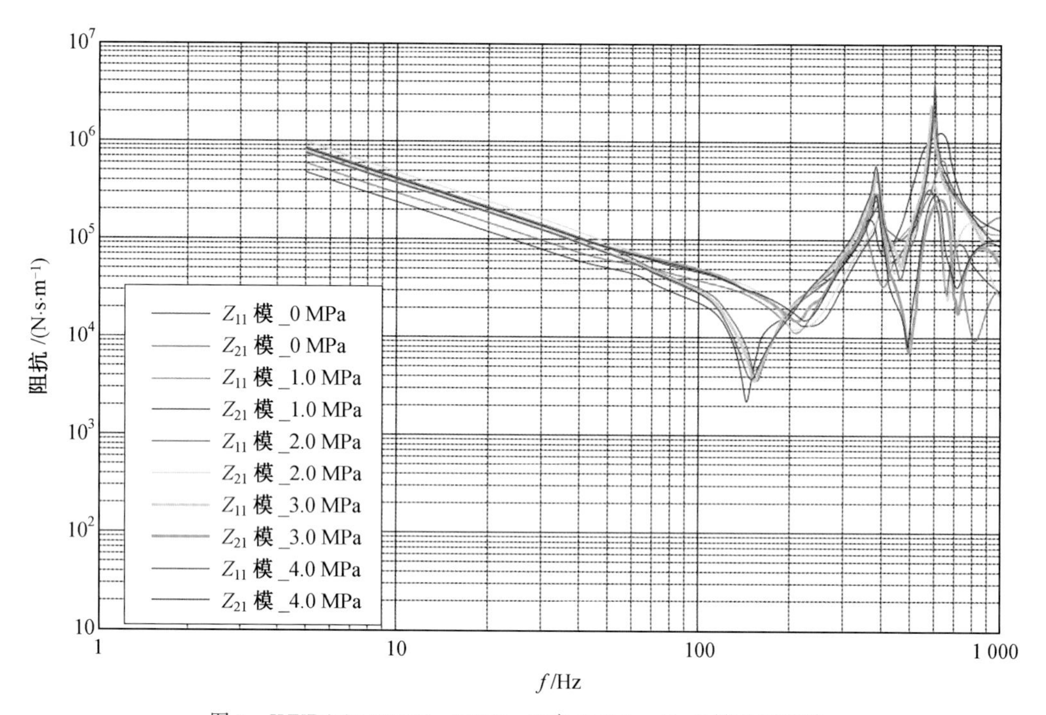

图6　JYXR(P)040200S－310EA _Y 向正置 Z_{11}、Z_{21} 机械阻抗图谱

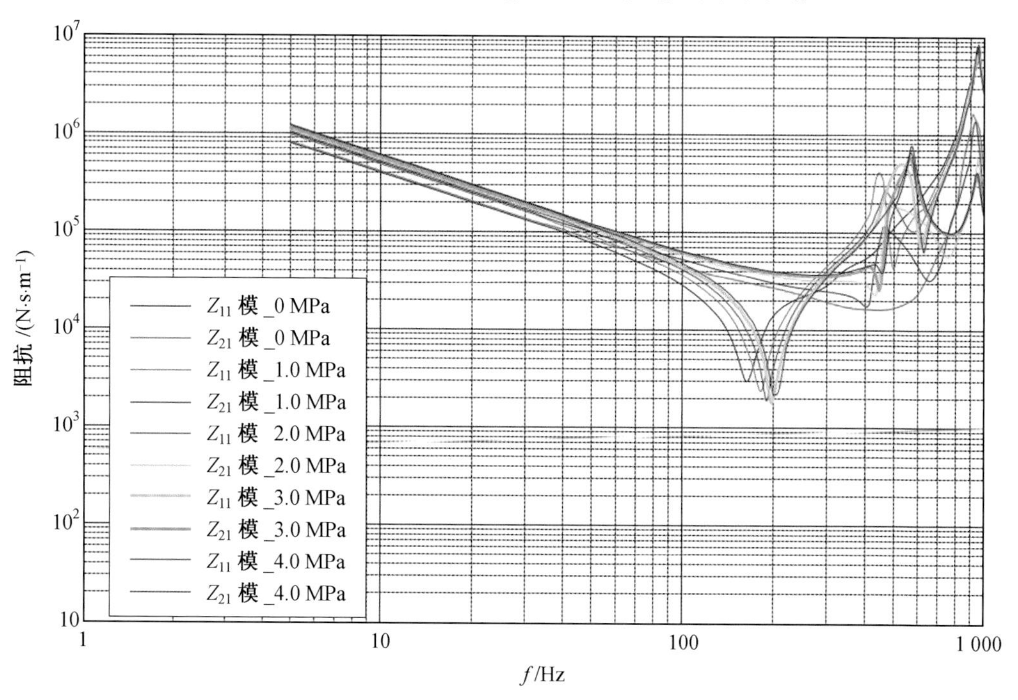

图7　JYXR(P)040200S－310EA _Z 向正置 Z_{11}、Z_{21} 机械阻抗图谱

四、JYXR(P)平衡式挠性接管声阻抗图谱

1. JYXR(P)040065S－166EA 挠性接管声阻抗图谱(图 8～12)

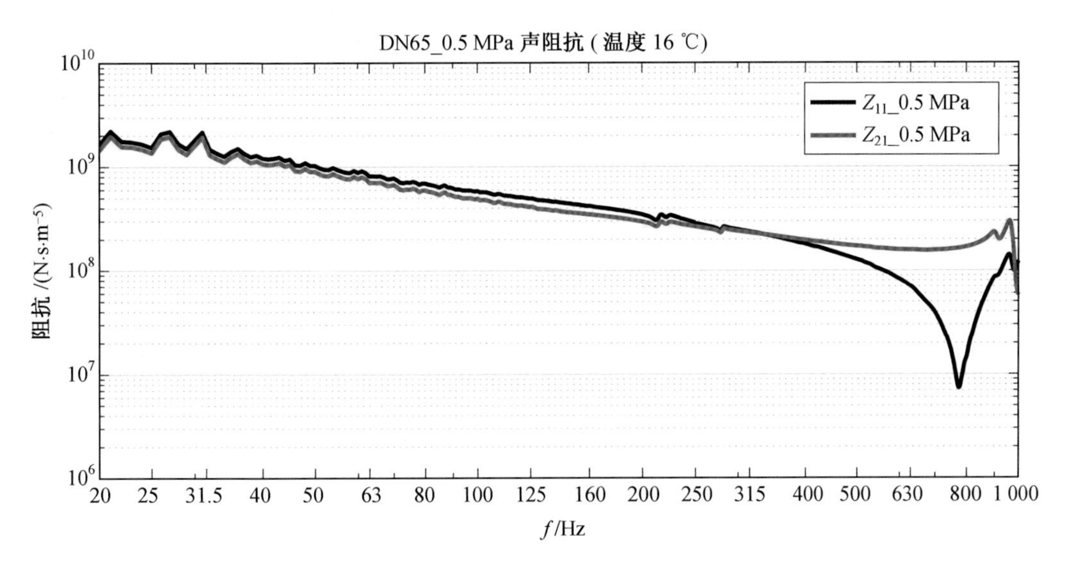

图 8 JYXR(P)040065S－166EA 挠性接管 0.5 MPa 声阻抗图谱

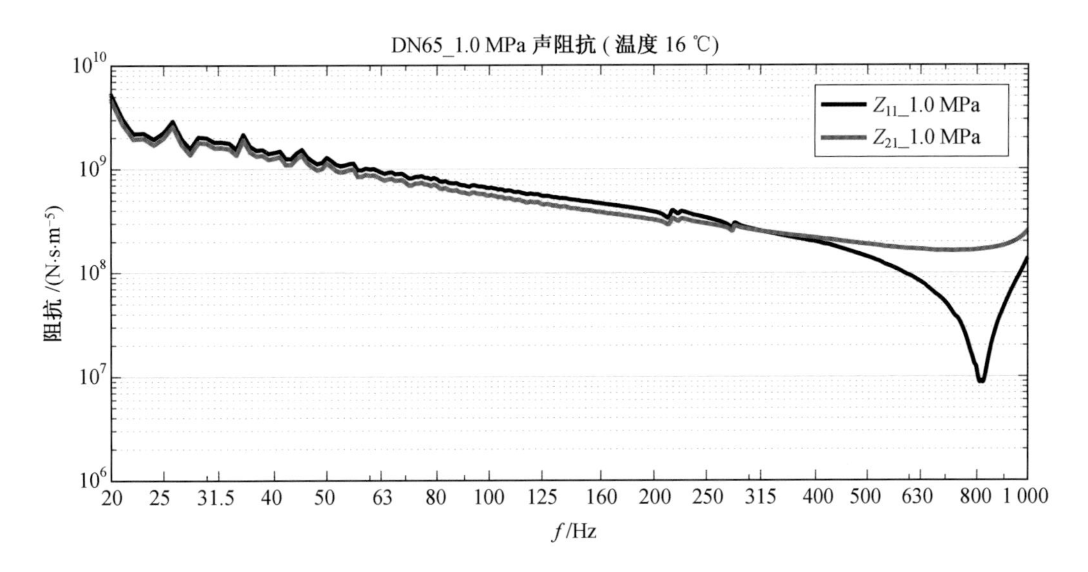

图 9 JYXR(P)040065S－166EA 挠性接管 1.0 MPa 声阻抗图谱

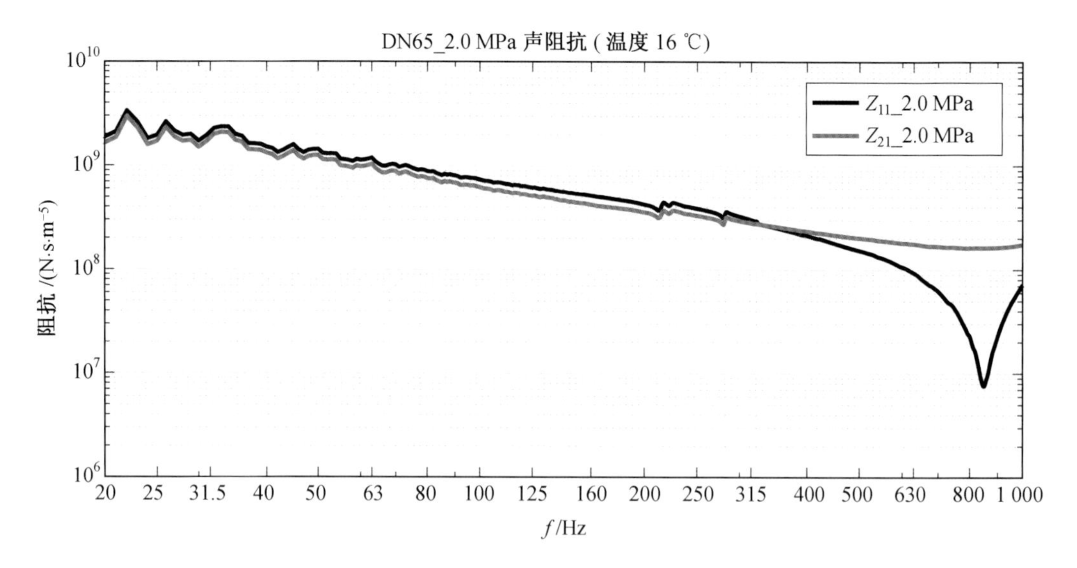

图 10　JYXR(P)040065S—166EA 挠性接管 2.0 MPa 声阻抗图谱

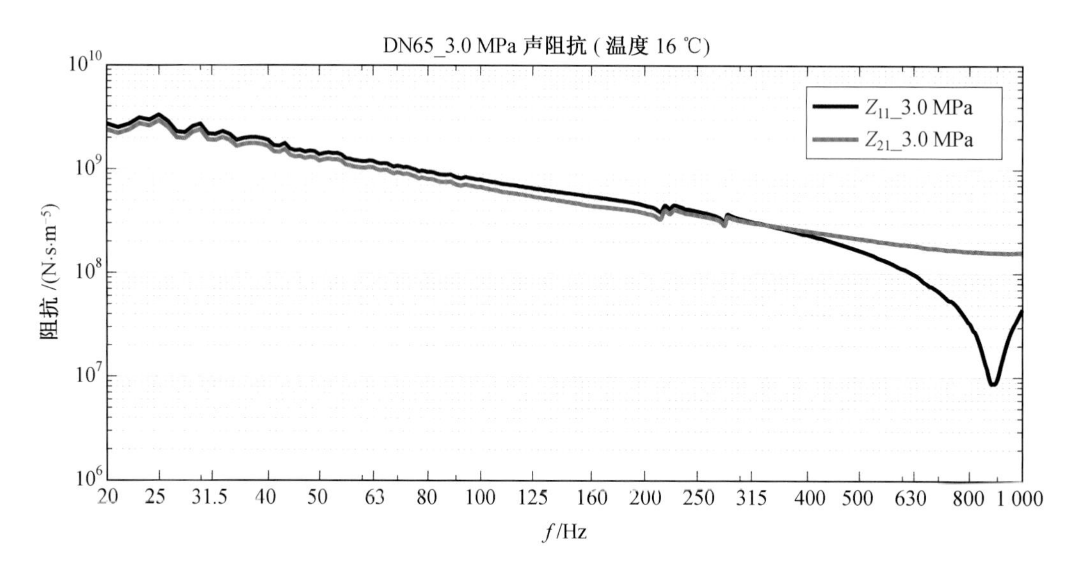

图 11　JYXR(P)040065S—166EA 挠性接管 3.0 MPa 声阻抗图谱

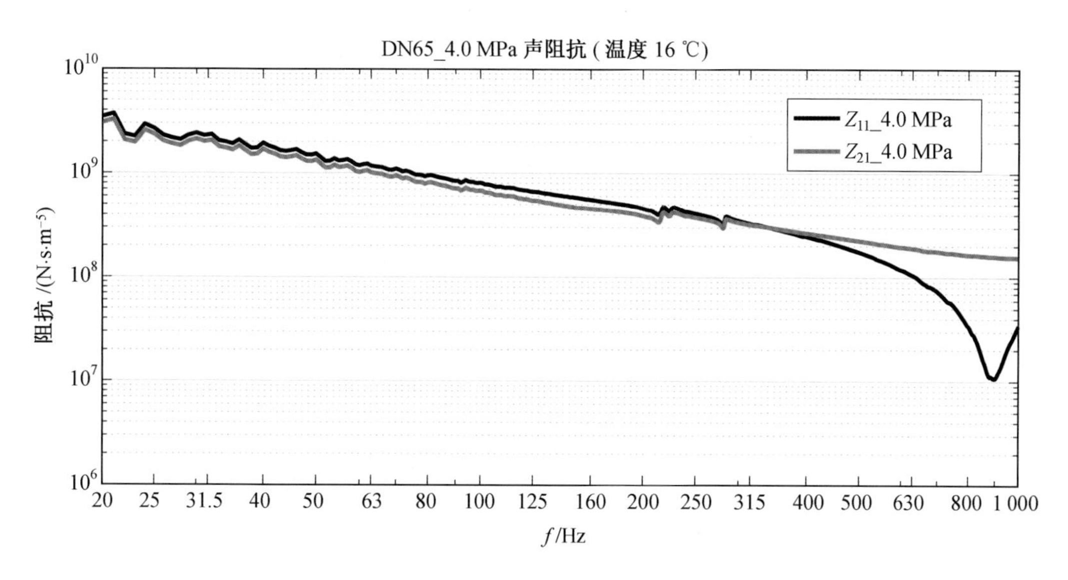

图 12 JYXR(P)040065S—166EA 挠性接管 4.0 MPa 声阻抗图谱

2. JYXR(P)040080S—210EA 挠性接管声阻抗图谱(图 13～17)

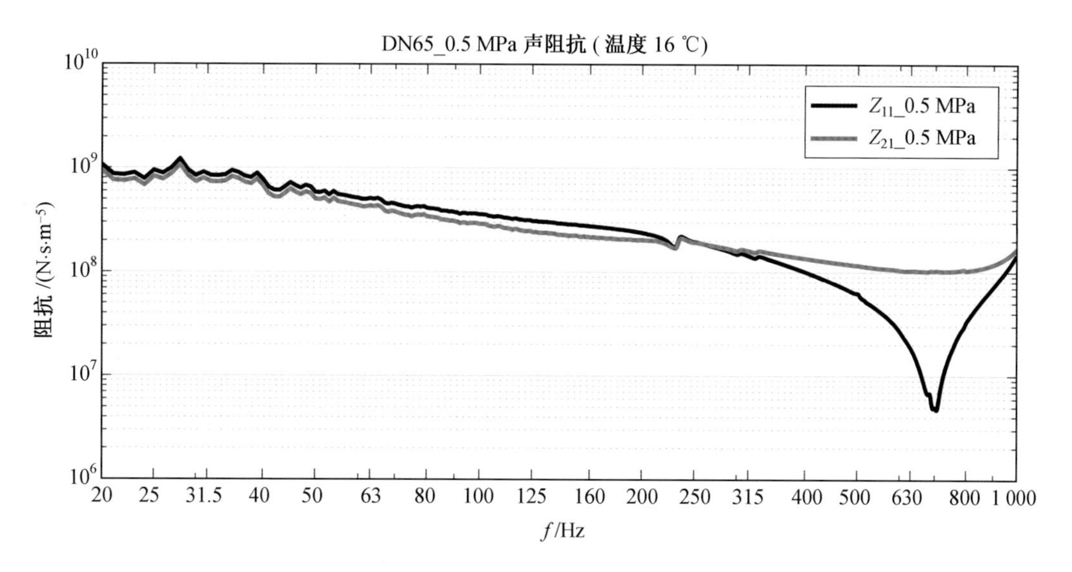

图 13 JYXR(P)040080S—210EA 挠性接管 0.5 MPa 声阻抗图谱

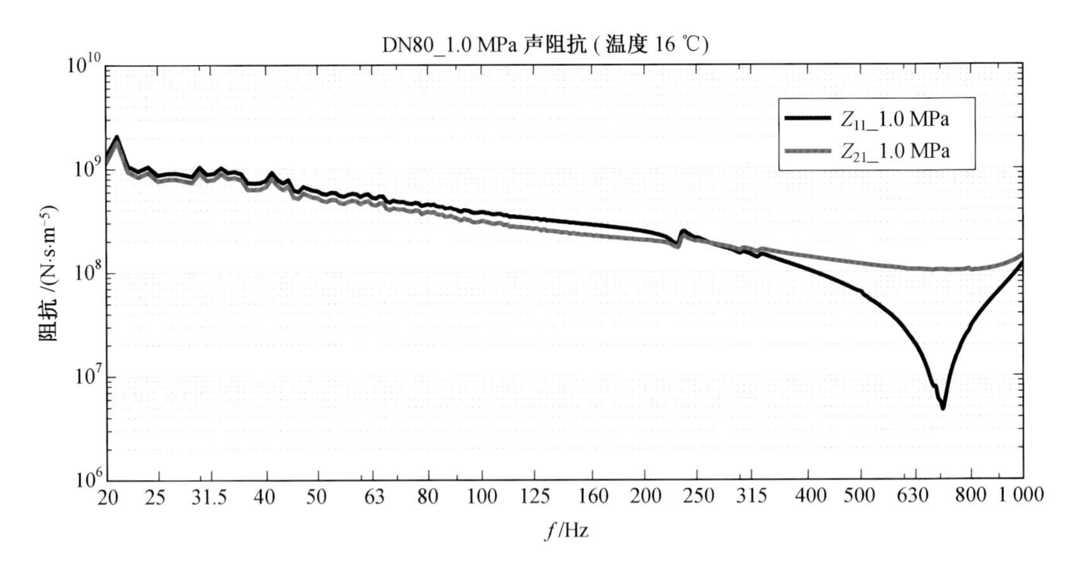

图 14　JYXR(P)040080S—210EA 挠性接管 1.0 MPa 声阻抗图谱

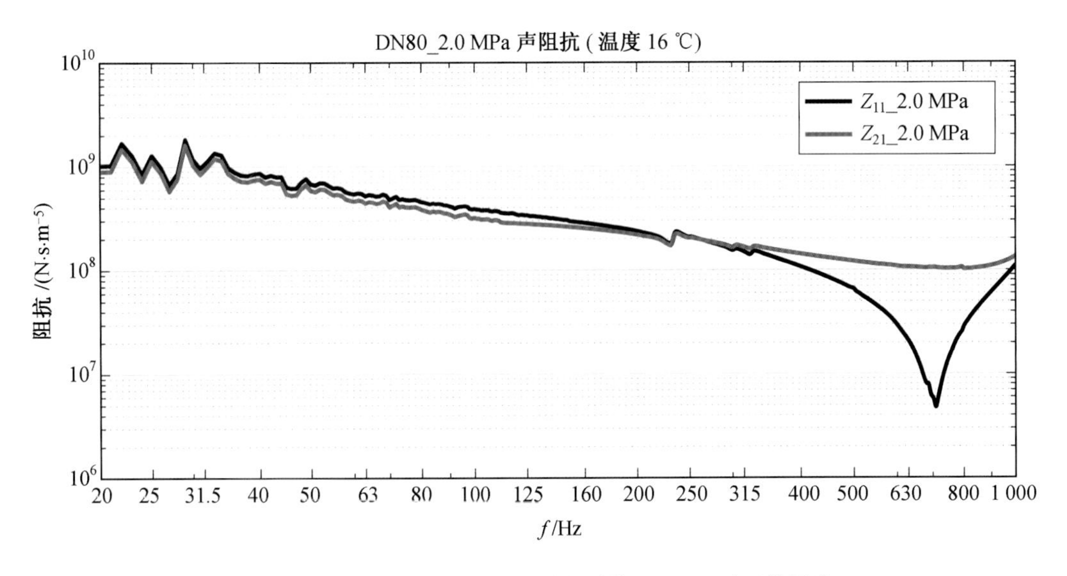

图 15　JYXR(P)040080S—210EA 挠性接管 2.0 MPa 声阻抗图谱

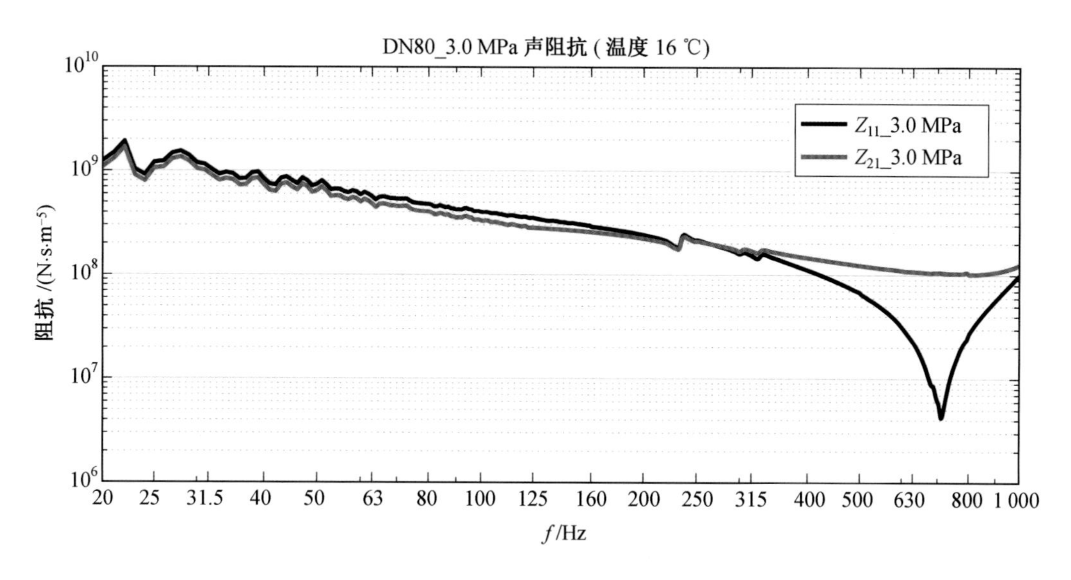

图 16　JYXR(P)040080S－210EA 挠性接管 3.0 MPa 声阻抗图谱

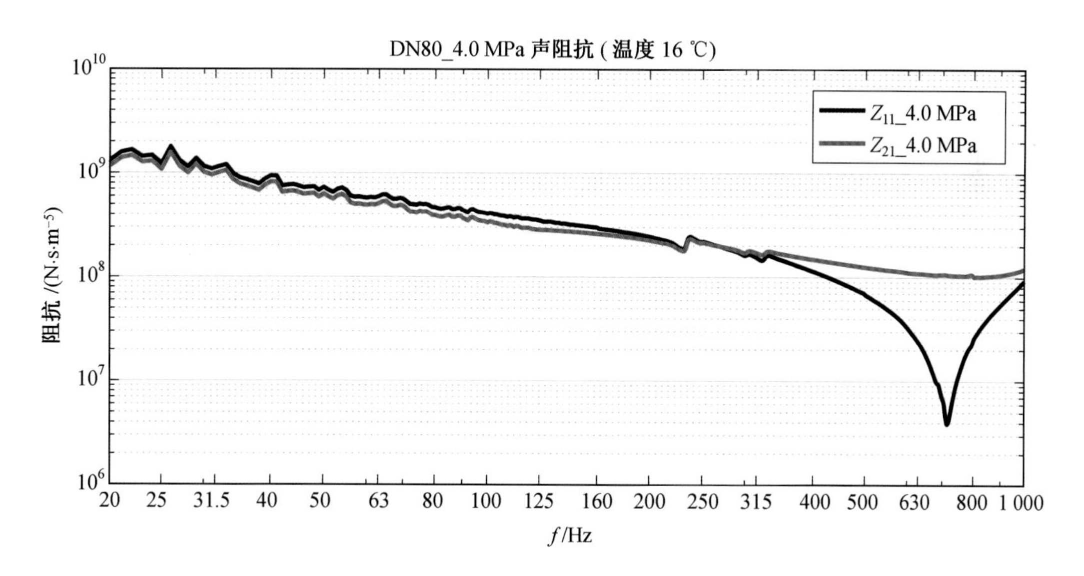

图 17　JYXR(P)040080S－210EA 挠性接管 4.0 MPa 声阻抗图谱

3. JYXR(P)040200S－310EA 挠性接管声阻抗图谱(图 18～22)

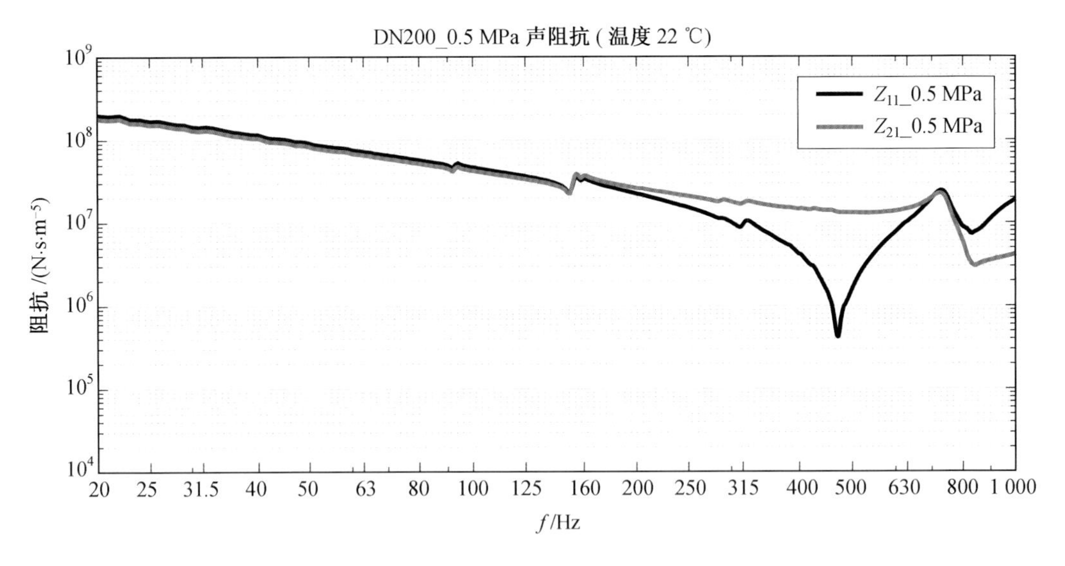

图 18　JYXR(P)040200S－310EA 挠性接管 0.5 MPa 声阻抗图谱

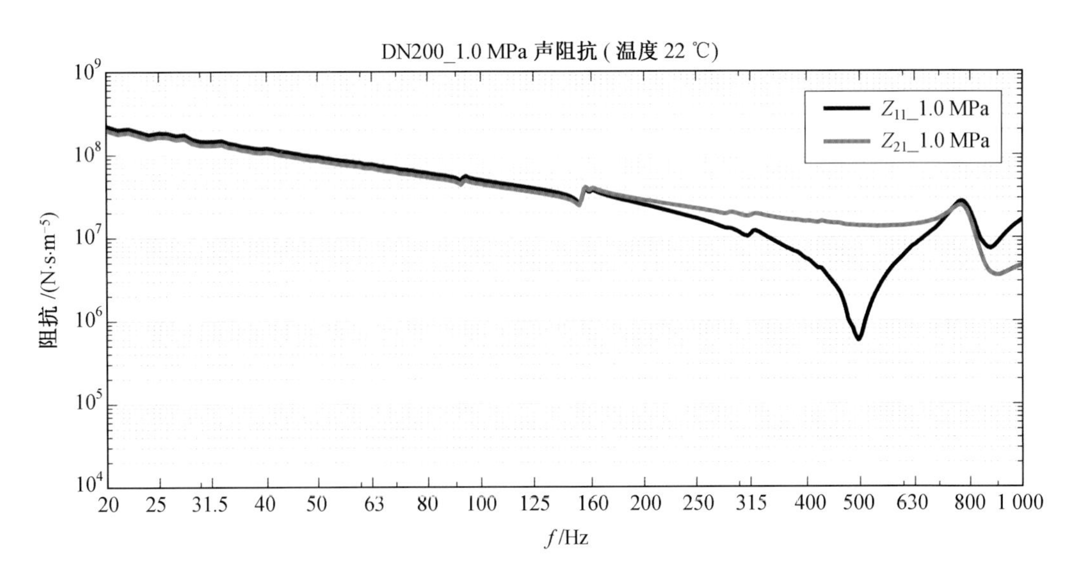

图 19　JYXR(P)040200S－310EA 挠性接管 1.0 MPa 声阻抗图谱

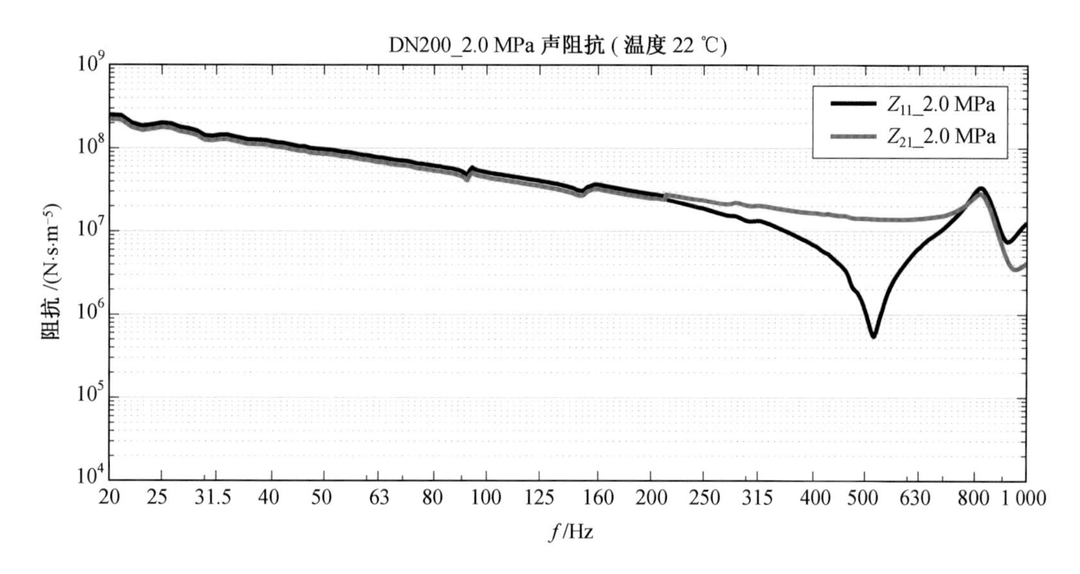

图 20 JYXR(P)040200S—310EA 挠性接管 2.0 MPa 声阻抗图谱

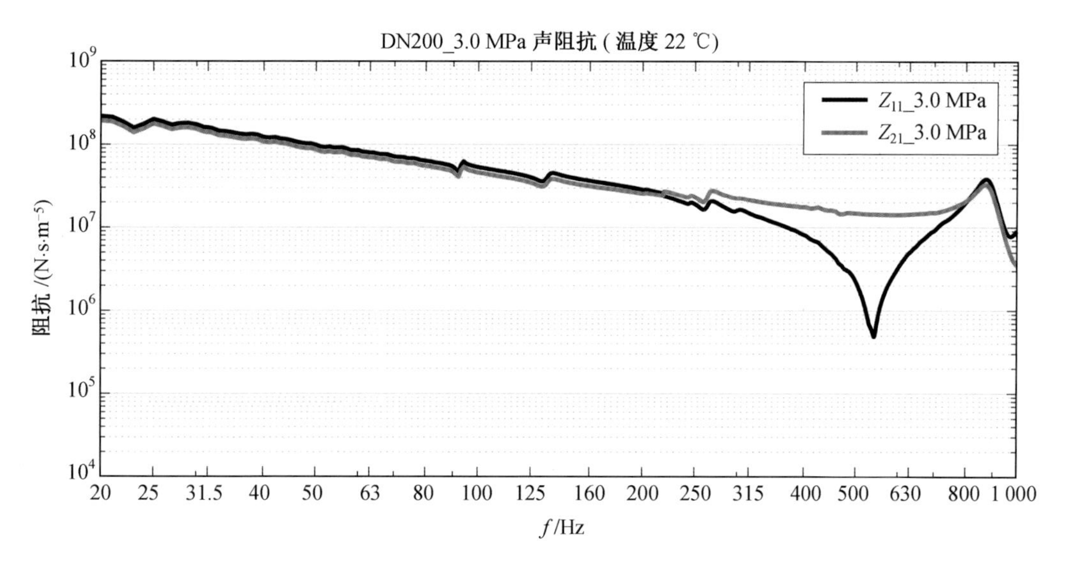

图 21 JYXR(P)040200S—310EA 挠性接管 3.0 MPa 声阻抗图谱

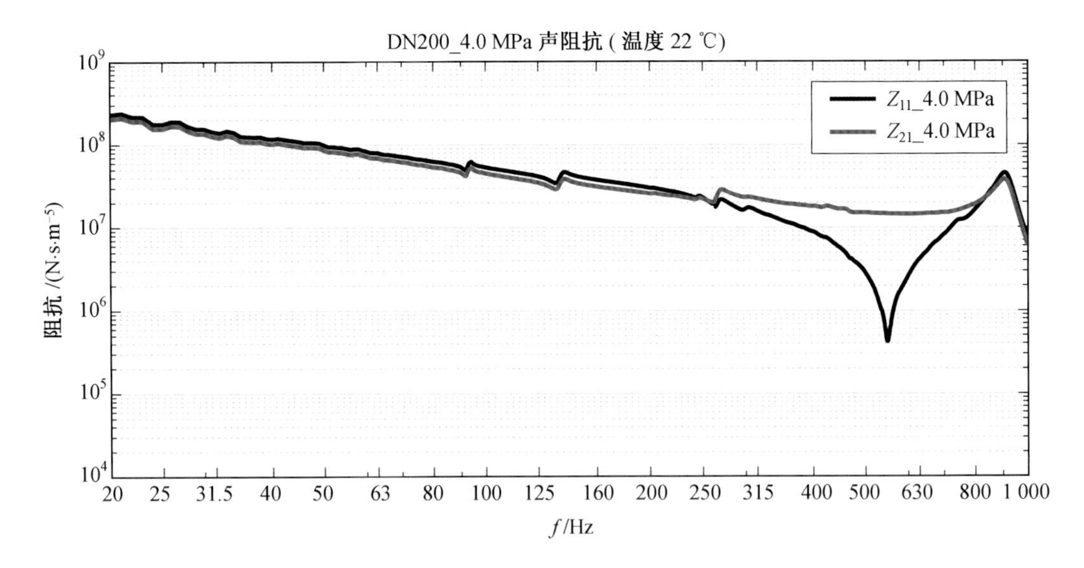

图 22　JYXR(P)040200S—310EA 挠性接管 4.0 MPa 声阻抗图谱

JYXR(H)平衡式挠性接管

一、JYXR(H)平衡式挠性接管外形(图1)

图1　JYXR(H)平衡式挠性接管外形

二、JYXR(H)平衡式挠性接管动态特性数据测试工况(表1)

表1　JYXR(H)平衡式挠性接管动态特性数据测试工况

序号	型号	编号	试验类型	测试方向	载荷工况
1	JYXR(H)010050S－165EA	MH1606－144/MH1307－020	机械阻抗	Y/Z	0/0.5/0.8/1.0 MPa
			声阻抗	Z	0.5/0.8/1.0 MPa
2	JYXR(H)010065S－175EA	MH1108－055/MH1603－416	机械阻抗	Y/Z	0/0.5/0.8/1.0 MPa
			声阻抗	Z	0.5/0.8/1.0 MPa
3	JYXR(H)010080S－175EA	MH1605－136/MH1605－376	机械阻抗	Y/Z	0/0.5/0.8/1.0 MPa
			声阻抗	Z	0.5/0.8/1.0 MPa
4	JYXR(H)010100S－225EA	—	机械阻抗	Y/Z	0/0.5/0.8/1.0 MPa
			声阻抗	Z	0.5/0.8/1.0 MPa
5	JYXR(H)030065S－175EA	MH1202－227/MH1608－307	机械阻抗	Y/Z	0/1.0/2.0/2.5/3.0 MPa
			声阻抗	Z	0.5/1.0/2.0/2.5/3.0 MPa
6	JYXR(H)030100S－225EA	MH1506－122/MH1506－123	机械阻抗	Y/Z	0/1.0/2.0/2.5/3.0 MPa
			声阻抗	Z	0.5/1.0/2.0/2.5/3.0 MPa

续表

序号	型号	编号	试验类型	测试方向	载荷工况
7	JYXR(H)030125S－225EA	MH1506－124/MH1506－125	机械阻抗	Y/Z	0/1.0/2.0/2.5/3.0 MPa
			声阻抗	Z	0.5/1.0/2.0/2.5/3.0 MPa
8	JYXR(H)040065S－175EA	MH1506－118/MH1506－119	机械阻抗	Y/Z	0/1.0/2.0/3.0/4.0 MPa
			声阻抗	Z	0.5/1.0/2.0/3.0/4.0 MPa
9	JYXR(H)040080S－175EA	MH1506－121/MH1506－466	机械阻抗	Y/Z	0/1.0/2.0/3.0/4.0 MPa
			声阻抗	Z	0.5/1.0/2.0/3.0/4.0 MPa
10	JYXR(H)040200S－325EA	MH1507－460/MH1604－442	机械阻抗	Y/Z	0/1.0/2.0/3.0/4.0 MPa
			声阻抗	Z	0.5/1.0/2.0/3.0/4.0 MPa

三、JYXR(H)平衡式挠性接管机械阻抗图谱

1.JYXR(H)010050S－165EA 挠性接管机械阻抗图谱(图 2、图 3)

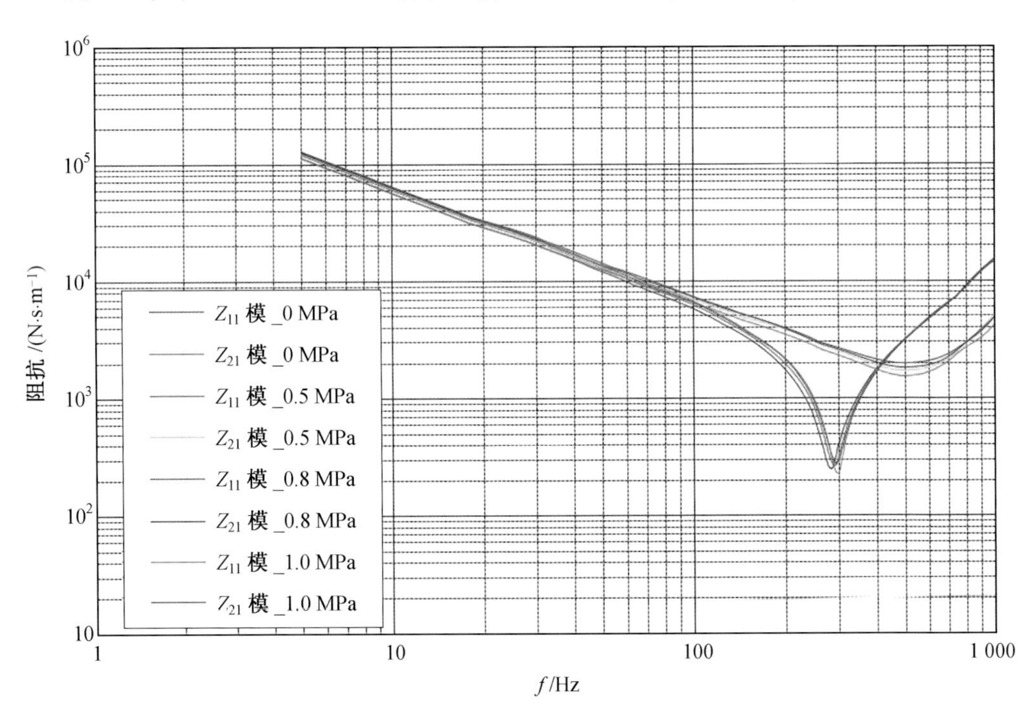

图 2　JYXR(H)010050S－165EA _Y 向正置 Z_{11}、Z_{21} 机械阻抗图谱

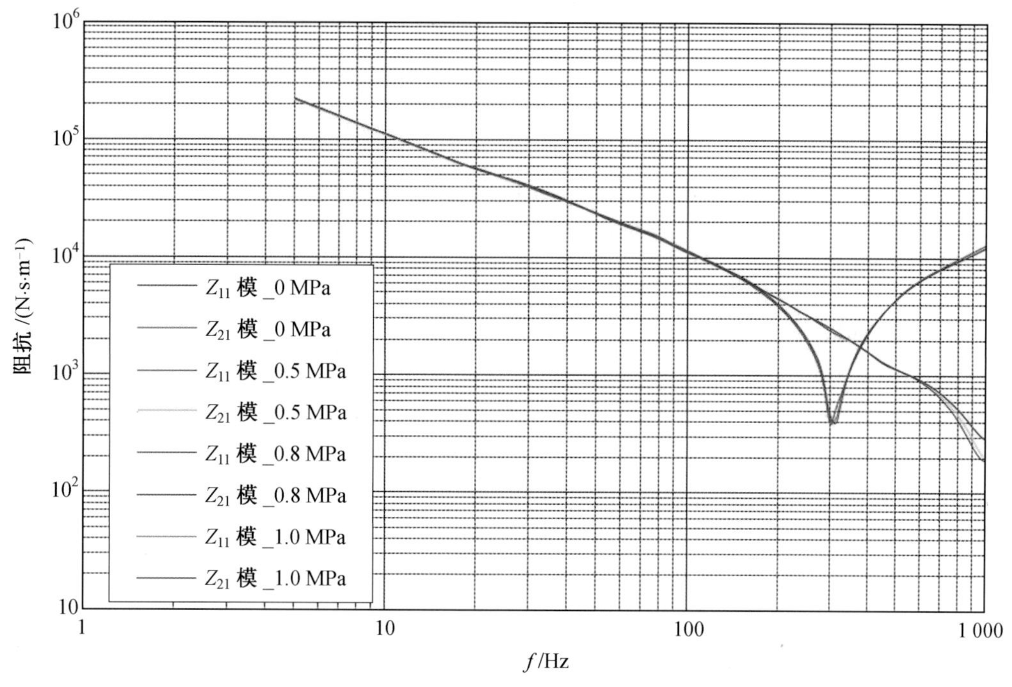

图 3　JYXR(H)010050S－165EA _Z 向正置 Z_{11}、Z_{21} 机械阻抗图谱

2. JYXR(H)010065S－175EA 挠性接管机械阻抗图谱(图 4、图 5)

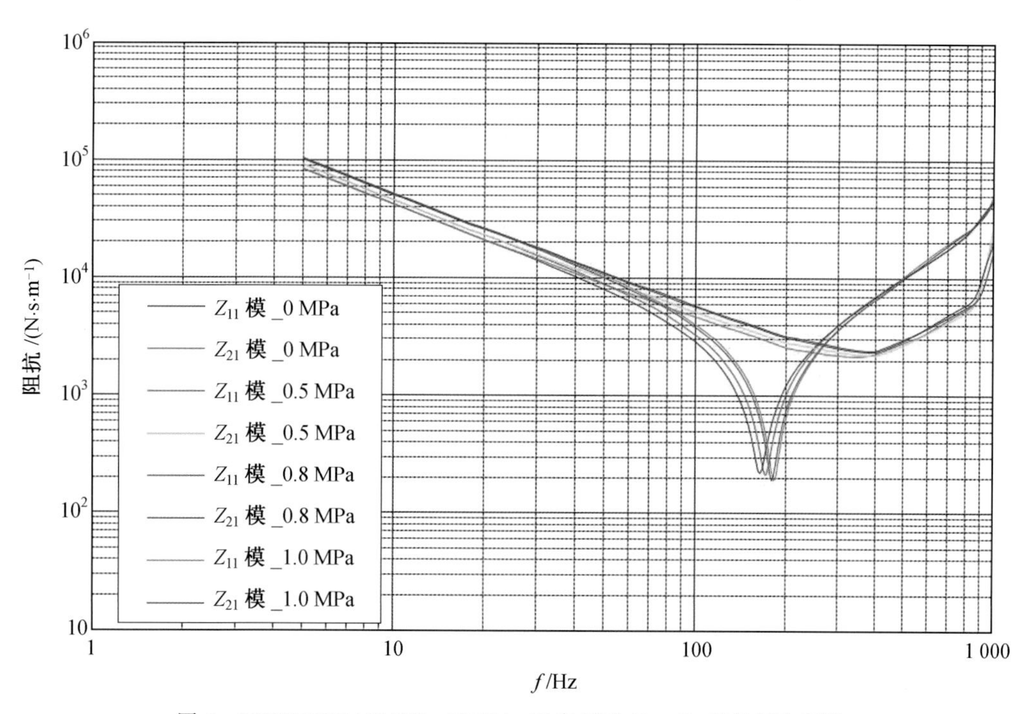

图 4　JYXR(H)010065S－175EA _Y 向正置 Z_{11}、Z_{21} 机械阻抗图谱

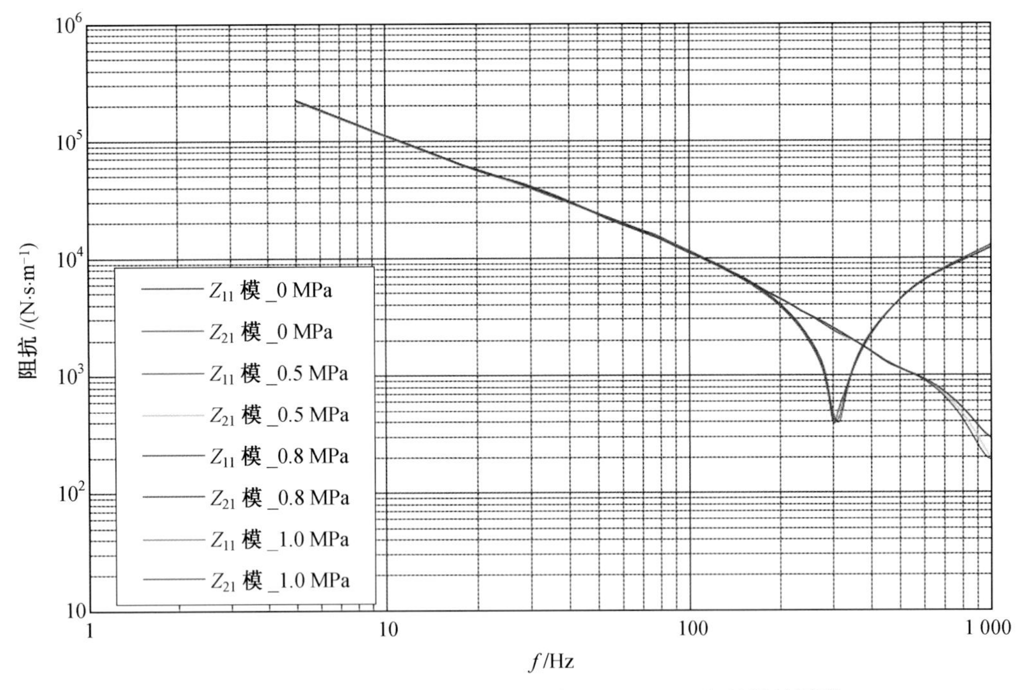

图 5　JYXR(H)010065S－175EA _Z 向正置 Z_{11}、Z_{21} 机械阻抗图谱

3. JYXR(H)010080S－175EA 挠性接管机械阻抗图谱(图 6、图 7)

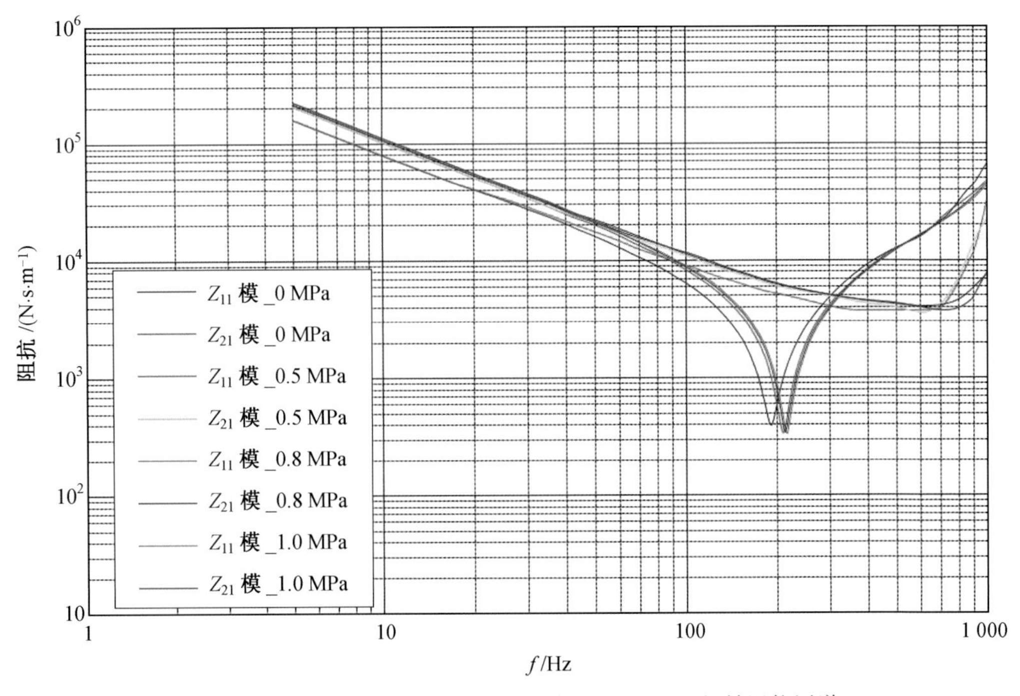

图 6　JYXR(H)010080S－175EA _Y 向正置 Z_{11}、Z_{21} 机械阻抗图谱

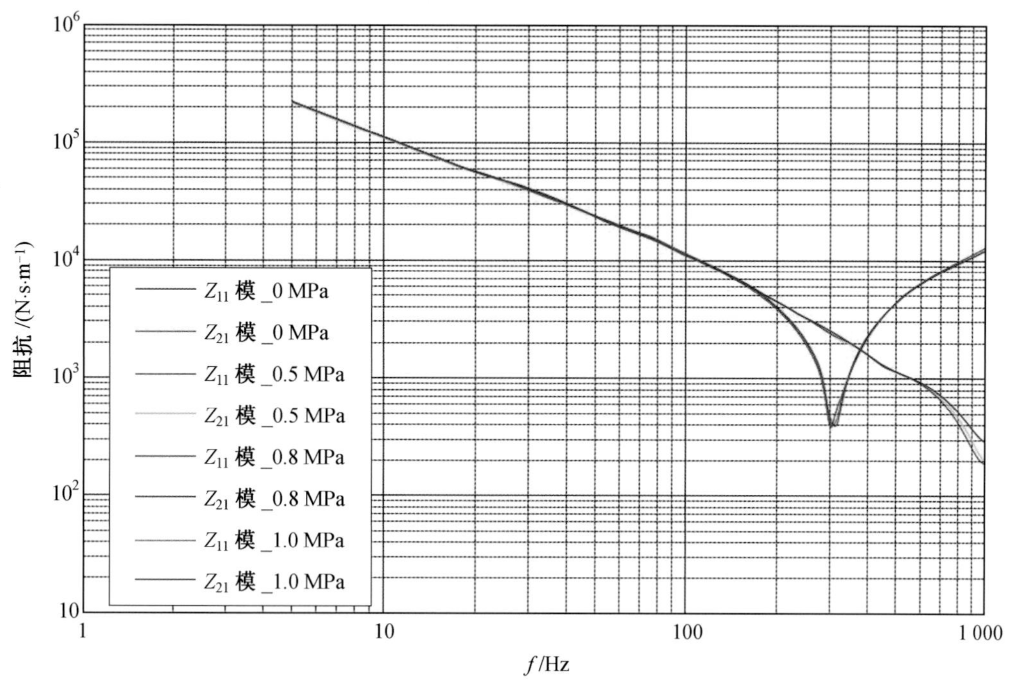

图 7　JYXR(H)010080S－175EA _Z 向正置 Z_{11}、Z_{21} 机械阻抗图谱

4. JYXR(H)010100S－225EA 挠性接管机械阻抗图谱(图 8、图 9)

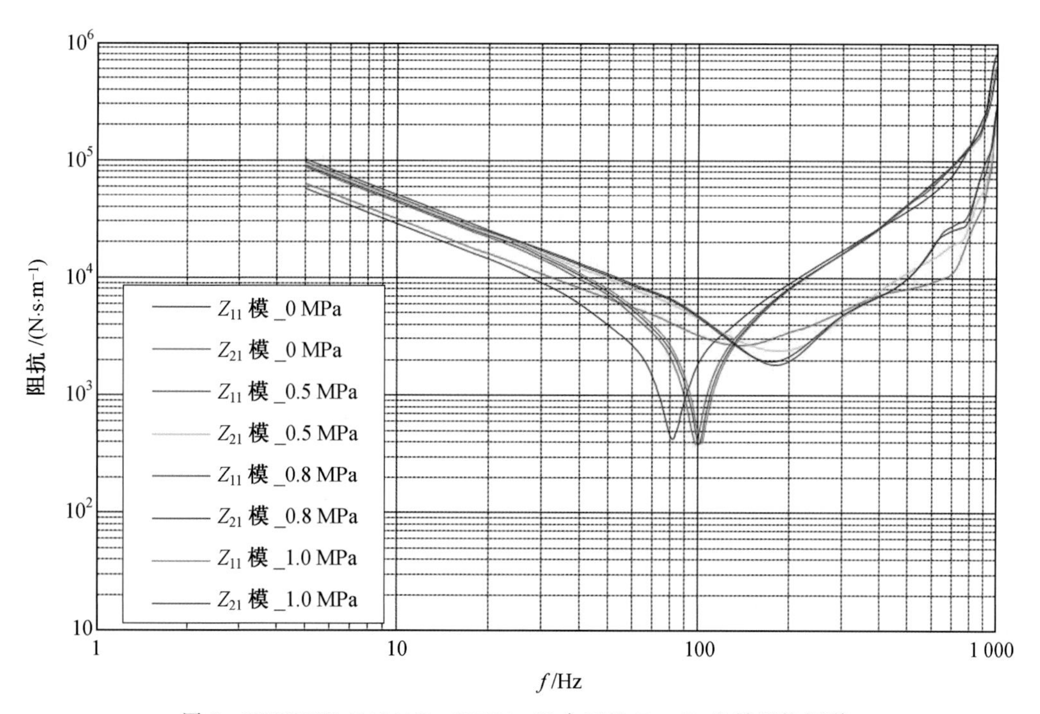

图 8　JYXR(H)010100S－225EA _Y 向正置 Z_{11}、Z_{21} 机械阻抗图谱

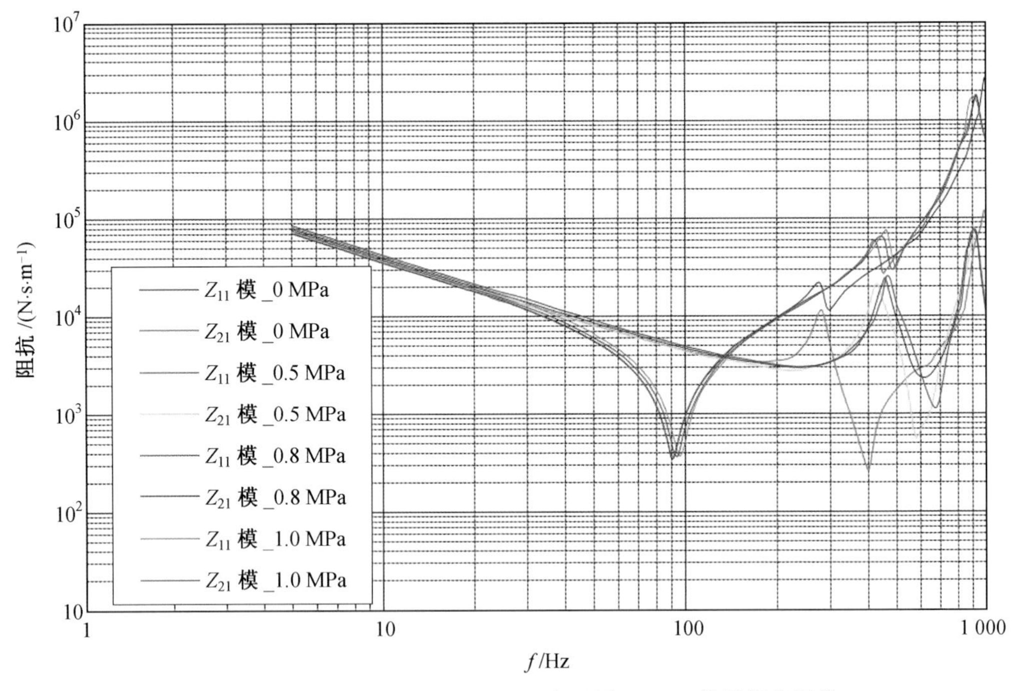

图 9　JYXR(H)010100S—225EA _Z 向正置 Z_{11}、Z_{21} 机械阻抗图谱

5. JYXR(H)030065S—175EA 挠性接管机械阻抗图谱(图 10、图 11)

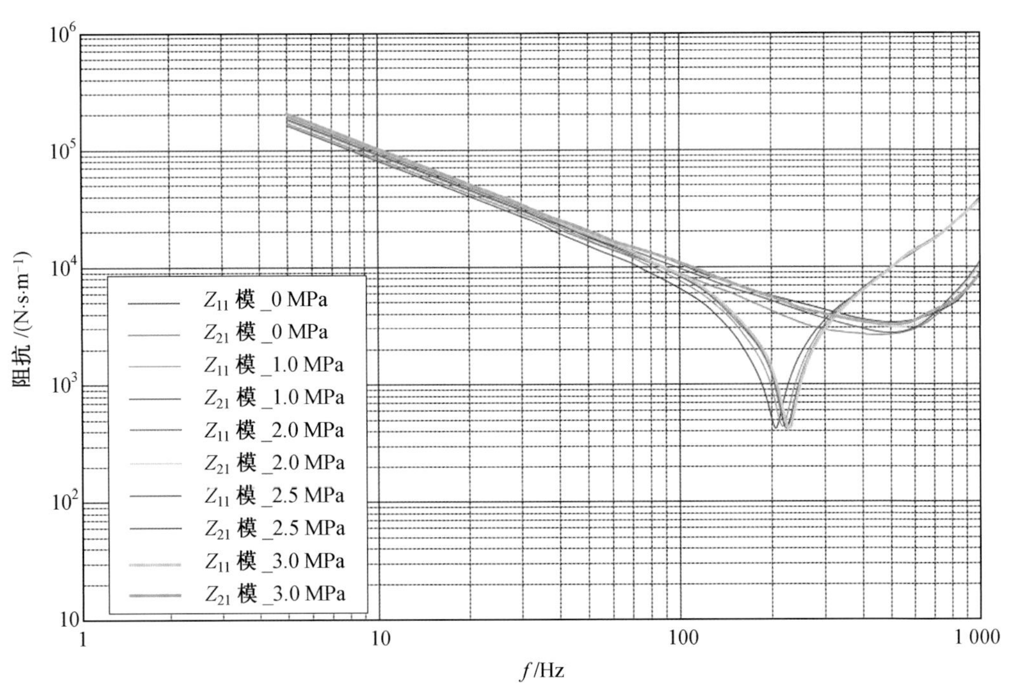

图 10　JYXR(H)030065S—175EA _Y 向正置 Z_{11}、Z_{21} 机械阻抗图谱

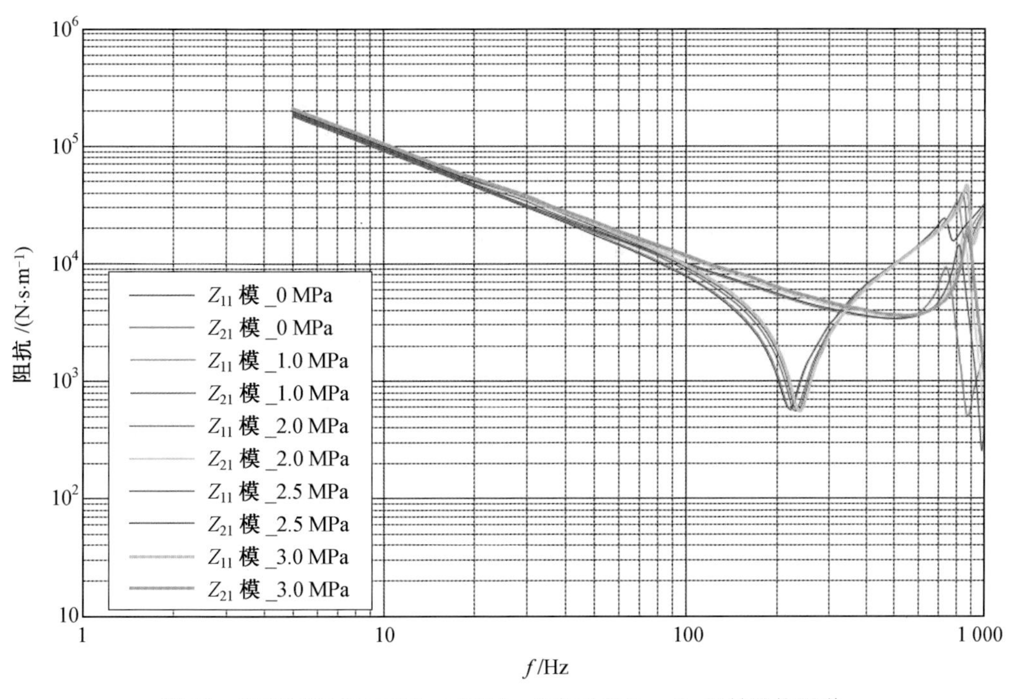

图 11 JYXR(H)030065S－175EA _Z 向正置 Z_{11}、Z_{21} 机械阻抗图谱

6. JYXR(H)030100S－225EA 挠性接管机械阻抗图谱(图 12、图 13)

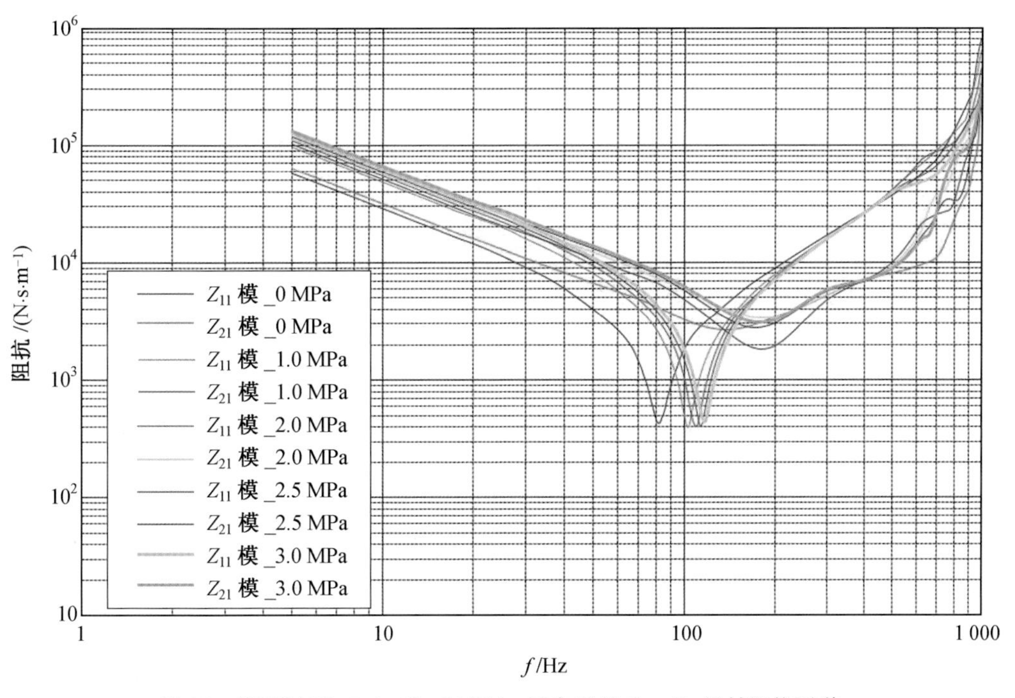

图 12 JYXR(H)030100S－225EA _Y 向正置 Z_{11}、Z_{21} 机械阻抗图谱

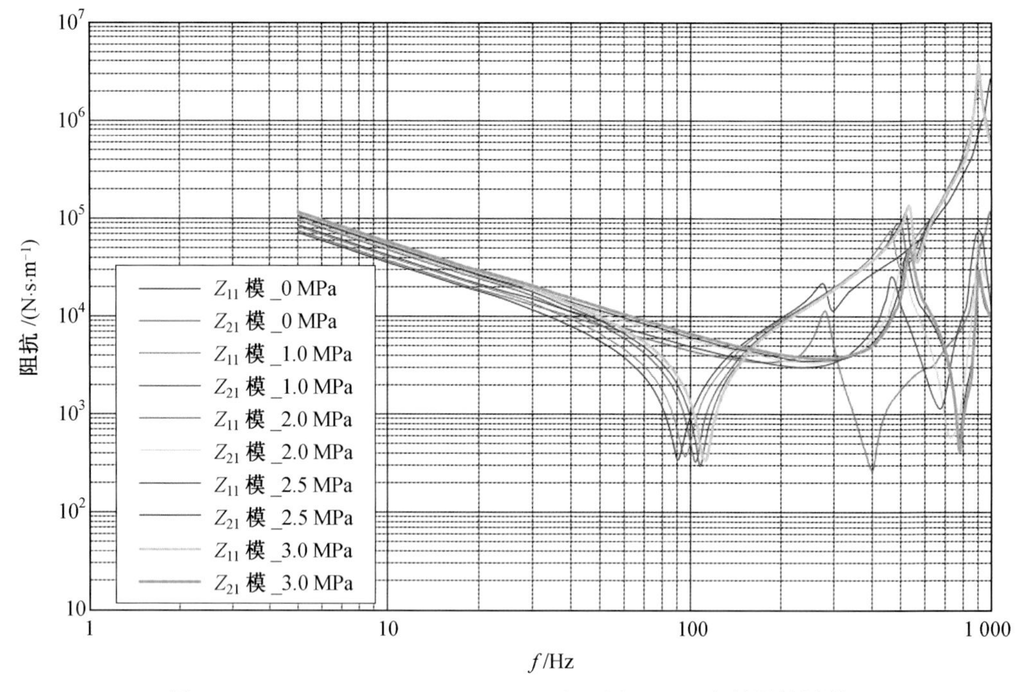

图 13　JYXR(H)030100S－225EA _Z 向正置 Z_{11}、Z_{21} 机械阻抗图谱

7. JYXR(H)030125S－225EA 挠性接管机械阻抗图谱(图 14、图 15)

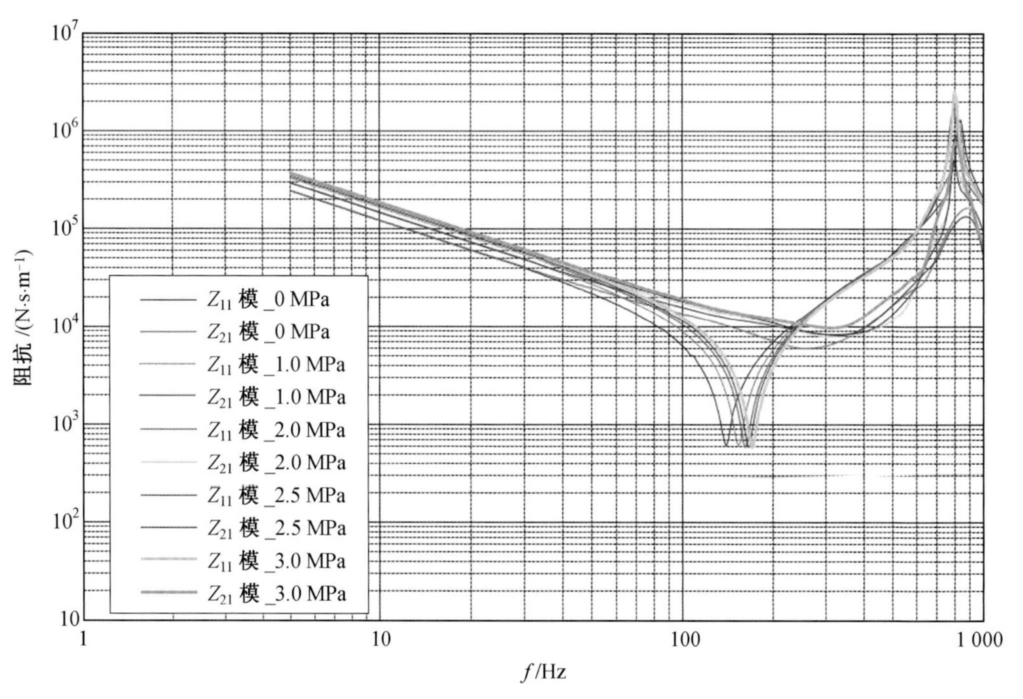

图 14　JYXR(H)030125S－225EA _Y 向正置 Z_{11}、Z_{21} 机械阻抗图谱

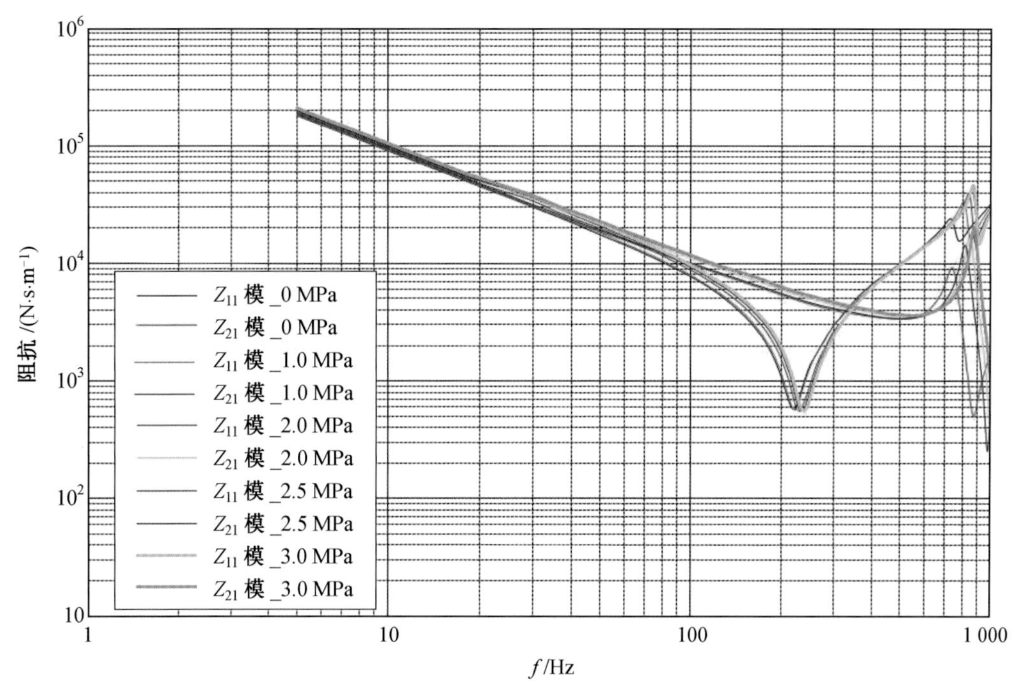

图 15 JYXR(H)030125S－225EA _Z 向正置 Z_{11}、Z_{21} 机械阻抗图谱

8. JYXR(H)040065S－175EA 挠性接管机械阻抗图谱(图 16、图 17)

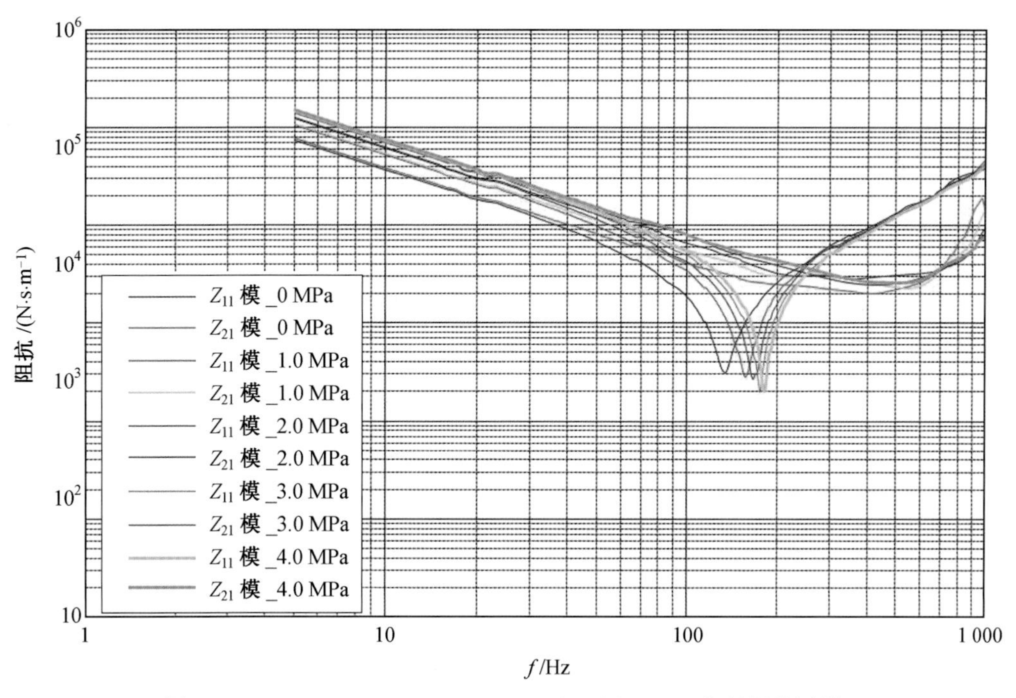

图 16 JYXR(H)040065S－175EA _Y 向正置 Z_{11}、Z_{21} 机械阻抗图谱

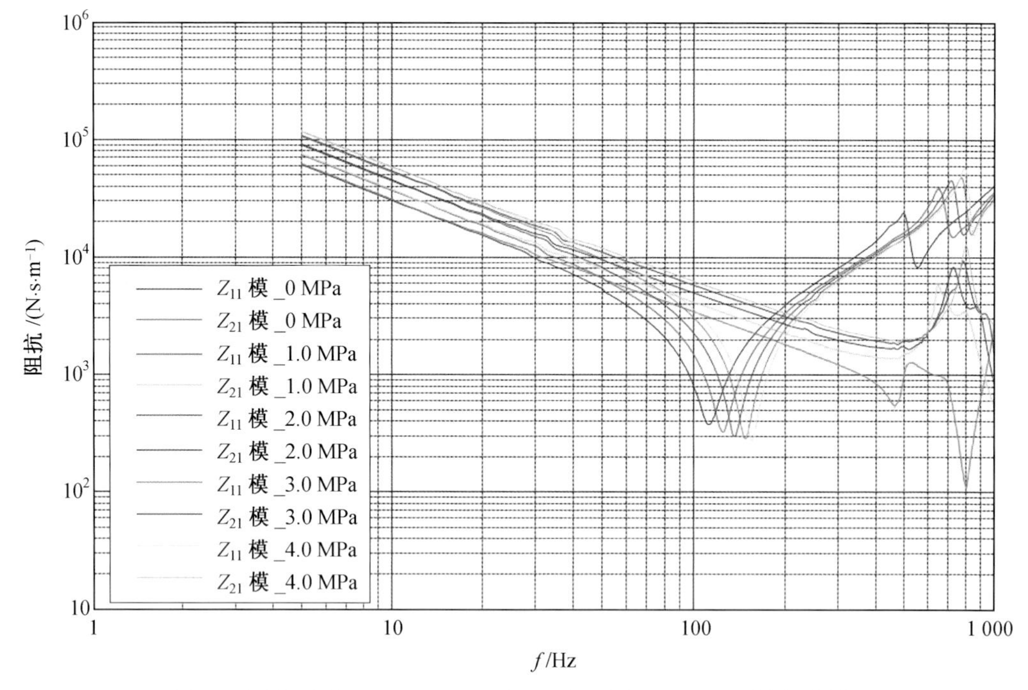

图 17　JYXR(H)040065S－175EA _Z 向正置 Z_{11}、Z_{21} 机械阻抗图谱

9. JYXR(H)040080S－175EA 挠性接管机械阻抗图谱(图 18、图 19)

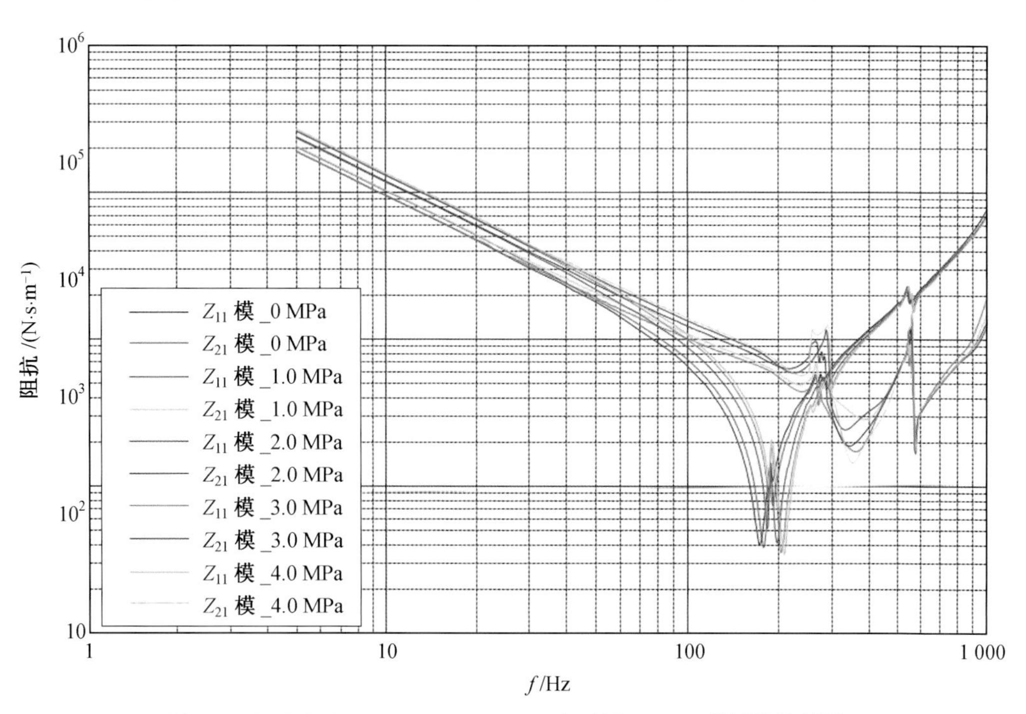

图 18　JYXR(H)040080S－175EA _Y 向正置 Z_{11}、Z_{21} 机械阻抗图谱

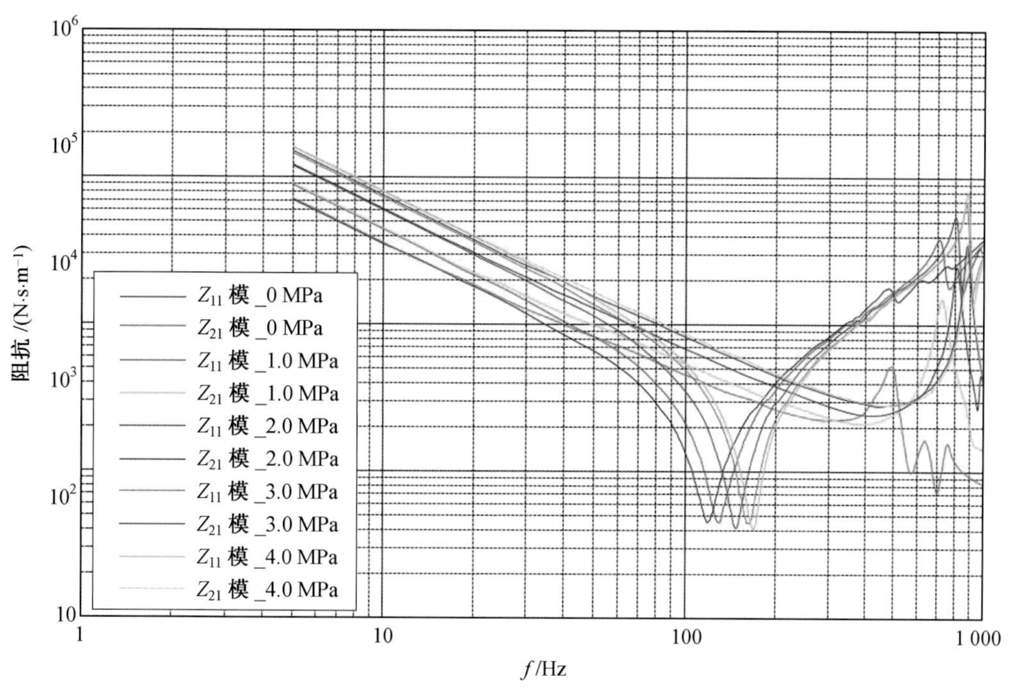

图 19 JYXR(H)040080S－175EA _Z 向正置 Z_{11}、Z_{21} 机械阻抗图谱

10. JYXR(H)040200S－325EA 挠性接管机械阻抗图谱(图 20、图 21)

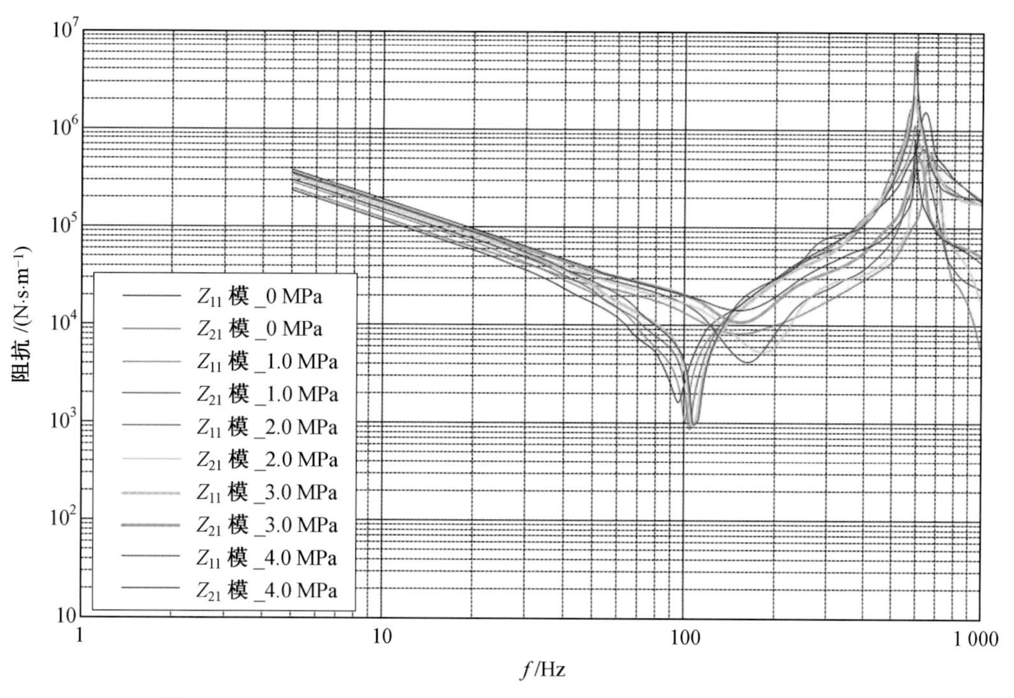

图 20 JYXR(H)040200S－325EA _Y 向正置 Z_{11}、Z_{21} 机械阻抗图谱

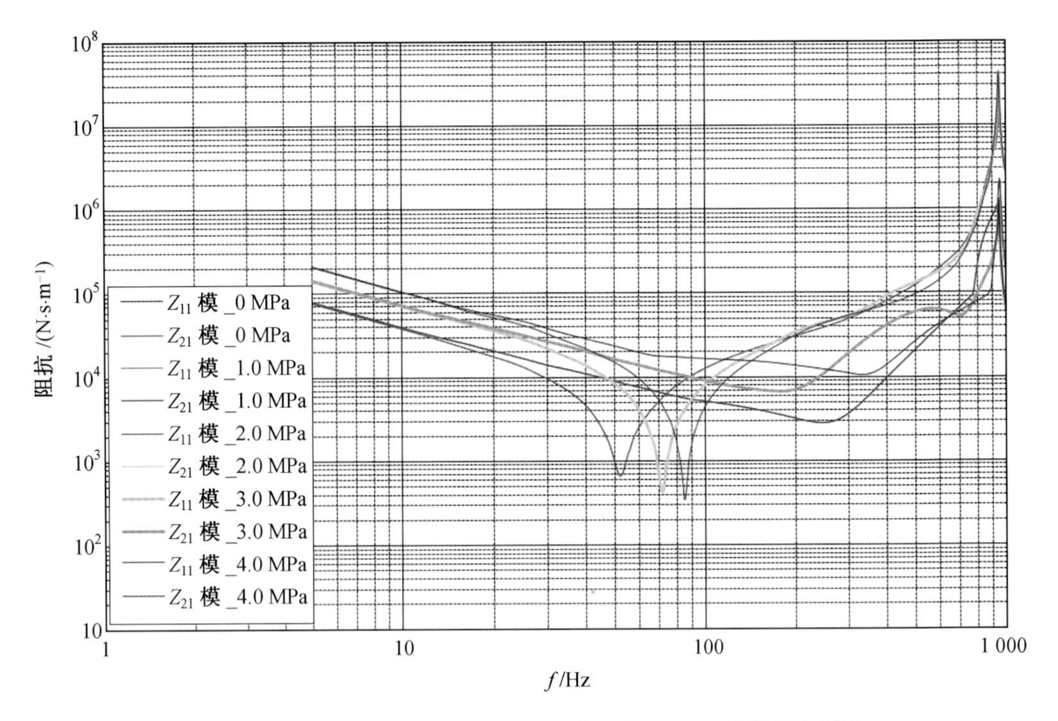

图 21　JYXR(H)040200S－325EA _Z 向正置 Z_{11}、Z_{21} 机械阻抗图谱

四、JYXR(H)平衡式挠性接管声阻抗图谱

1. JYXR(H)010050S－165EA 挠性接管声阻抗图谱(图 22～24)

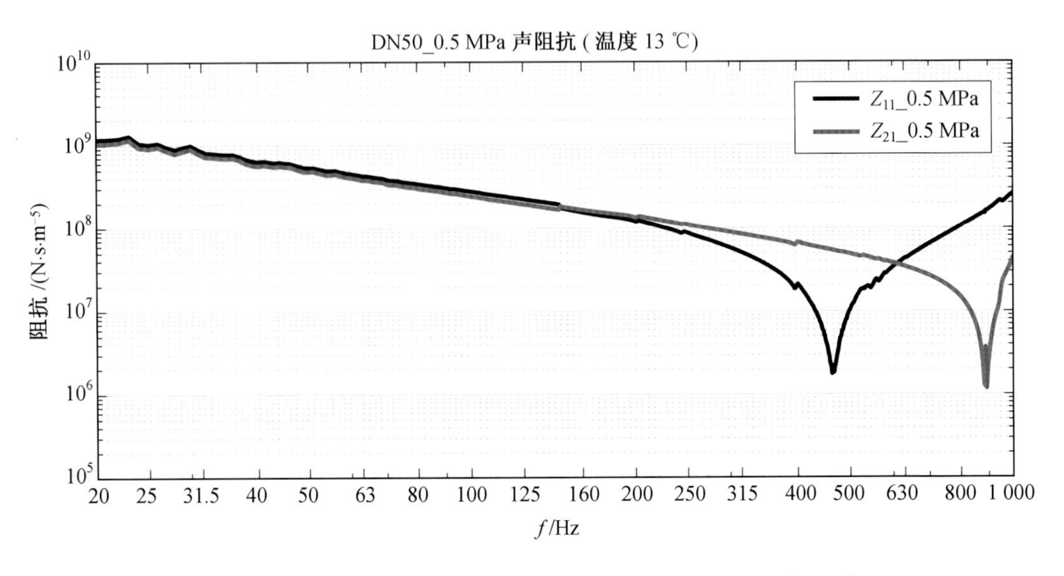

图 22　JYXR(H)010050S－165EA 挠性接管 0.5 MPa 声阻抗图谱

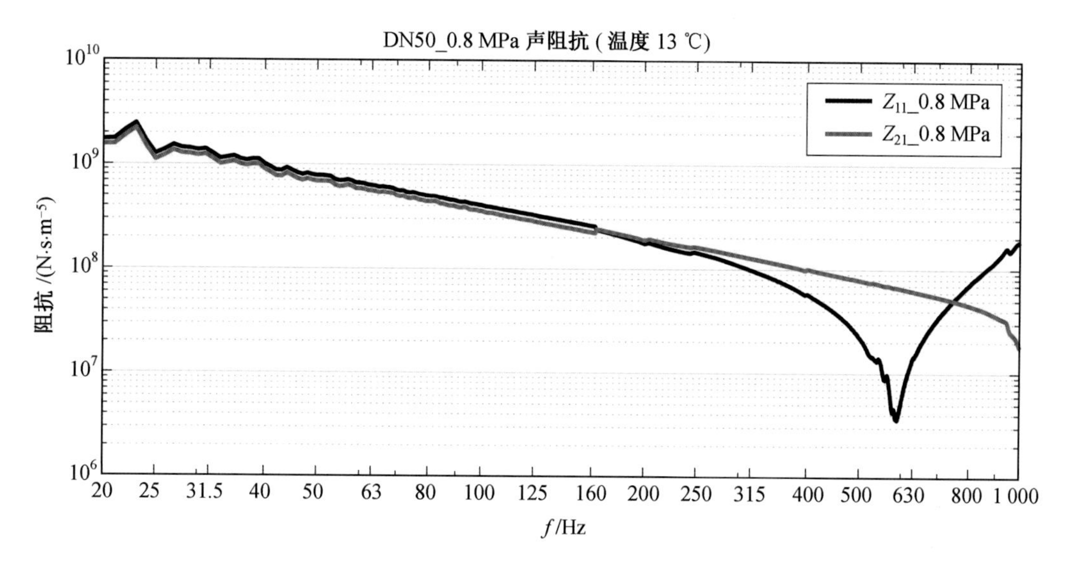

图 23　JYXR(H)010050S－165EA 挠性接管 0.8 MPa 声阻抗图谱

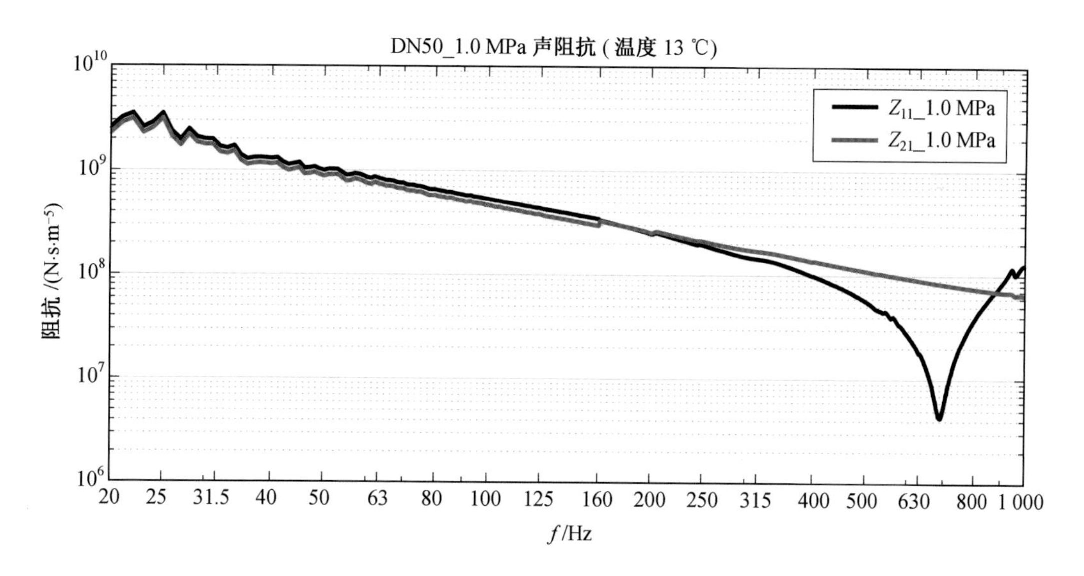

图 24　JYXR(H)010050S－165EA 挠性接管 1.0 MPa 声阻抗图谱

2. JYXR(H)010065S－175EA 挠性接管声阻抗图谱(图 25～27)

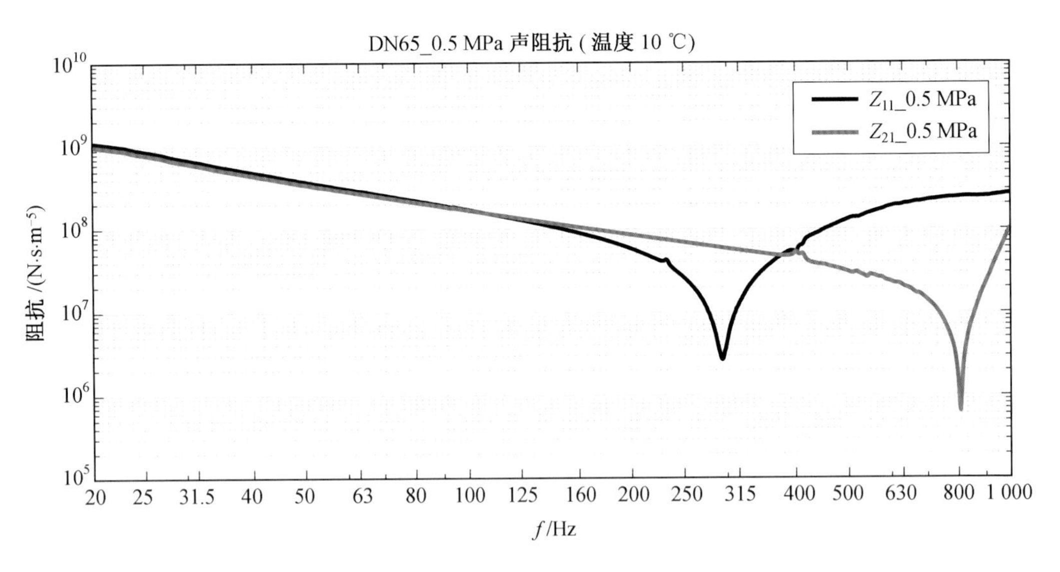

图 25　JYXR(H)010065S－175EA 平衡式挠性接管 0.5 MPa 声阻抗图谱

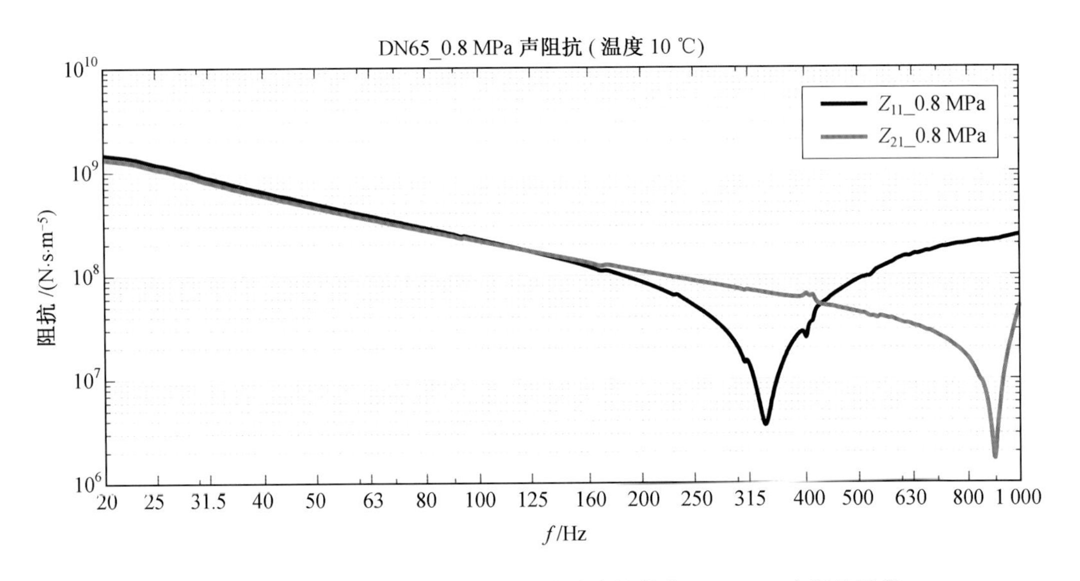

图 26　JYXR(H)010065S－175EA 平衡式挠性接管 0.8 MPa 声阻抗图谱

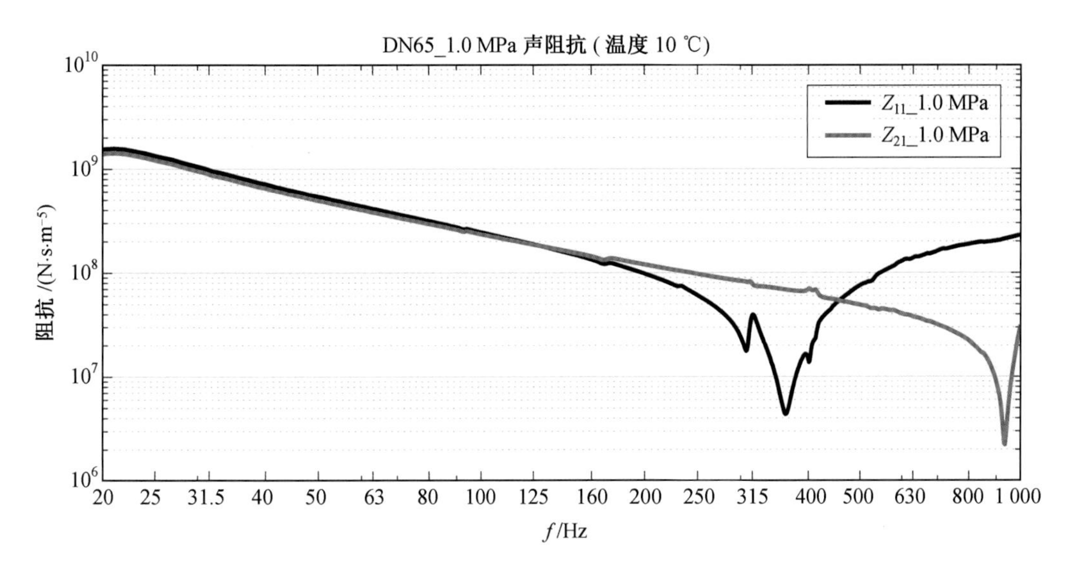

图 27 JYXR(H)010065S－175EA 挠性接管 1.0 MPa 声阻抗图谱

3. JYXR(H)010080S－175EA 挠性接管声阻抗图谱(图 28～30)

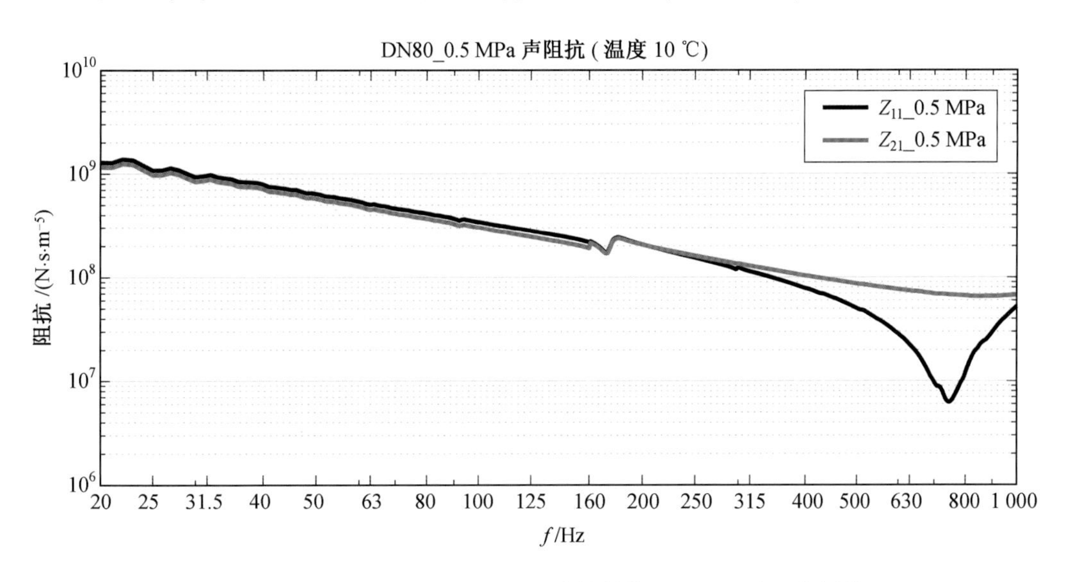

图 28 JYXR(H)010080S－175EA 挠性接管 0.5 MPa 声阻抗图谱

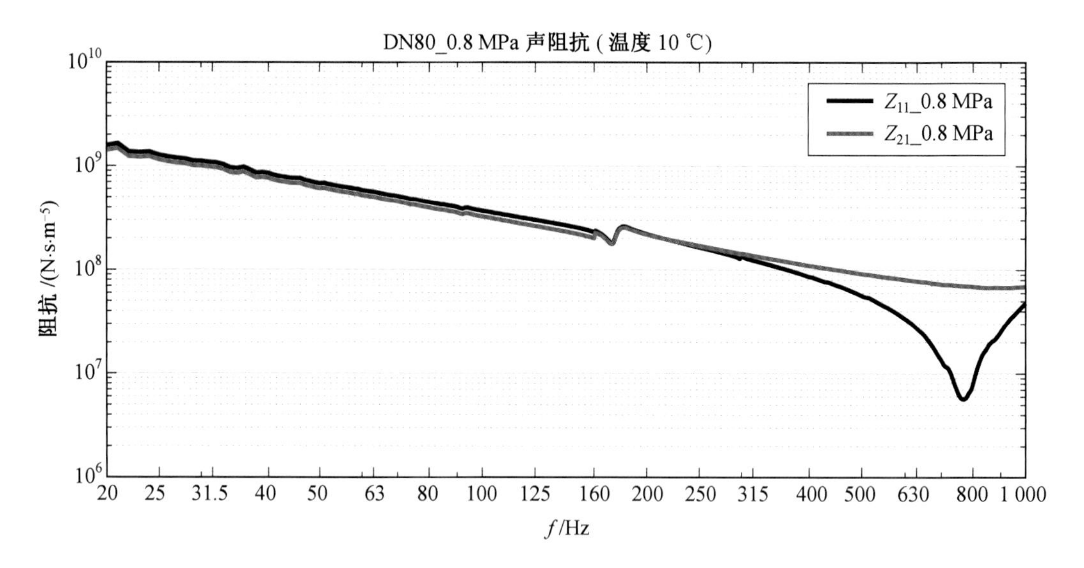

图 29 JYXR(H)010080S—175EA 挠性接管 0.8 MPa 声阻抗图谱

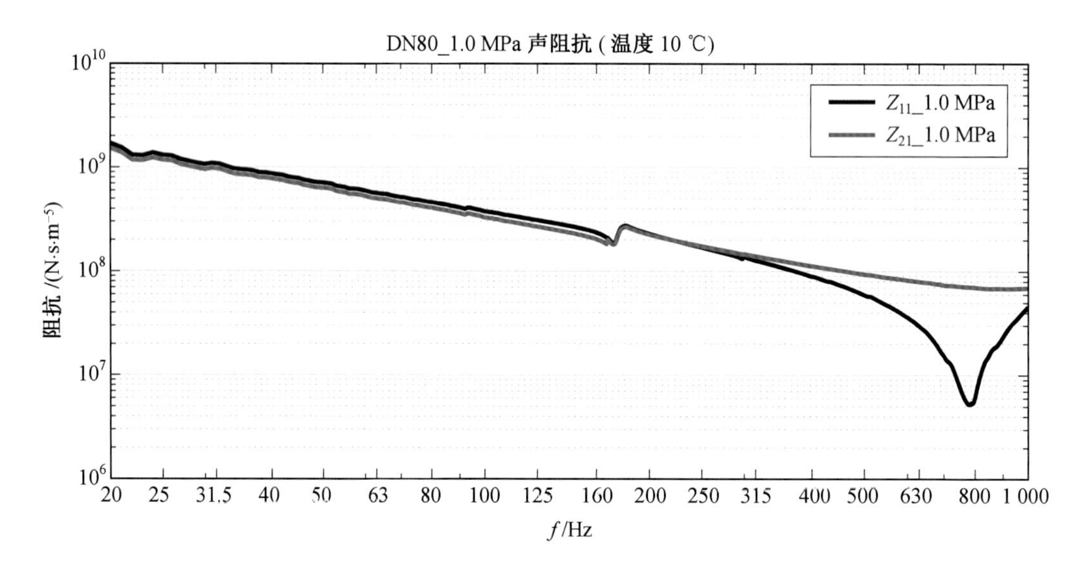

图 30 JYXR(H)010080S—175EA 挠性接管 1.0 MPa 声阻抗图谱

4. JYXR(H)010100S－225EA 挠性接管声阻抗图谱(图 31～33)

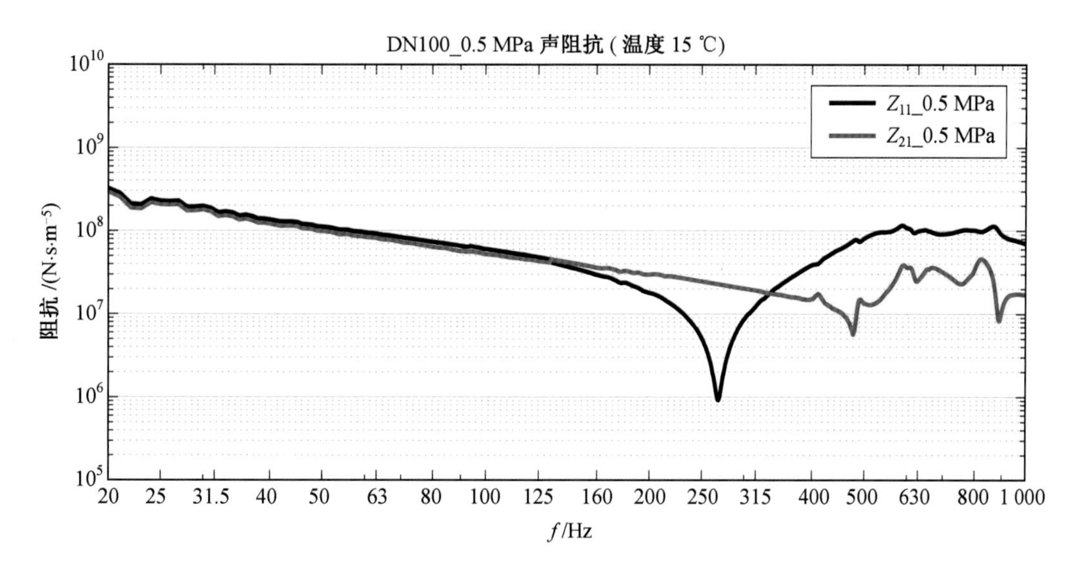

图 31　JYXR(H)010100S－225EA 挠性接管 0.5 MPa 声阻抗图谱

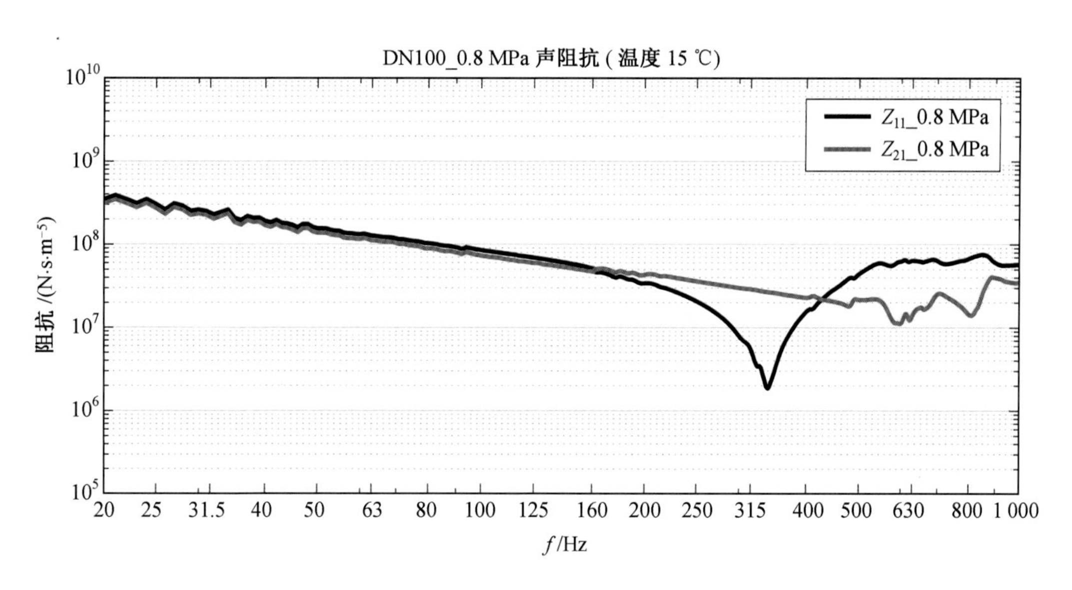

图 32　JYXR(H)010100S－225EA 挠性接管 0.8 MPa 声阻抗图谱

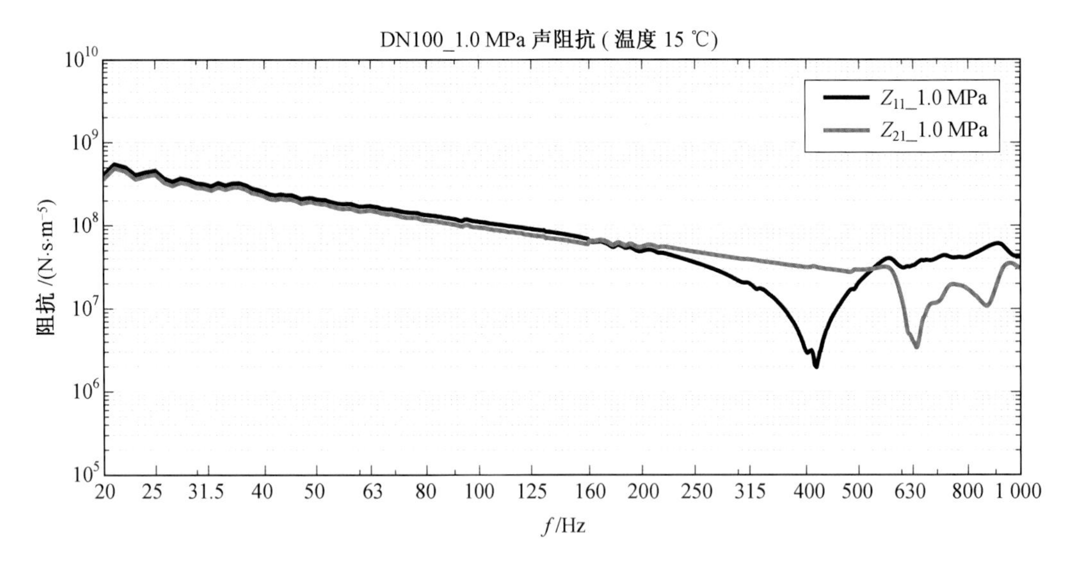

图 33　JYXR(H)010100S－225EA 挠性接管 1.0 MPa 声阻抗图谱

5. JYXR(H)030065S－175EA 挠性接管声阻抗图谱(图 34～38)

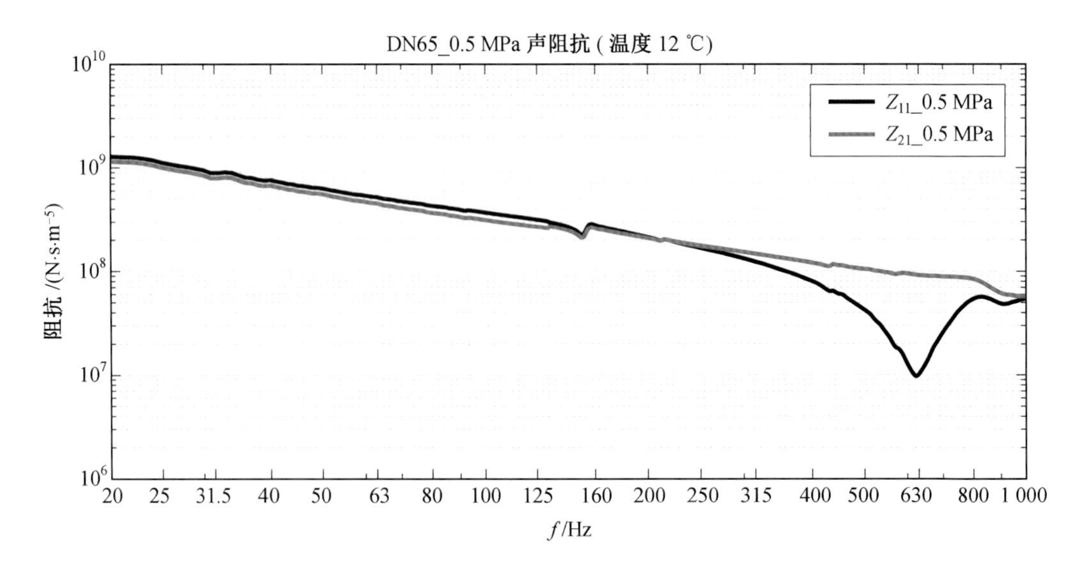

图 34　JYXR(H)030065S－175EA 挠性接管 0.5 MPa 声阻抗图谱

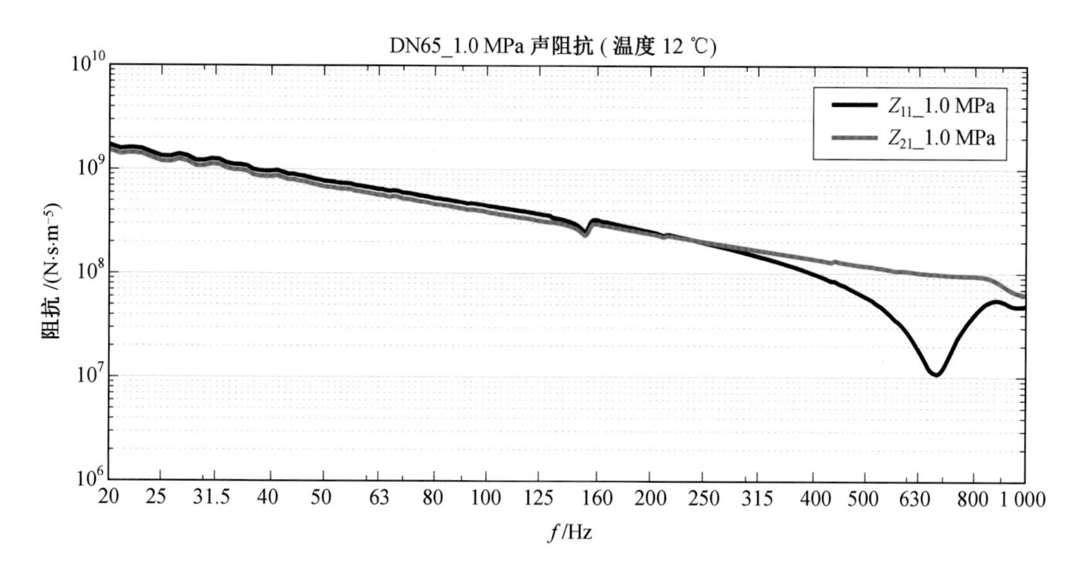

图 35 JYXR(H)030065S－175EA 挠性接管 1.0 MPa 声阻抗图谱

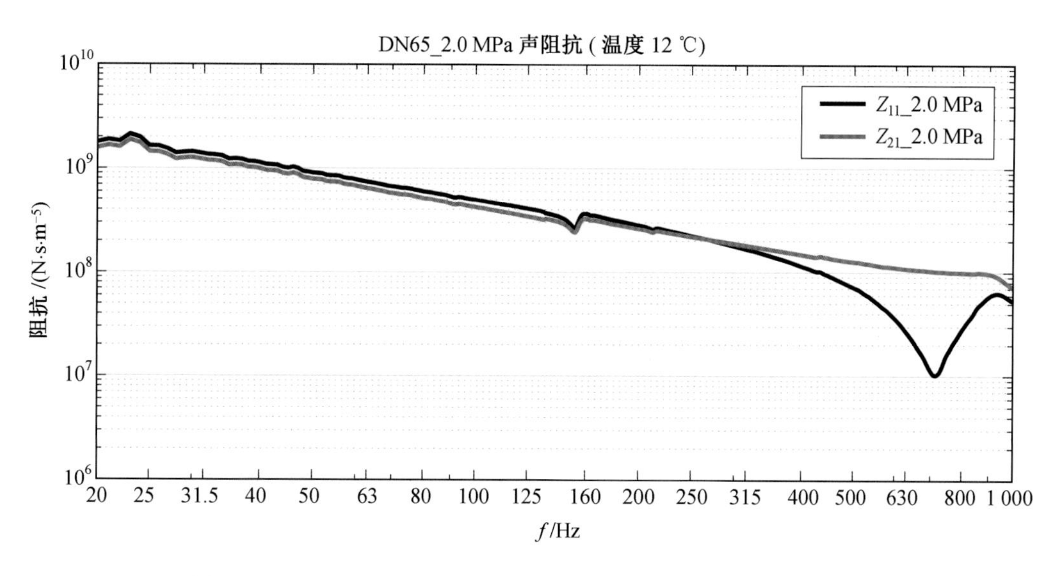

图 36 JYXR(H)030065S－175EA 挠性接管 2.0 MPa 声阻抗图谱

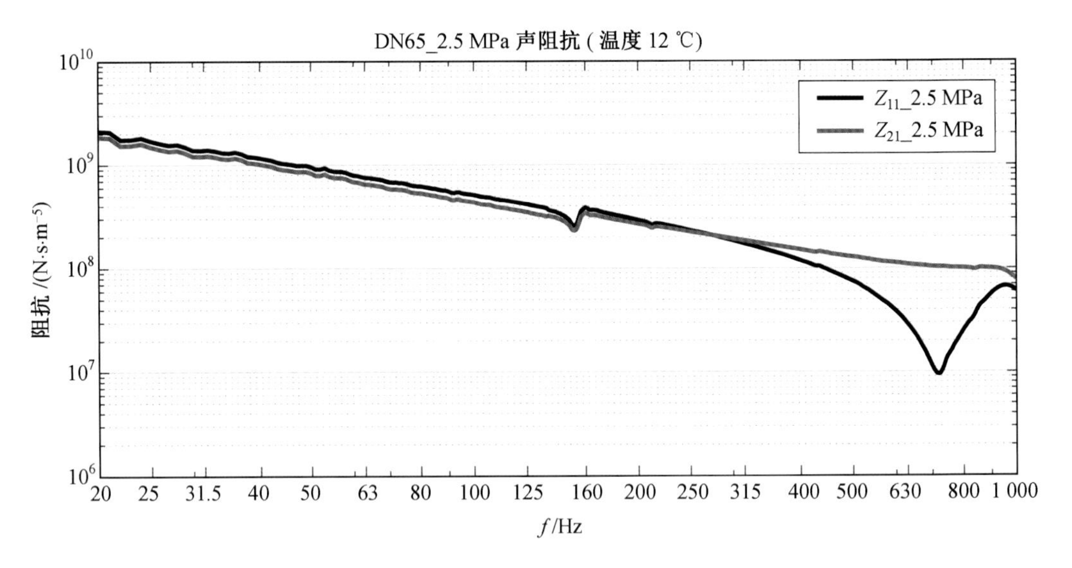

图 37　JYXR(H)030065S—175EA 挠性接管 2.5 MPa 声阻抗图谱

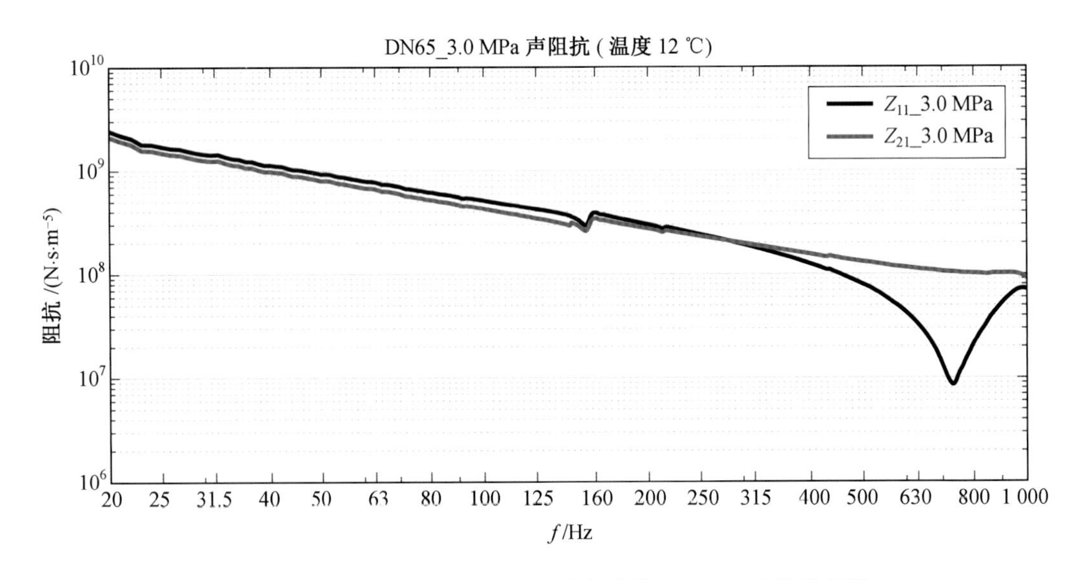

图 38　JYXR(H)030065S—175EA 挠性接管 3.0 MPa 声阻抗图谱

6. JYXR(H)030100S－225EA 挠性接管声阻抗图谱(图 39～43)

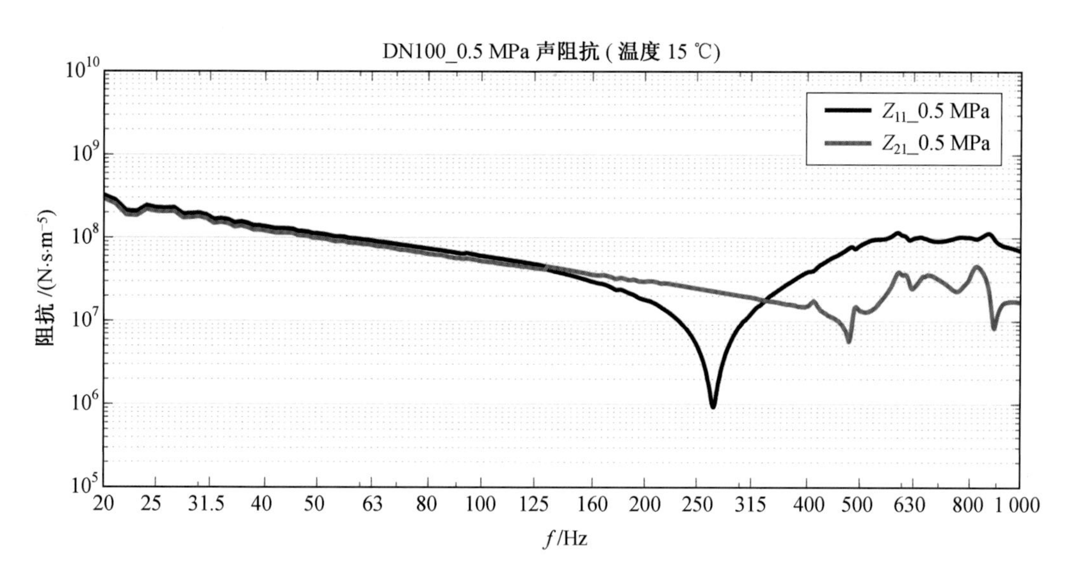

图 39　JYXR(H)030100S－225EA 挠性接管 0.5 MPa 声阻抗图谱

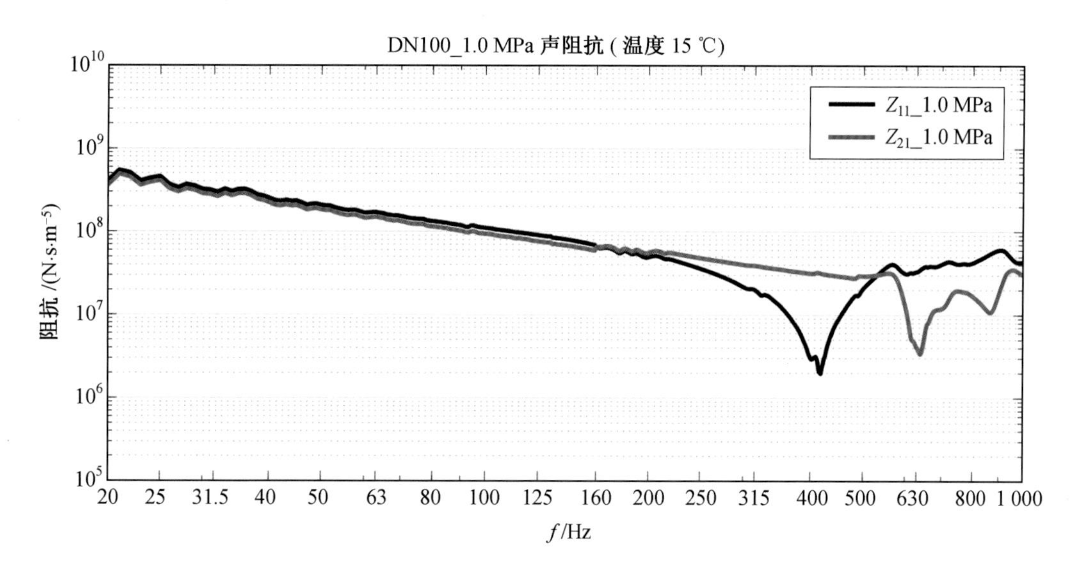

图 40　JYXR(H)010100S－225EA 挠性接管 1.0 MPa 声阻抗图谱

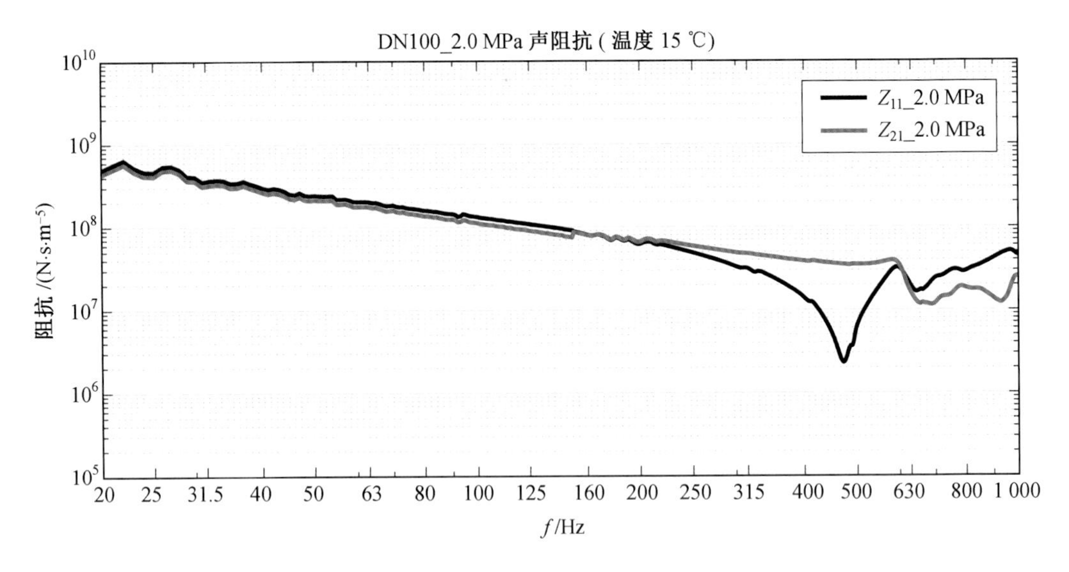

图 41　JYXR(H)030100S－225EA 挠性接管 2.0 MPa 声阻抗图谱

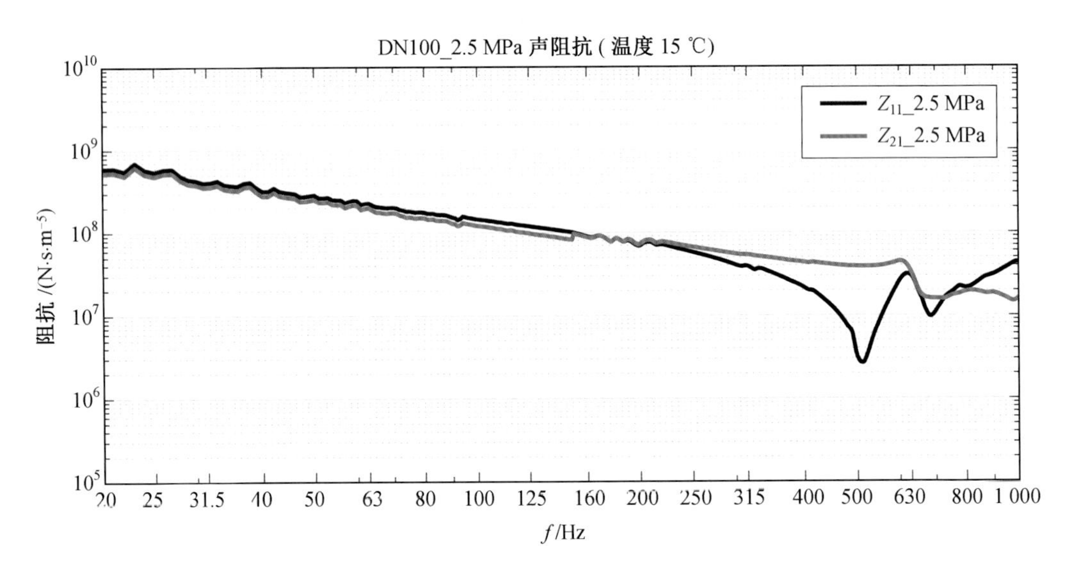

图 42　JYXR(H)030100S－225EA 挠性接管 2.5 MPa 声阻抗图谱

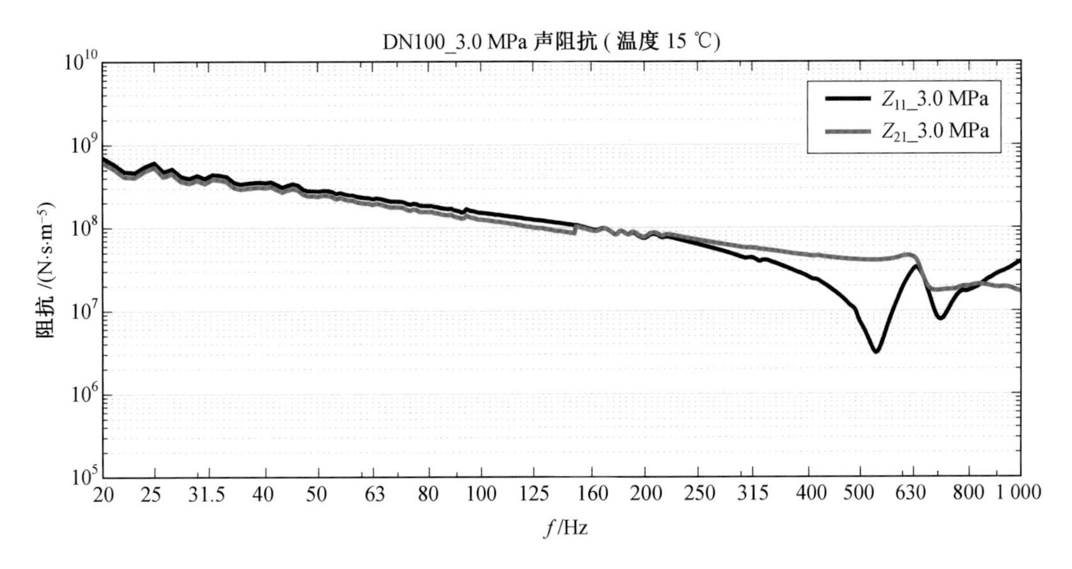

图 43 JYXR(H)030100S－225EA 挠性接管 3.0 MPa 声阻抗图谱

7. JYXR(H)030125S－225EA 挠性接管声阻抗图谱(图 44～48)

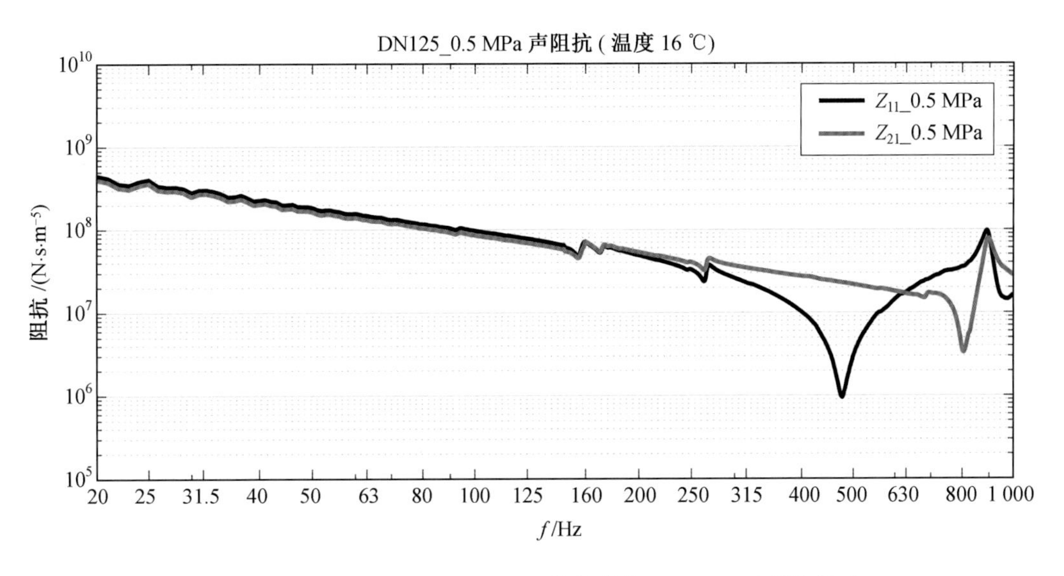

图 44 JYXR(H)030125S－225EA 挠性接管 0.5 MPa 声阻抗图谱

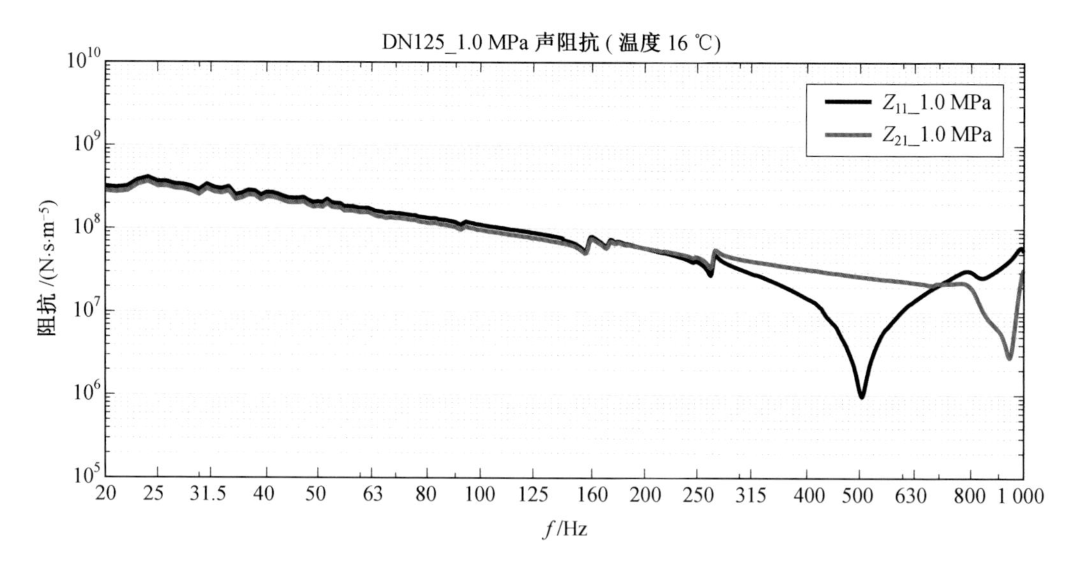

图 45　JYXR(H)030125S—225EA 挠性接管 1.0 MPa 声阻抗图谱

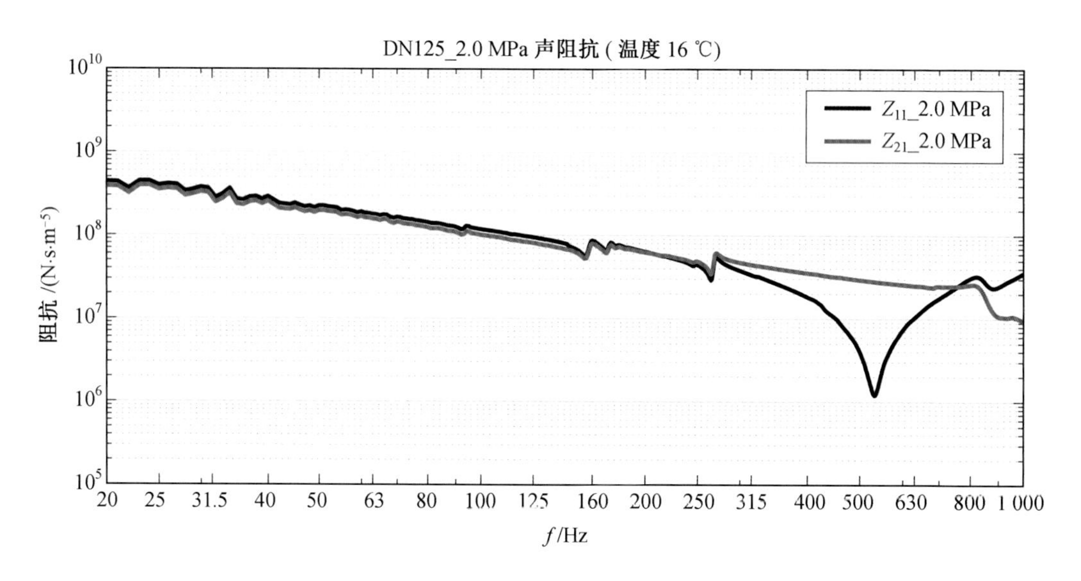

图 46　JYXR(H)030125S—225EA 挠性接管 2.0 MPa 声阻抗图谱

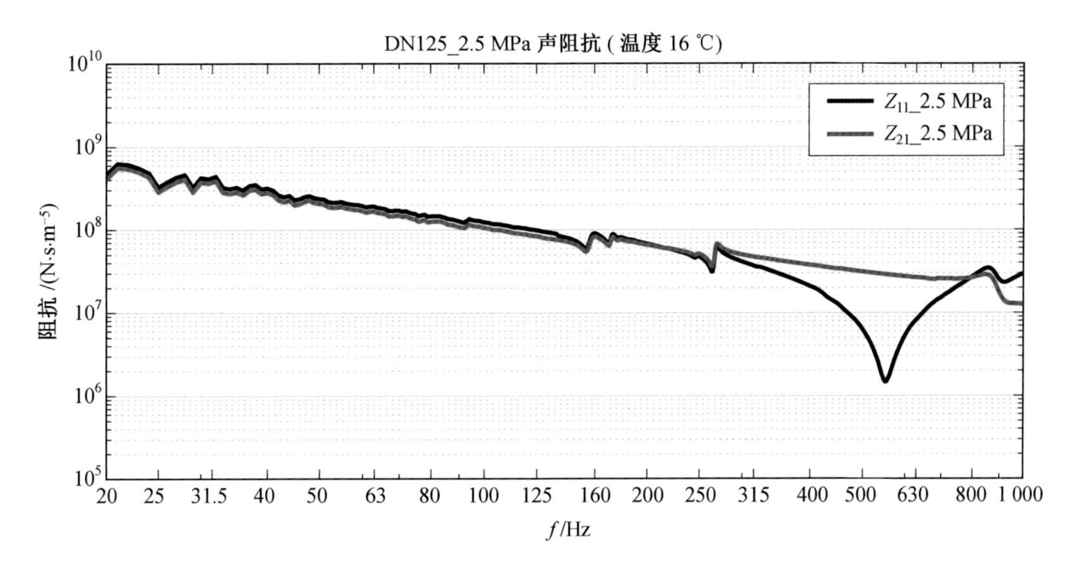

图 47　JYXR(H)030125S－225EA 挠性接管 2.5 MPa 声阻抗图谱

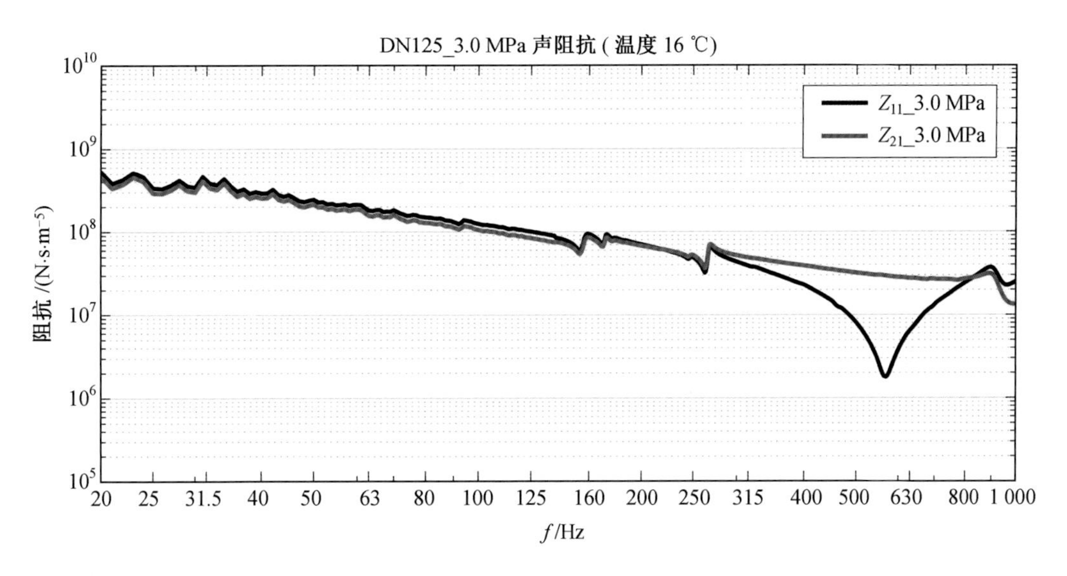

图 48　JYXR(H)030125S－225EA 挠性接管 3.0 MPa 声阻抗图谱

8. JYXR(H)040065S－175EA 挠性接管声阻抗图谱(图 49～53)

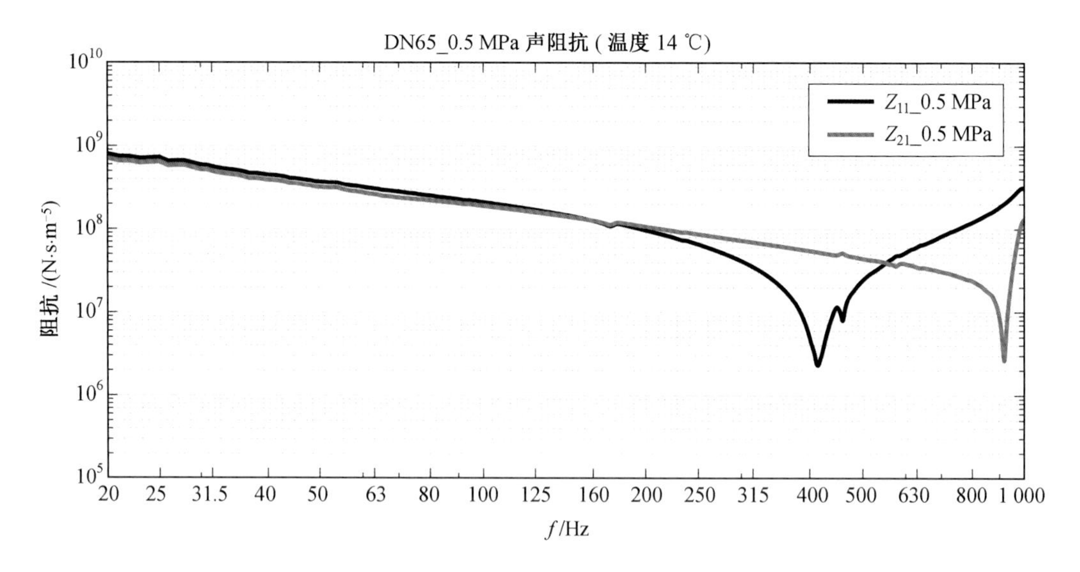

图 49　JYXR(H)040065S－175EA 挠性接管 0.5 MPa 声阻抗图谱

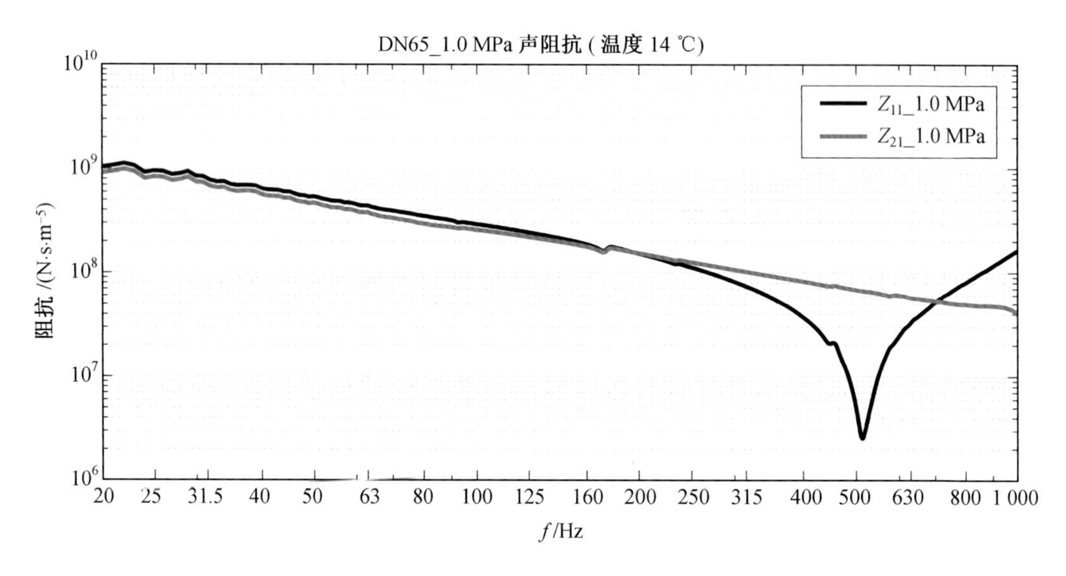

图 50　JYXR(H)040065S－175EA 挠性接管 1.0 MPa 声阻抗图谱

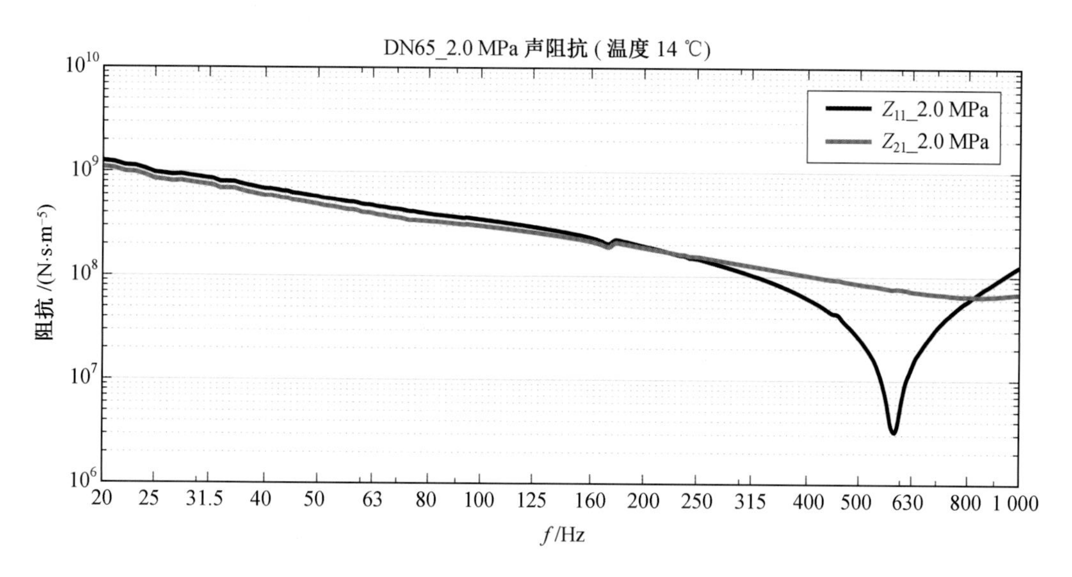

图 51　JYXR(H)040065S－175EA 挠性接管 2.0 MPa 声阻抗图谱

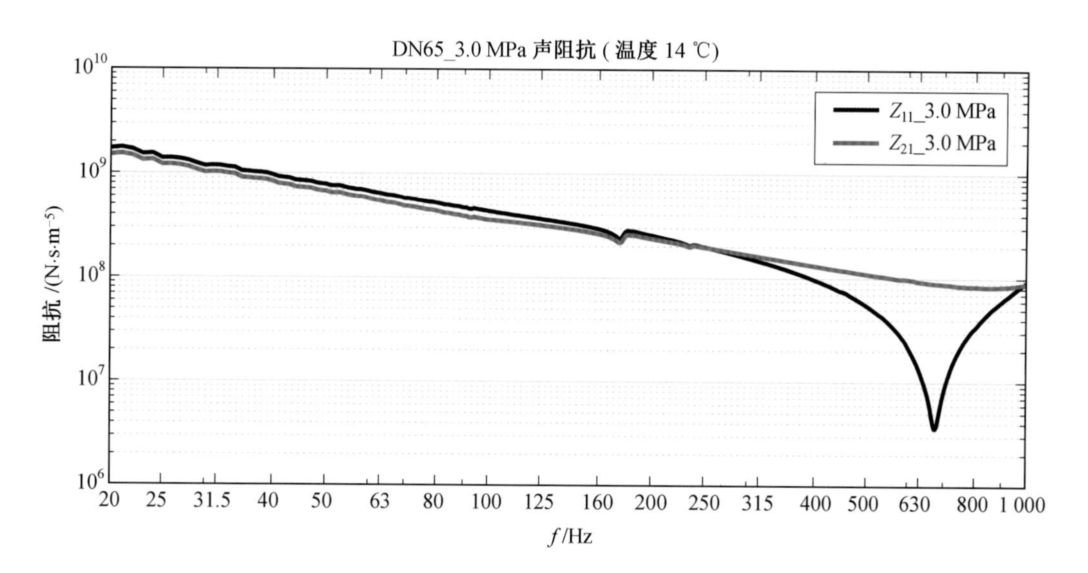

图 52　JYXR(H)040065S－175EA 挠性接管 3.0 MPa 声阻抗图谱

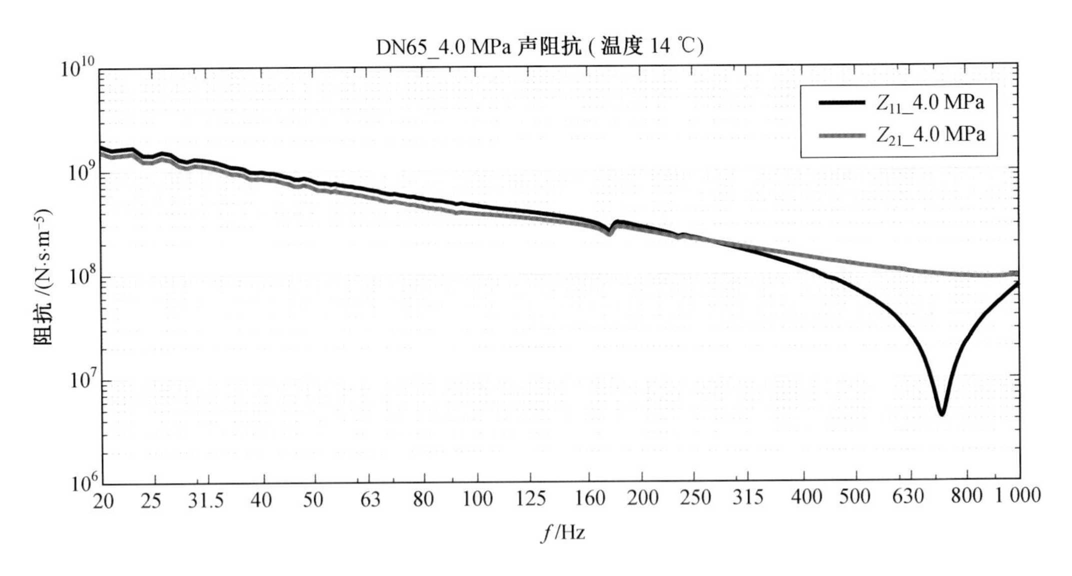

图 53 JYXR(H)040065S－175EA 挠性接管 4.0 MPa 声阻抗图谱

9. JYXR(H)040080S－175EA 挠性接管声阻抗图谱(图 54～58)

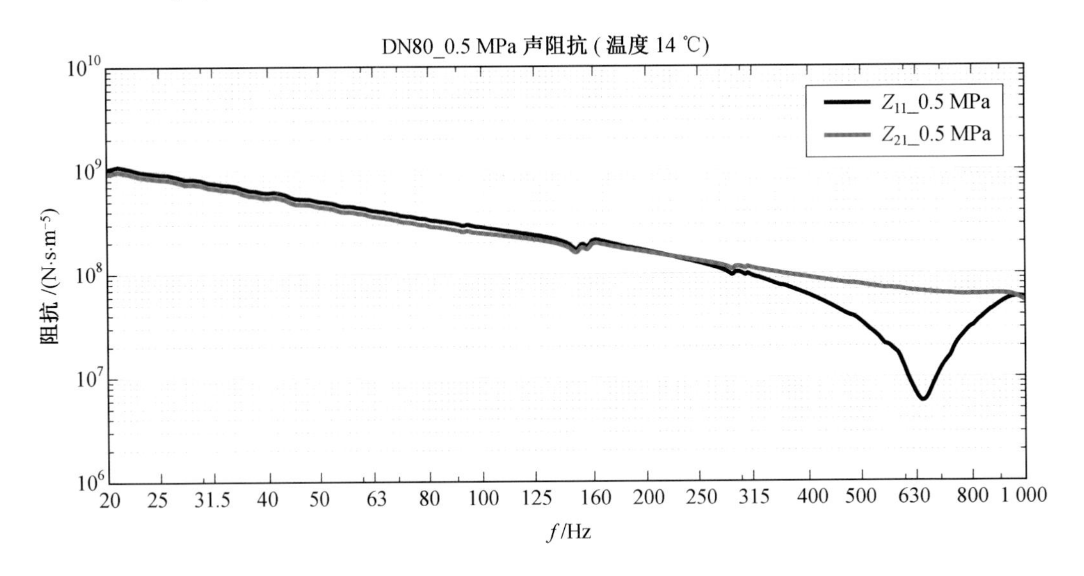

图 54 JYXR(H)040080S－175EA 挠性接管 0.5 MPa 声阻抗图谱

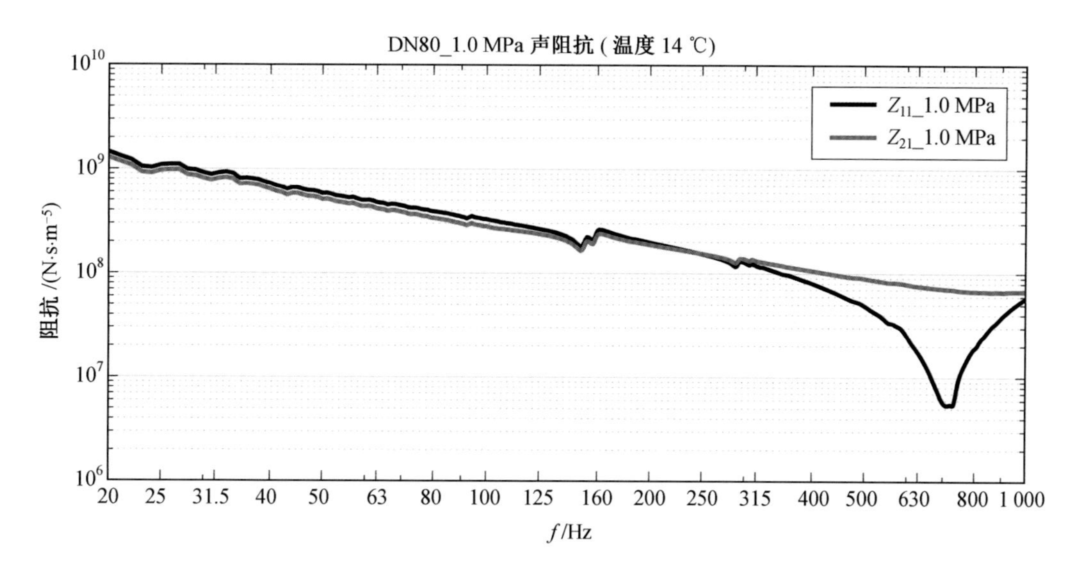

图 55 JYXR(H)040080S－175EA 挠性接管 1.0 MPa 声阻抗图谱

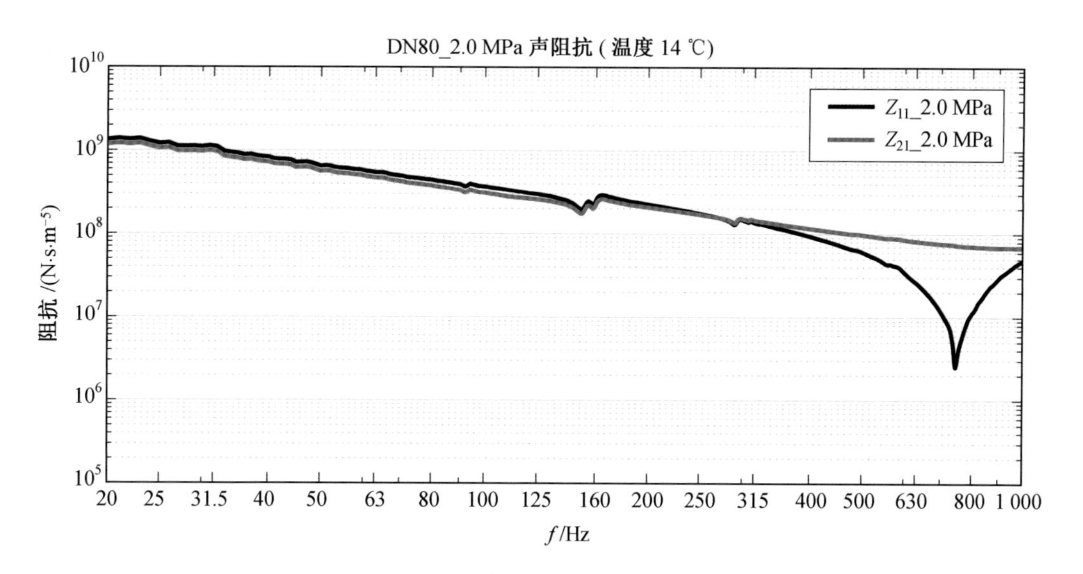

图 56 JYXR(H)040080S－175EA 挠性接管 2.0 MPa 声阻抗图谱

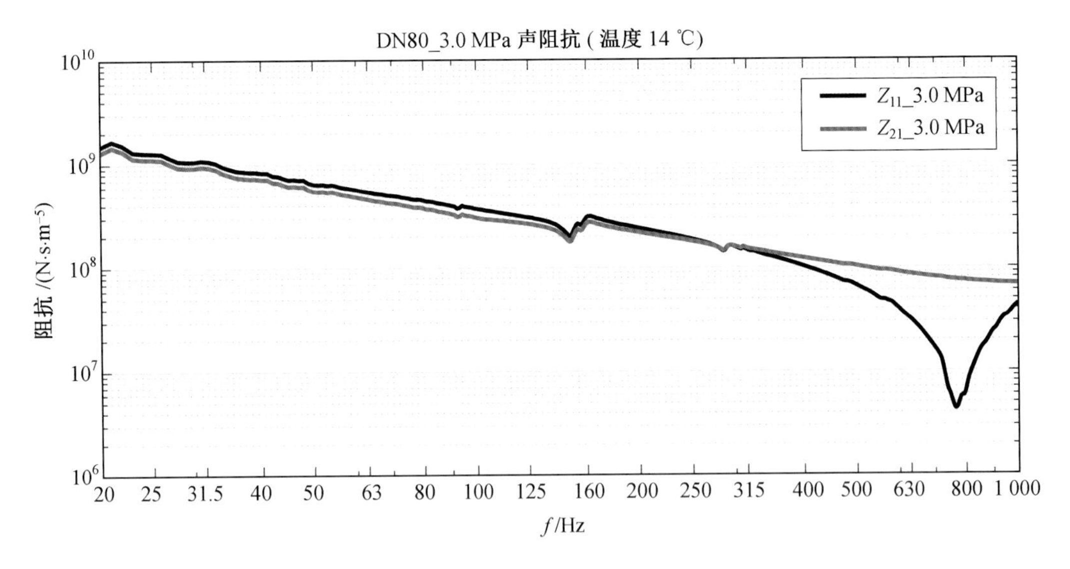

图 57　JYXR(H)040080S—175EA 挠性接管 3.0 MPa 声阻抗图谱

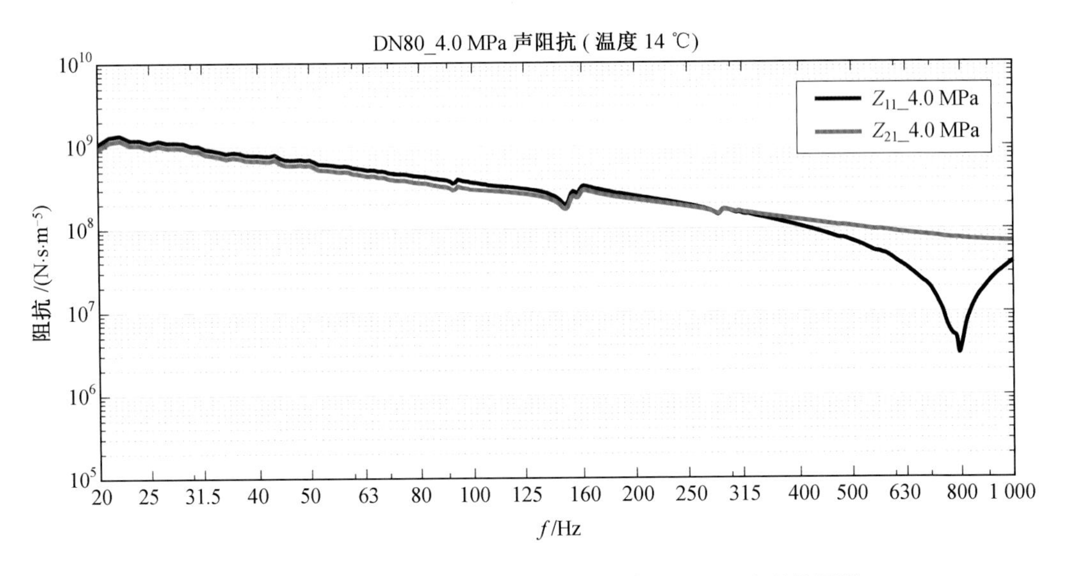

图 58　JYXR(H)040080S—175EA 挠性接管 4.0 MPa 声阻抗图谱

10. JYXR(H)040200S－325EA 挠性接管声阻抗图谱(图 59～63)

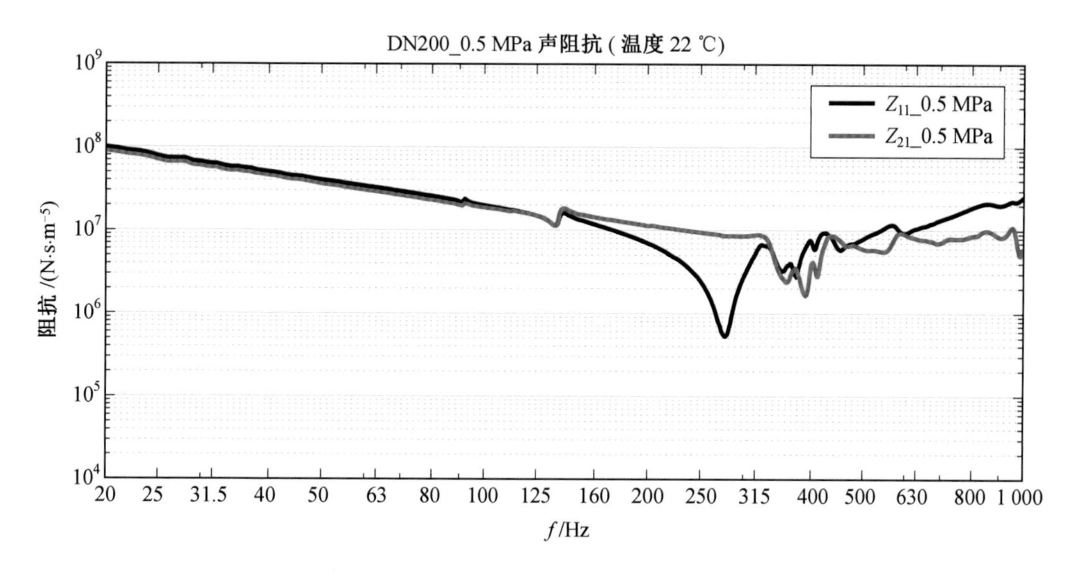

图 59　JYXR(H)040200S－325EA 挠性接管 0.5 MPa 声阻抗图谱

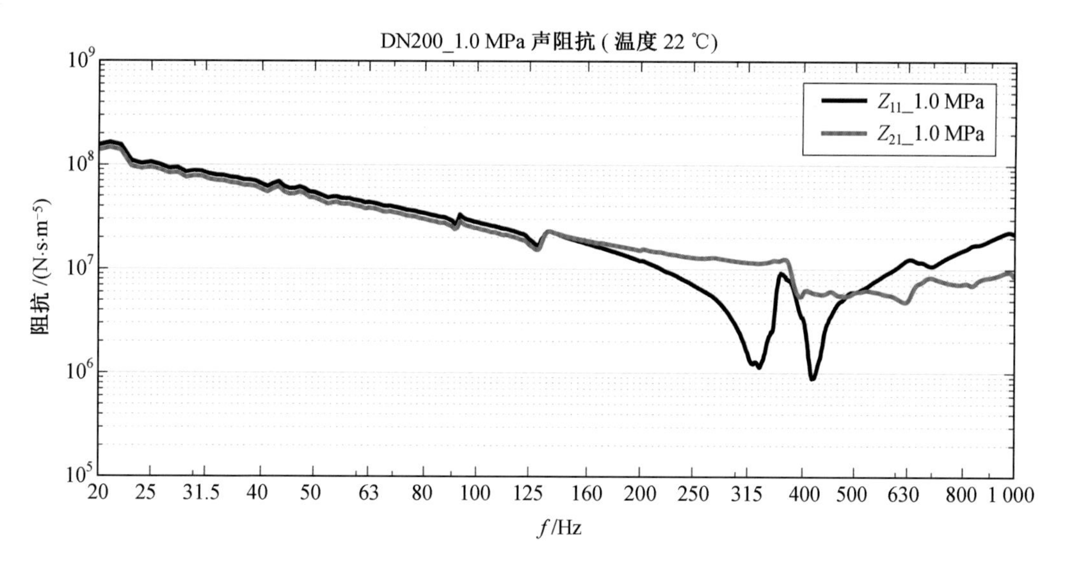

图 60　JYXR(H)040200S－325EA 挠性接管 1.0 MPa 声阻抗图谱

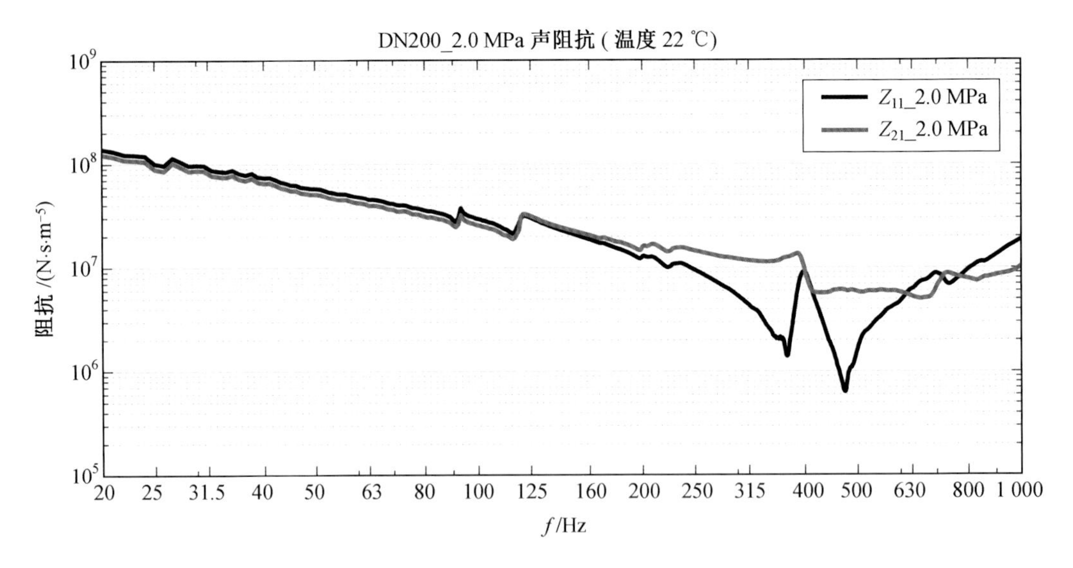

图 61　JYXR(H)040200S—325EA 挠性接管 2.0 MPa 声阻抗图谱

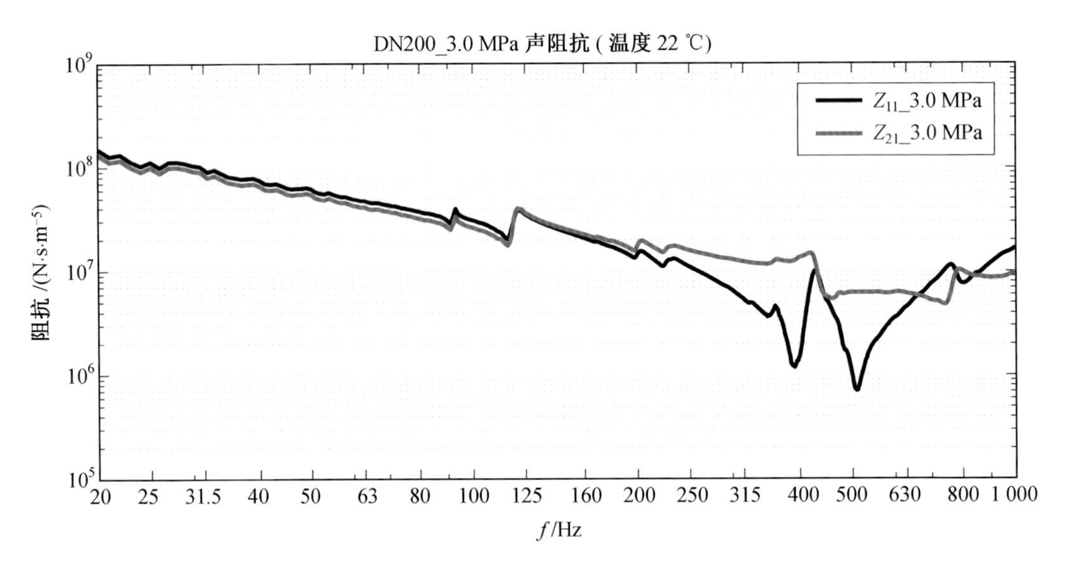

图 62　JYXR(H)040200S—325EA 挠性接管 3.0 MPa 声阻抗图谱

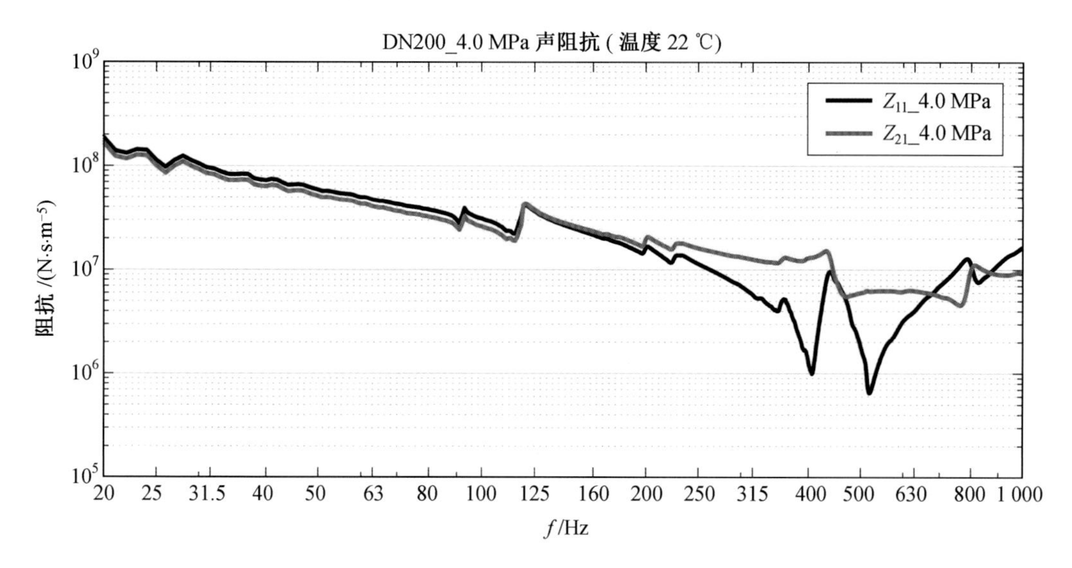

图 63 JYXR(H)040200S－325EA 挠性接管 4.0 MPa 声阻抗图谱

JYXR(D)平衡式挠性接管

一、JYXR(D)平衡式挠性接管外形(图 1)

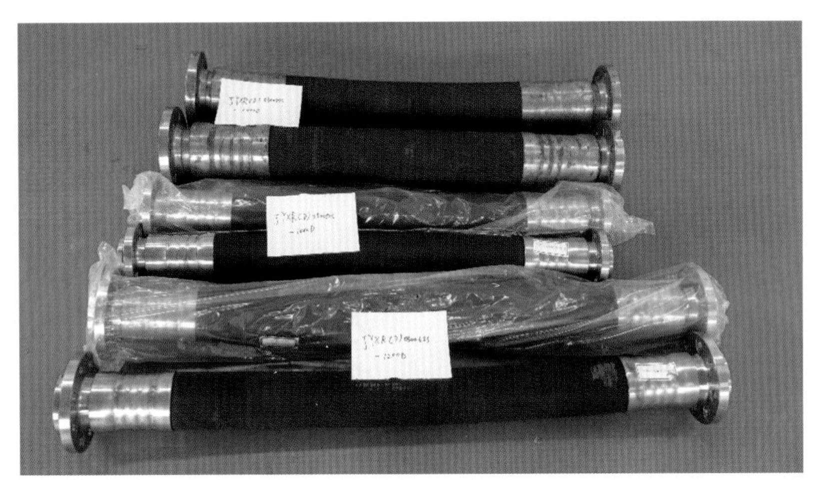

图 1　JYXR(D)平衡式挠性接管外形

二、JYXR(D)平衡式挠性接管动态特性数据测试工况(表 1)

表 1　JYXR(D)平衡式挠性接管动态特性数据测试工况

序号	型号	编号	试验类型	方向	载荷工况
1	JYXR(D)010080S－1000D	MH1309－195/MH1309－196	机械阻抗	Y/Z	0/0.5/0.8/1.0 MPa
			声阻抗	Z	0.5/0.8/1.0 MPa
2	JYXR(D)030050S－1000D	MH1704－188/MH1704－189	机械阻抗	Y/Z	0/1.0/2.0/2.5/3.0 MPa
			声阻抗	Z	0.5/1.0/2.0/2.5/3.0 MPa
3	JYXR(D)030065S－1200D	MH1704－190/MH1704－191	机械阻抗	Y/Z	0/1.0/2.0/2.5/3.0 MPa
			声阻抗	Z	0.5/1.0/2.0/2.5/3.0 MPa

三、JYXR(D)平衡式挠性接管机械阻抗图谱

1. JYXR(D)010080S－1000D 挠性接管机械阻抗图谱(图 2、图 3)

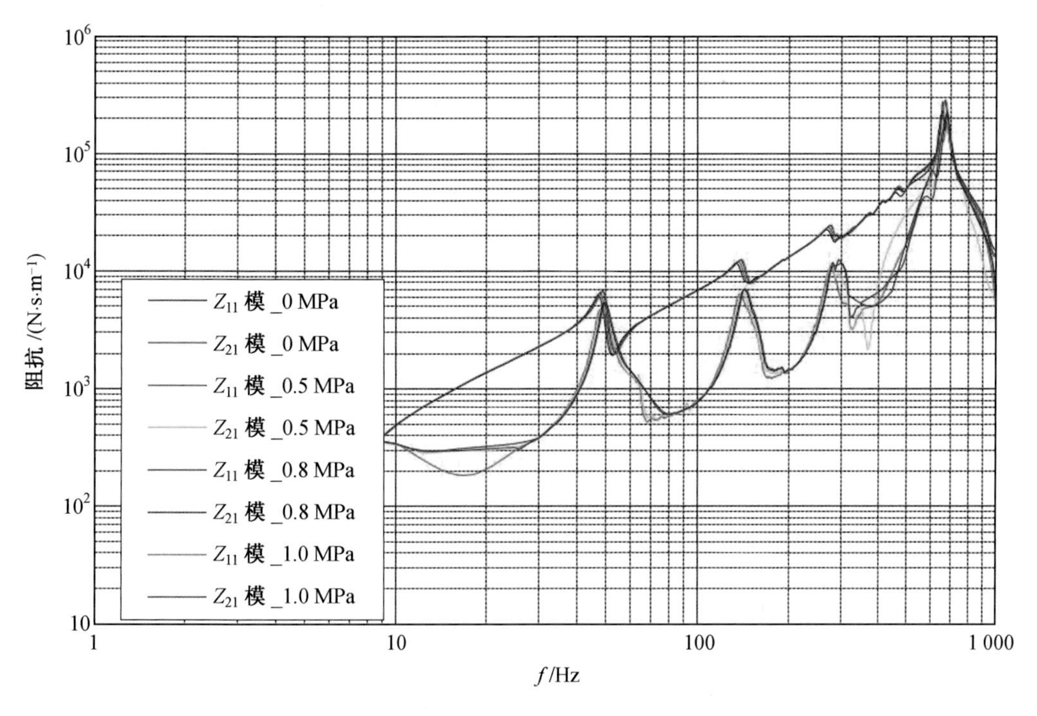

图 2 JYXR(D)010080S－1000D _Y 向正置 Z_{11}、Z_{21} 机械阻抗图谱

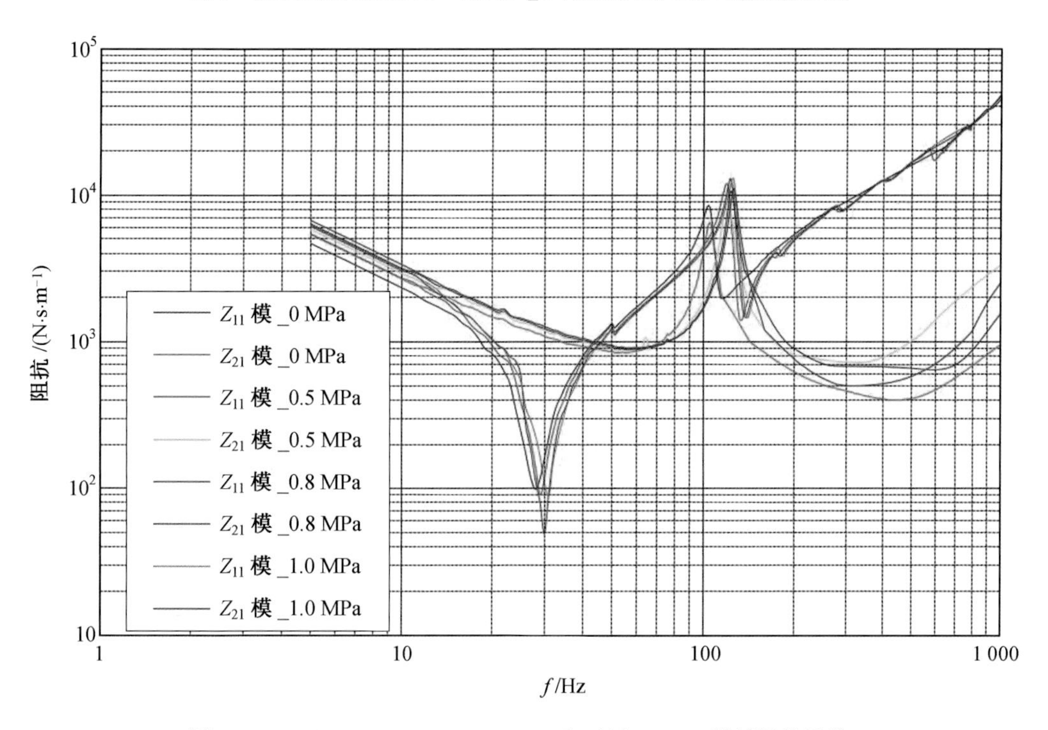

图 3 JYXR(D)010080S－1000D _Z 向正置 Z_{11}、Z_{21} 机械阻抗图谱

2. JYXR(D)030050S－1000D 挠性接管机械阻抗图谱(图 4、图 5)

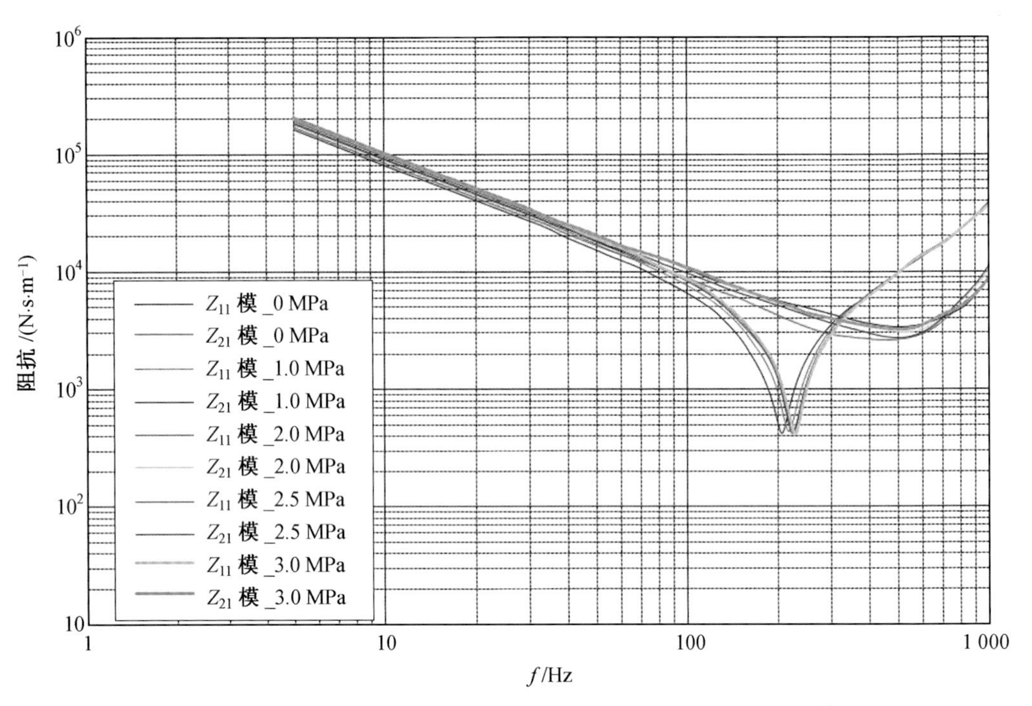

图 4　JYXR(D)030050S－1000D _Y 向正置 Z_{11}、Z_{21} 机械阻抗图谱

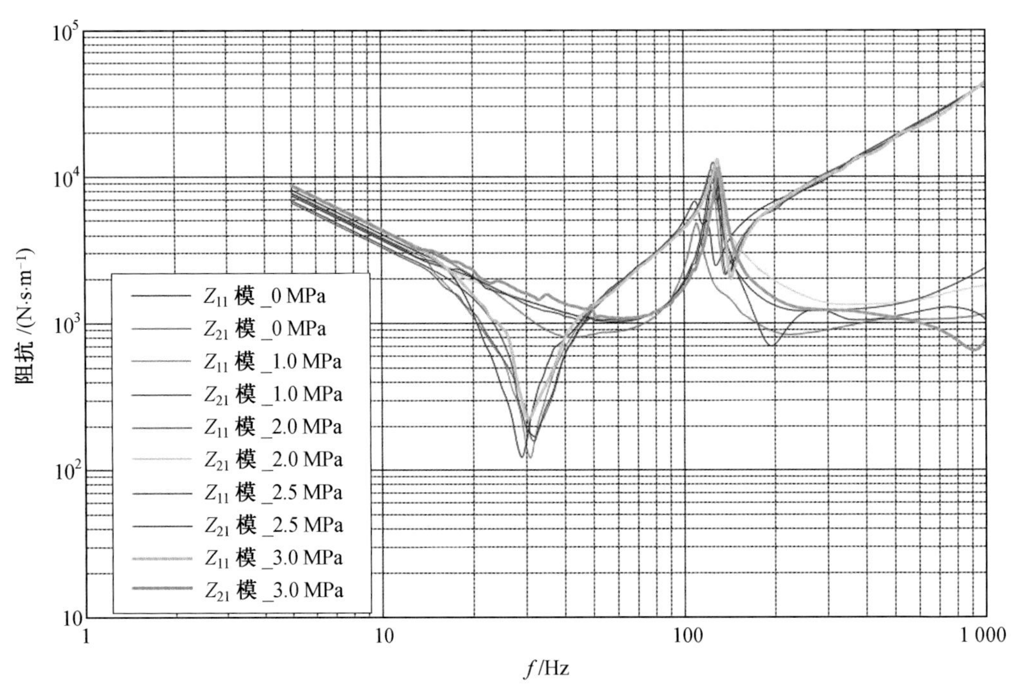

图 5　JYXR(D)030050S－1000D _Z 向正置 Z_{11}、Z_{21} 机械阻抗图谱

3. JYXR(D)030065S－1200D 挠性接管机械阻抗图谱(图 6、图 7)

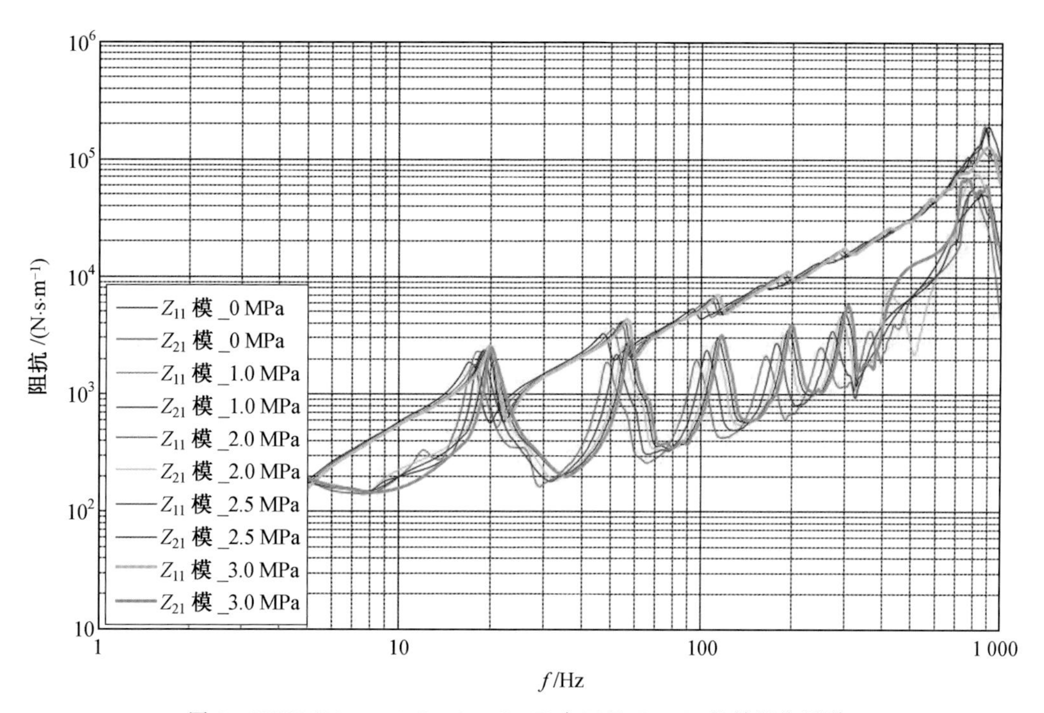

图 6　JYXR(D)030065S－1200D _Y 向正置 Z_{11}、Z_{21} 机械阻抗图谱

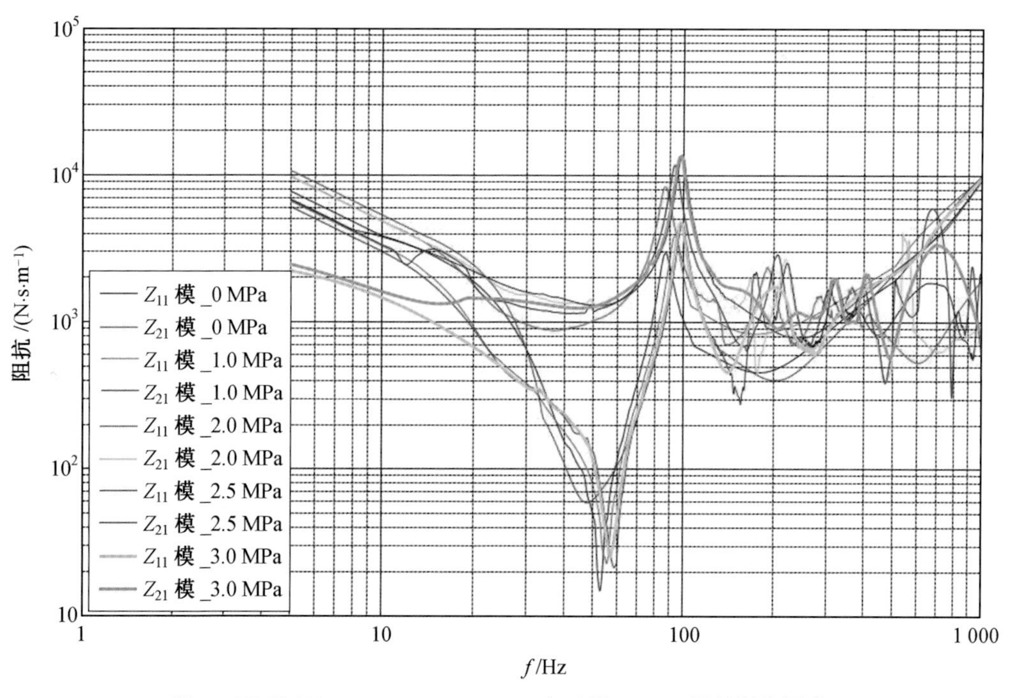

图 7　JYXR(D)030065S－1200D _Z 向正置 Z_{11}、Z_{21} 机械阻抗图谱

四、JYXR(D)平衡式挠性接管声阻抗图谱

1. JYXR(D)010080S－1000D 挠性接管声阻抗图谱(图 8～10)

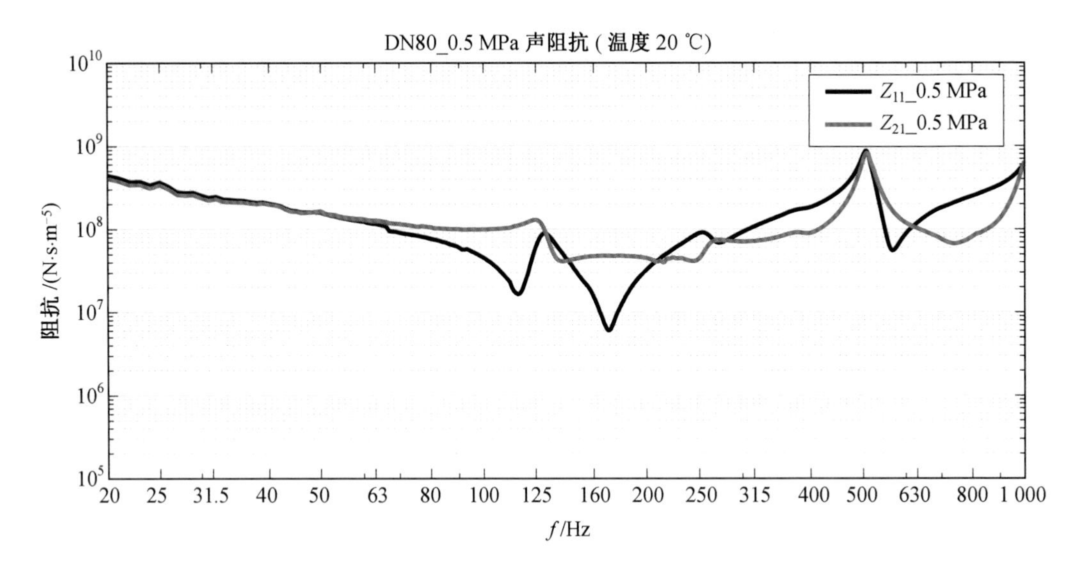

图 8　JYXR(D)010080S—1000D 挠性接管 0.5 MPa 声阻抗图谱

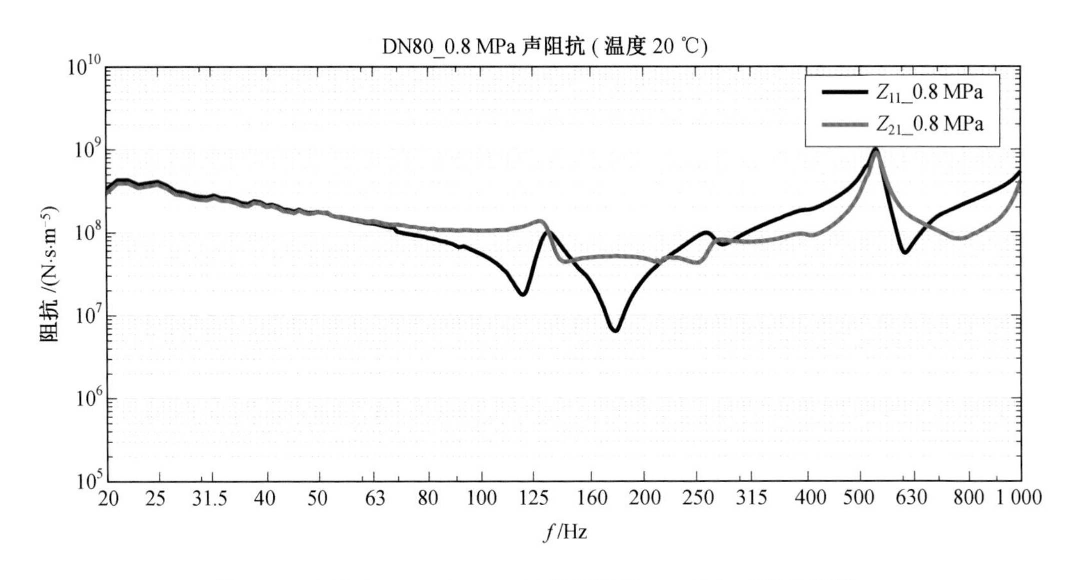

图 9　JYXR(D)010080S—1000D 挠性接管 0.8 MPa 声阻抗图谱

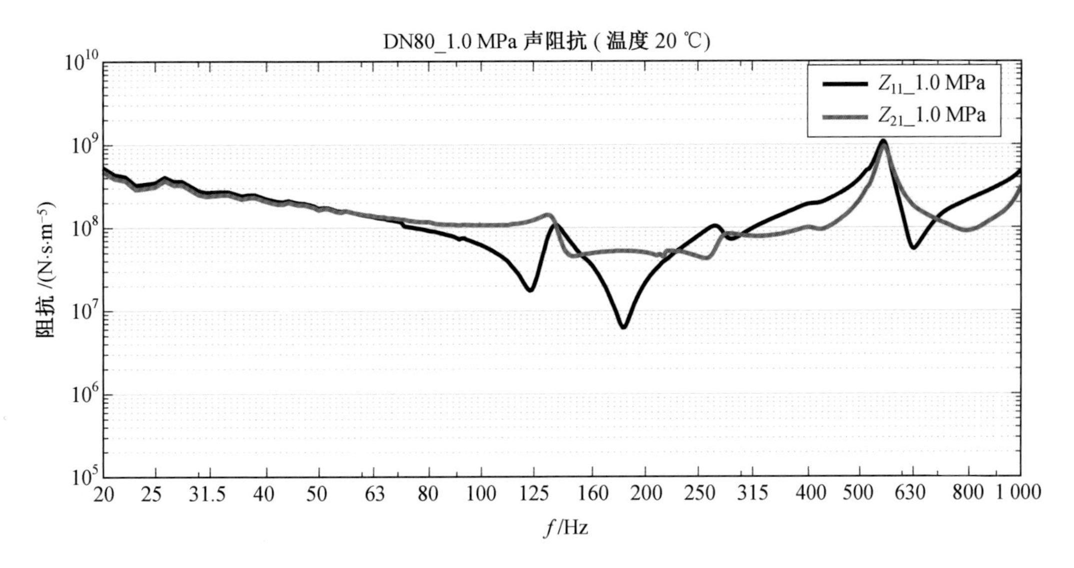

图 10　JYXR(D)010080S－1000D 挠性接管 1.0 MPa 声阻抗图谱

2. JYXR(D)030050S－1000D 挠性接管声阻抗图谱(图 11～15)

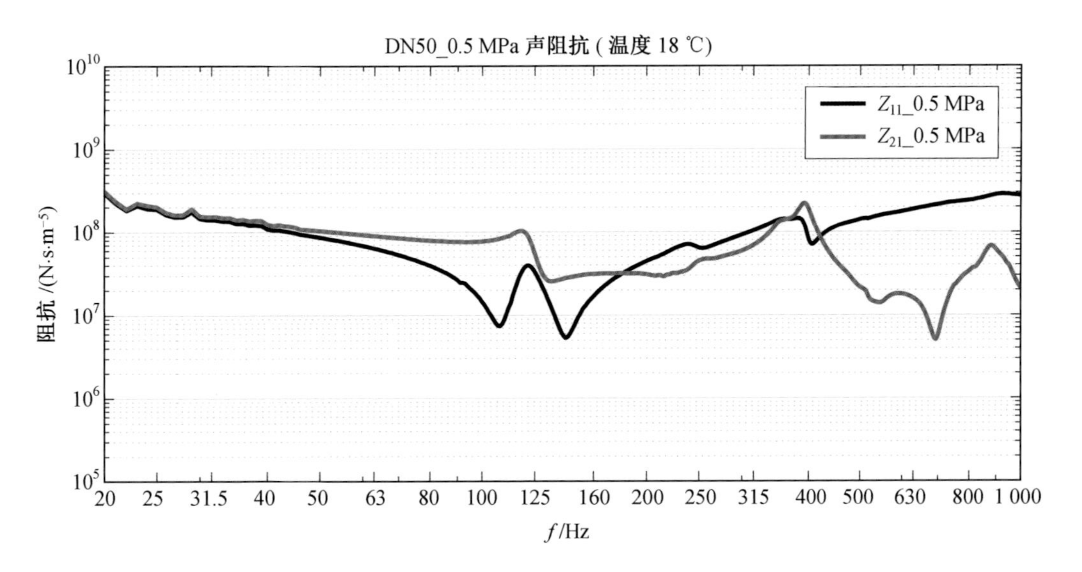

图 11　JYXR(D)030050S－1000D 挠性接管 0.5 MPa 声阻抗图谱

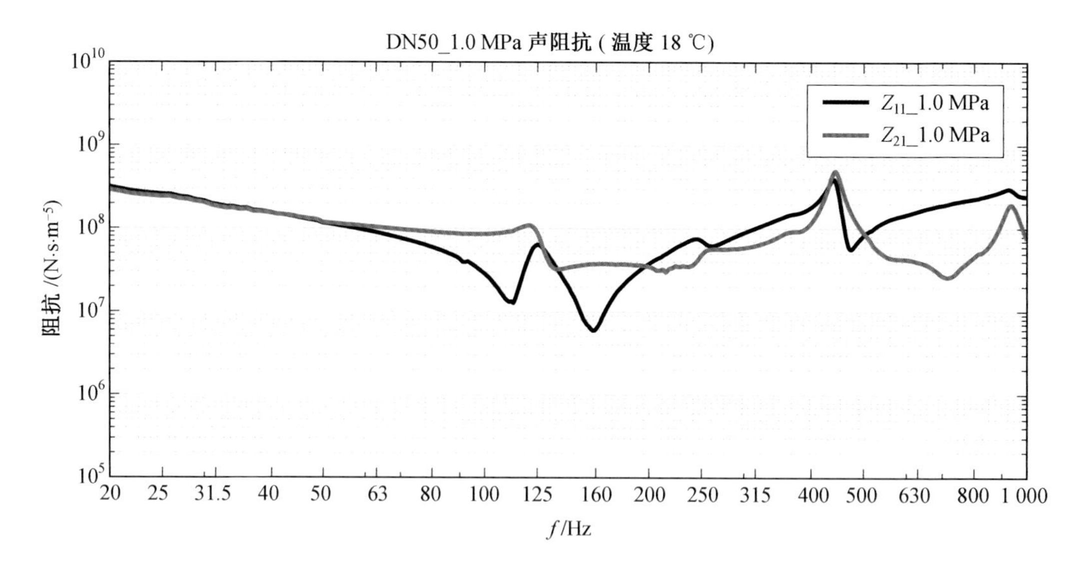

图 12　JYXR(D)030050S－1000D 挠性接管 1.0 MPa 声阻抗图谱

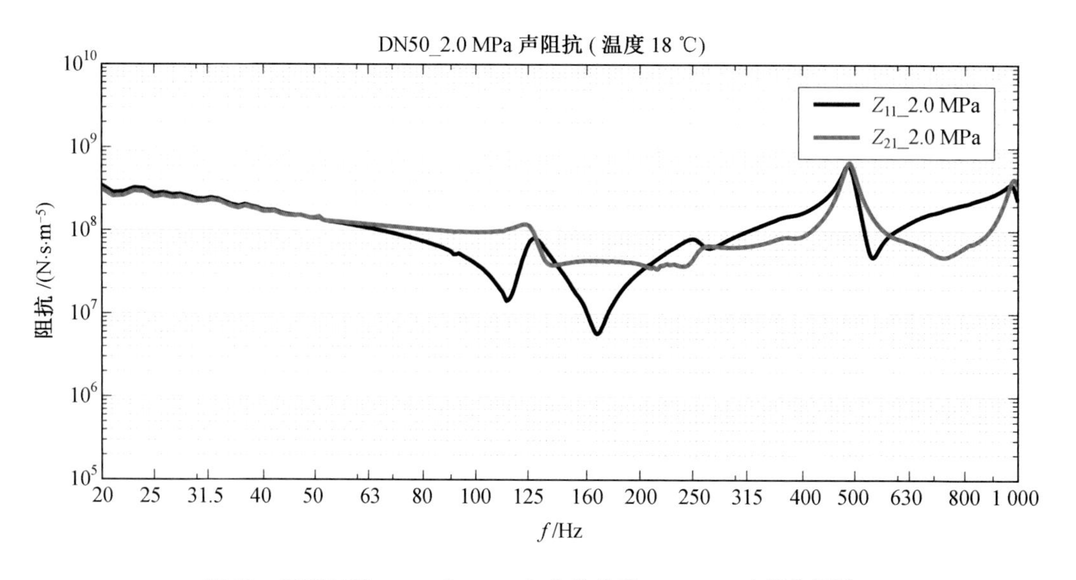

图 13　JYXR(D)030050S－1000D 挠性接管 2.0 MPa 声阻抗图谱

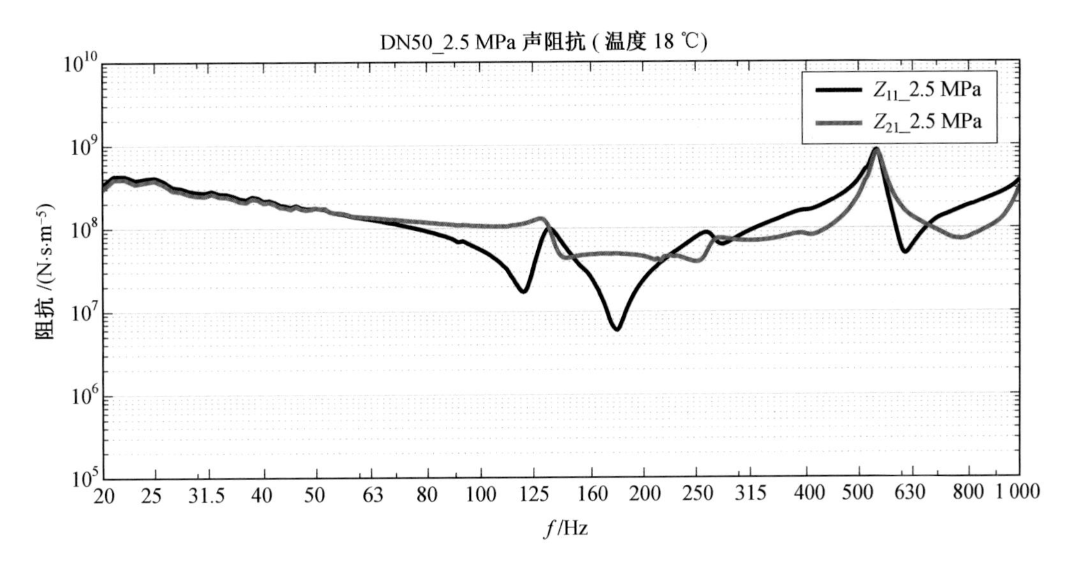

图 14　JYXR(D)030050S－1000D 挠性接管 2.5 MPa 声阻抗图谱

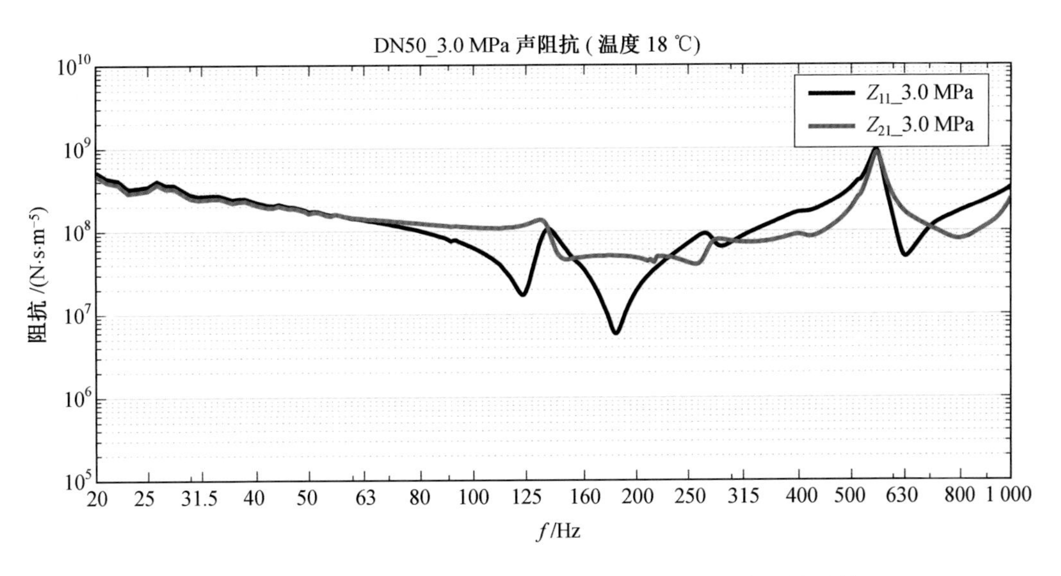

图 15　JYXR(D)030050S－1000D 挠性接管 3.0 MPa 声阻抗图谱

3. JYXR(D)030065S－1200D 挠性接管声阻抗图谱(图 16～20)

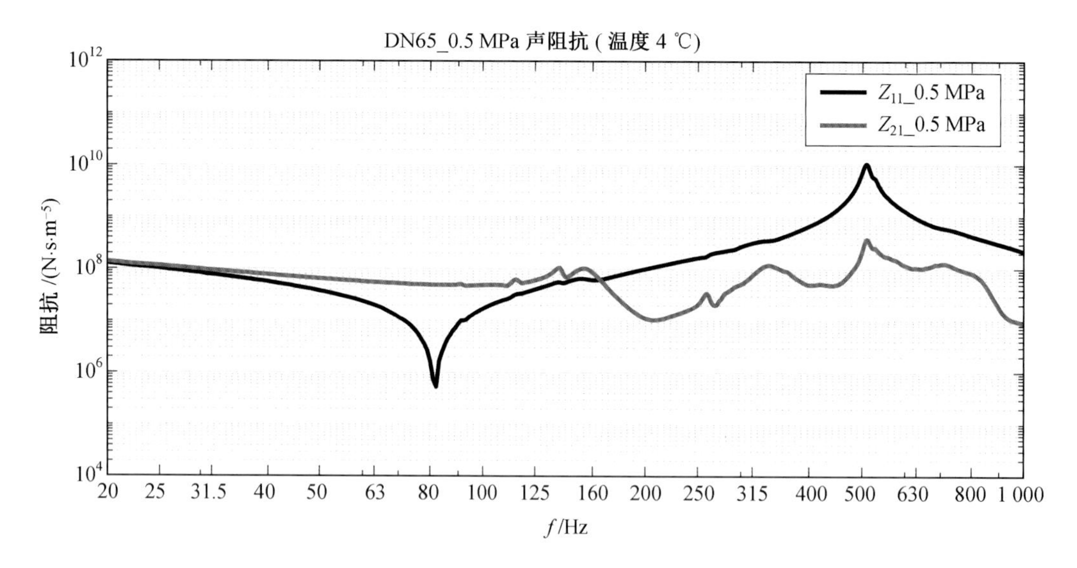

图 16　JYXR(D)030065S－1200D 挠性接管 0.5 MPa 声阻抗图谱

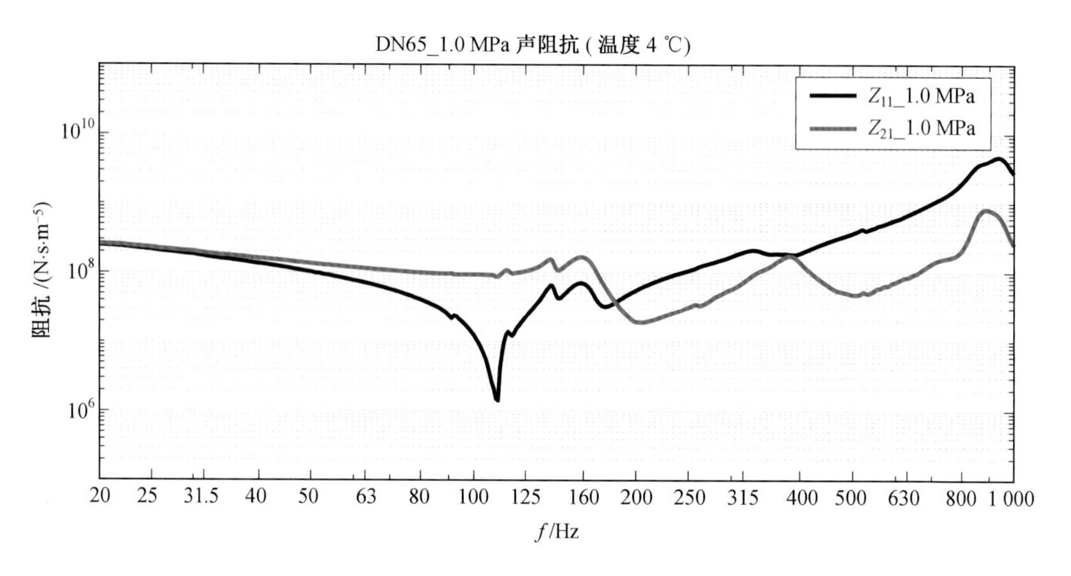

图 17　JYXR(D)030065S－1200D 挠性接管 1.0 MPa 声阻抗图谱

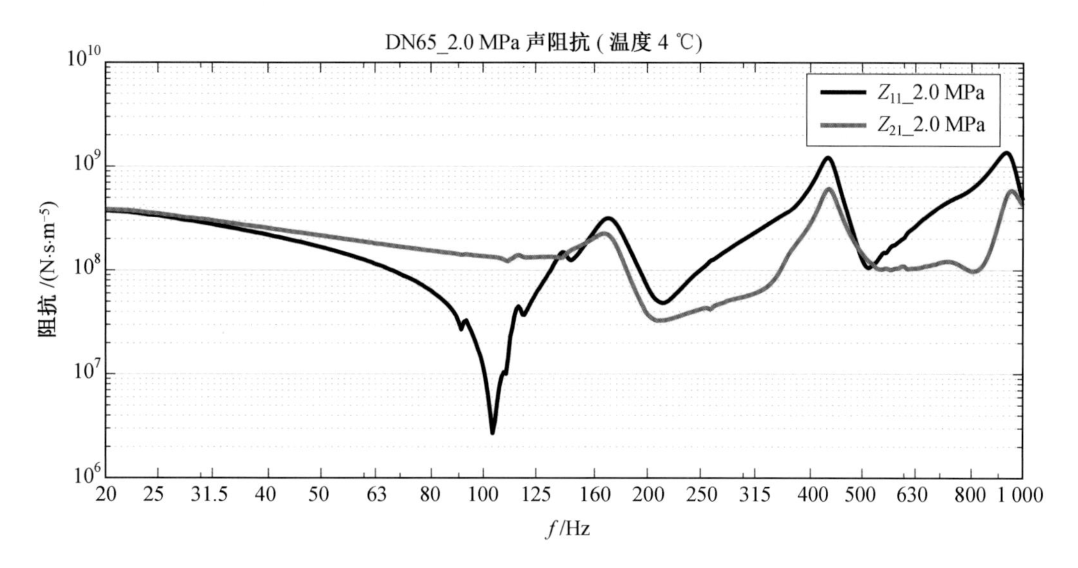

图 18 JYXR(D)030065S—1200D 挠性接管 2.0 MPa 声阻抗图谱

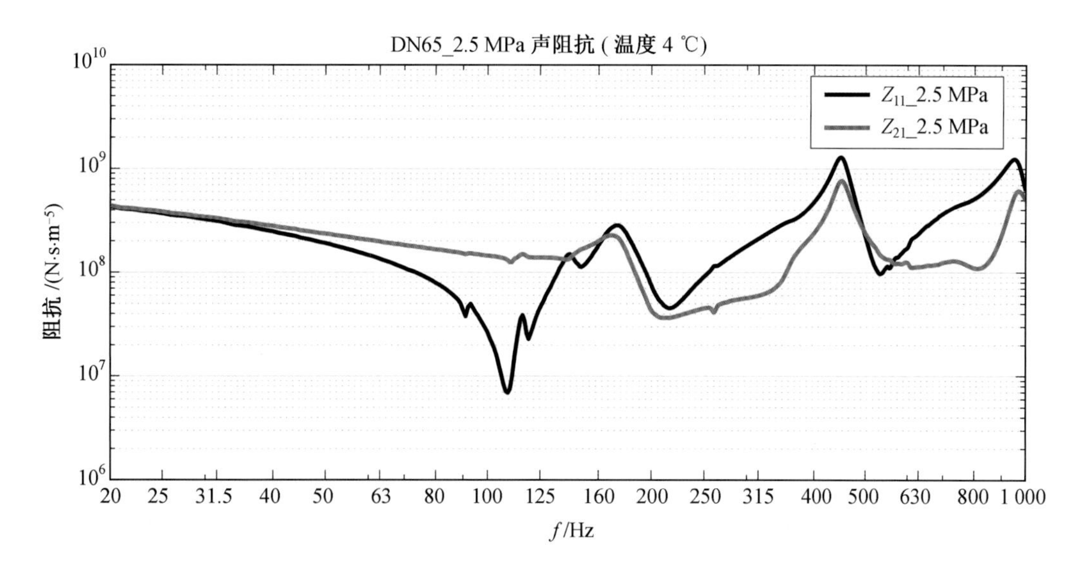

图 19 JYXR(D)030065S—1200D 挠性接管 2.5 MPa 声阻抗图谱

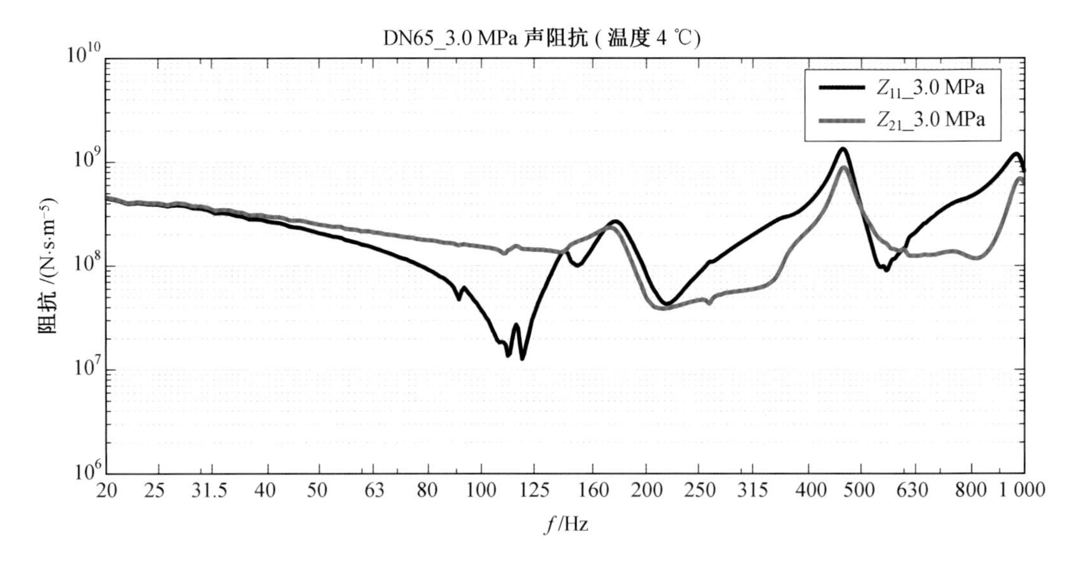

图 20　JYXR(D)030065S－1200D 挠性接管 3.0 MPa 声阻抗图谱

肘型挠性接管

一、肘型挠性接管外形(图 1)

图 1　肘型挠性接管外形

二、肘型挠性接管动态特性数据测试工况(表 1)

表 1　肘型挠性接管动态特性数据测试工况

序号	型号	编号	试验类型	测试方向	载荷工况
1	JYXR(L)010100S－EAB	MH1309－185/MH1309－187	机械阻抗	$X/Y/Z$	0/0.5/0.8/1.0 MPa
			声阻抗	Z	0.5/0.8/1.0 MPa
2	JYXR(L)040100S－EAB	—	机械阻抗	$X/Y/Z$	0/1.0/2.0/3.0/4.0 MPa
			声阻抗	Z	0.5/1.0/2.0/3.0 MPa
3	JYXR(SL)040100S－EAB	MH1704－186/MH1704－187	机械阻抗	$X/Y/Z$	0/1.0/2.0/3.0/4.0 MPa
			声阻抗	Z	0.5/1.0/2.0/2.5/3.0 MPa
4	JYXR(SL)040200S－EAB	MH1603－325/MH1603－425	机械阻抗	$X/Y/Z$	0/1.0/2.0/3.0/4.0 MPa
			声阻抗	Z	0.5/1.0/2.0/3.0/4.0 MPa

三、肘型挠性接管机械阻抗图谱

1. JYXR(L)010100S－EAB 挠性接管机械阻抗图谱(图 2～4)

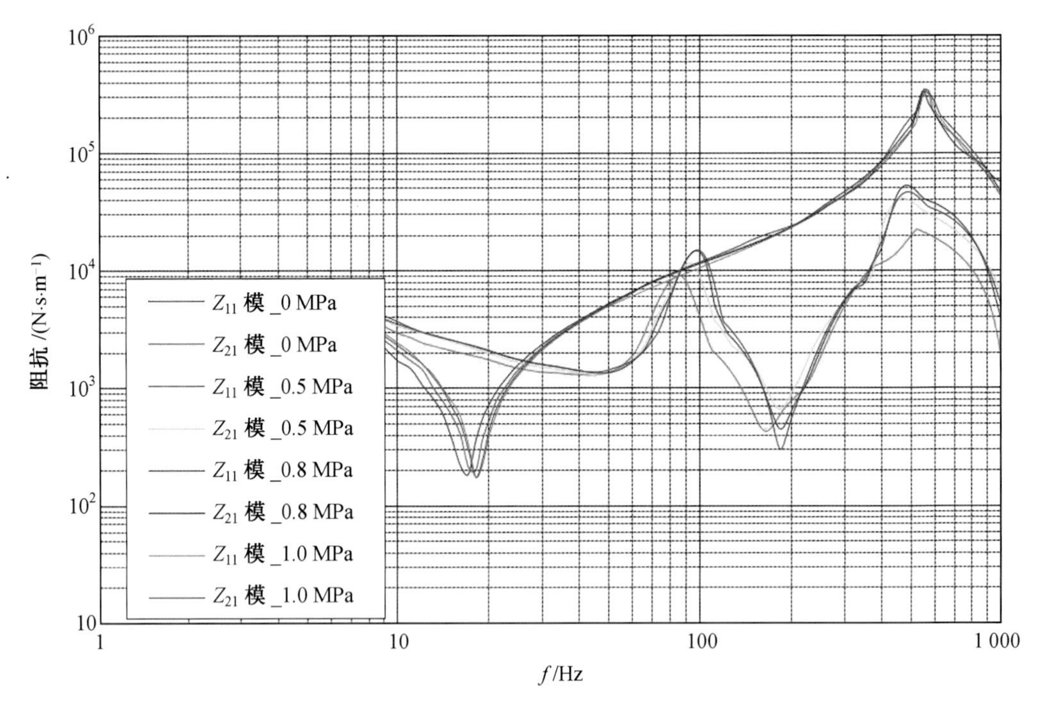

图 2　JYXR(L)010100S—EAB _X 向正置 Z_{11}、Z_{21} 机械阻抗图谱

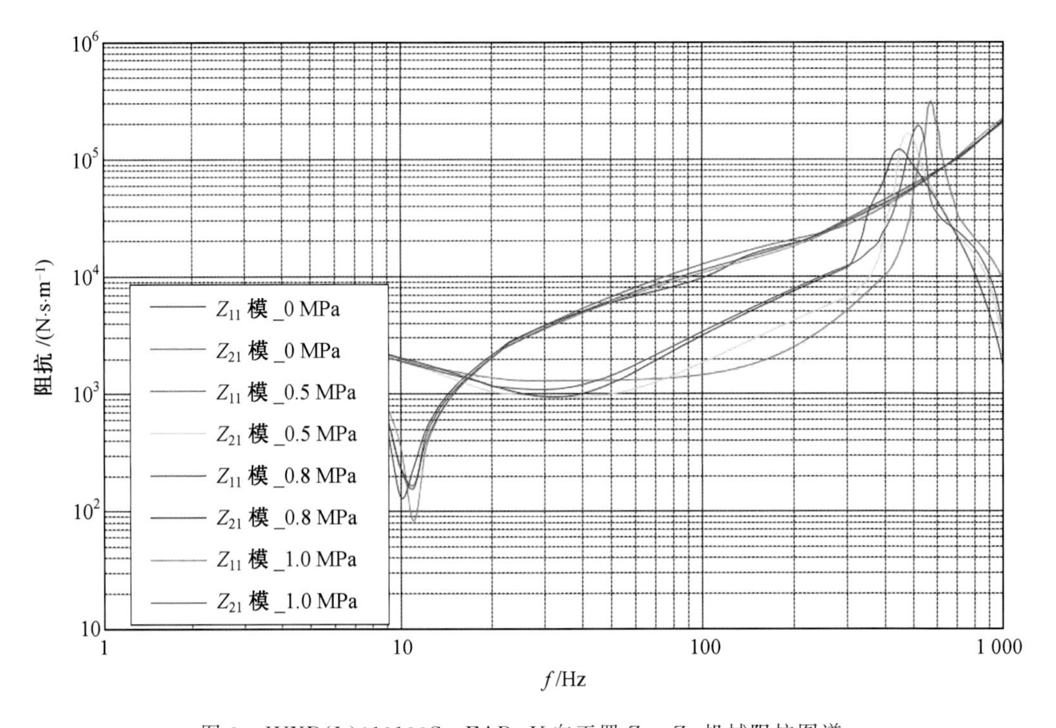

图 3　JYXR(L)010100S—EAB _Y 向正置 Z_{11}、Z_{21} 机械阻抗图谱

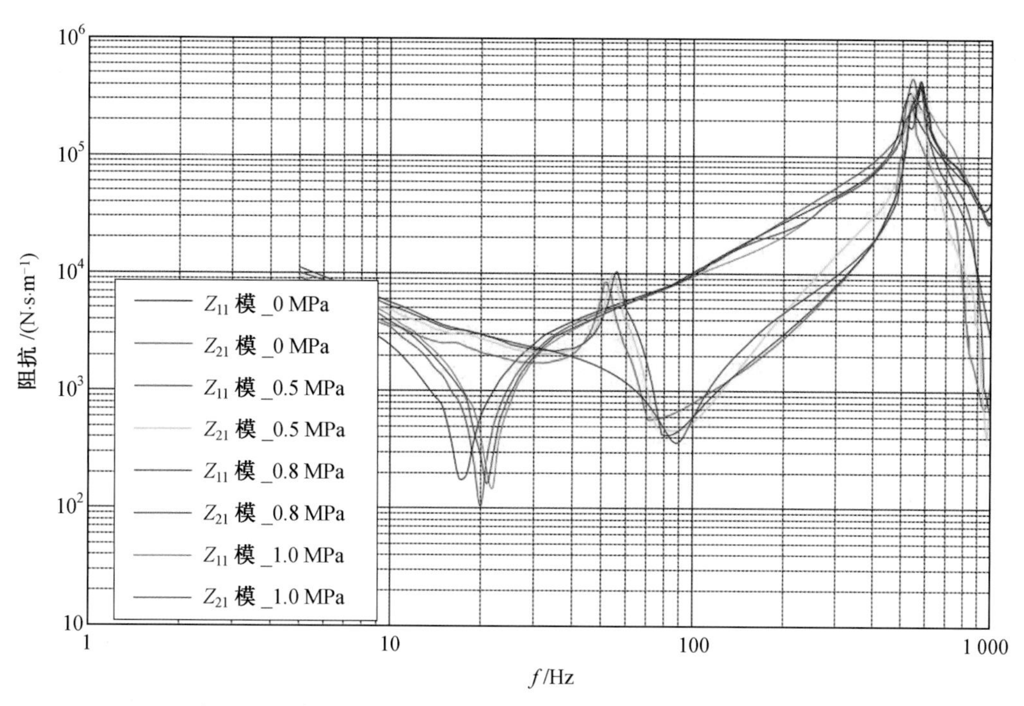

图 4　JYXR(L)010100S－EAB _Z 向正置 Z_{11}、Z_{21} 机械阻抗图谱

2. JYXR(L)040100S－EAB 挠性接管机械阻抗图谱(图 5～7)

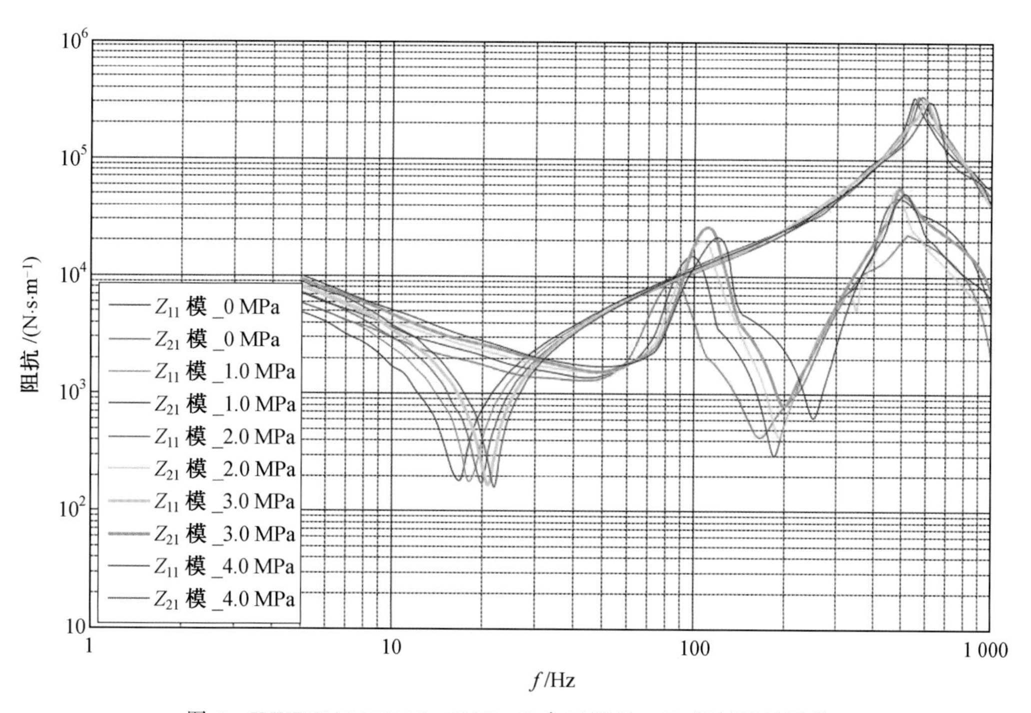

图 5　JYXR(L)040100S－EAB _X 向正置 Z_{11}、Z_{21} 机械阻抗图谱

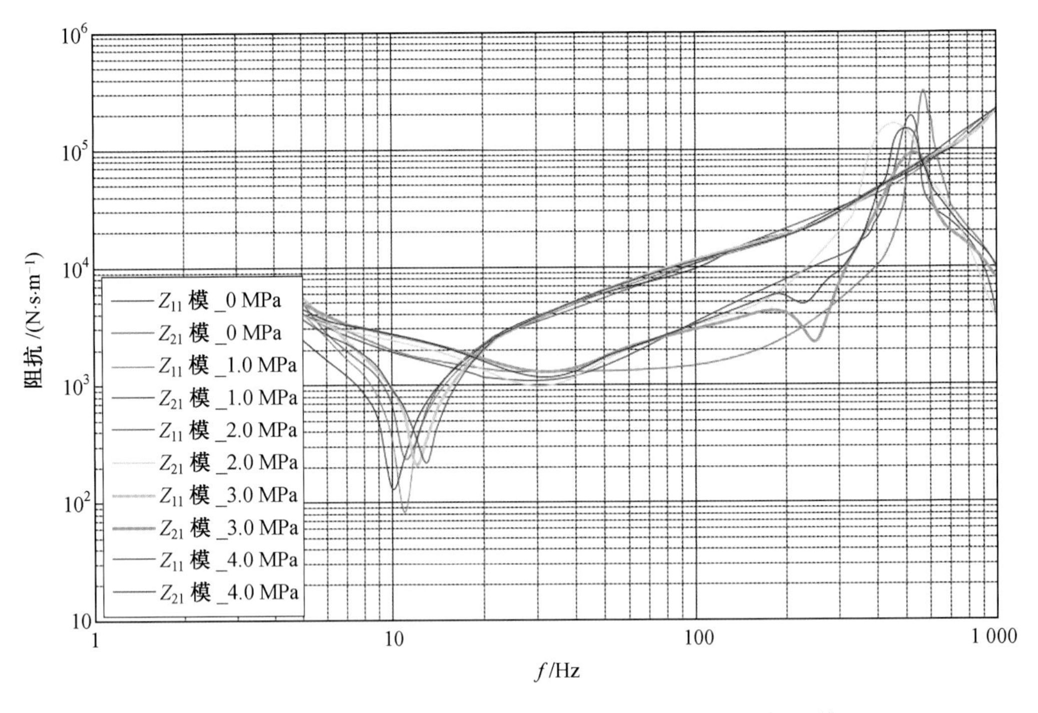

图 6　JYXR(L)040100S－EAB _Y 向正置 Z_{11}、Z_{21} 机械阻抗图谱

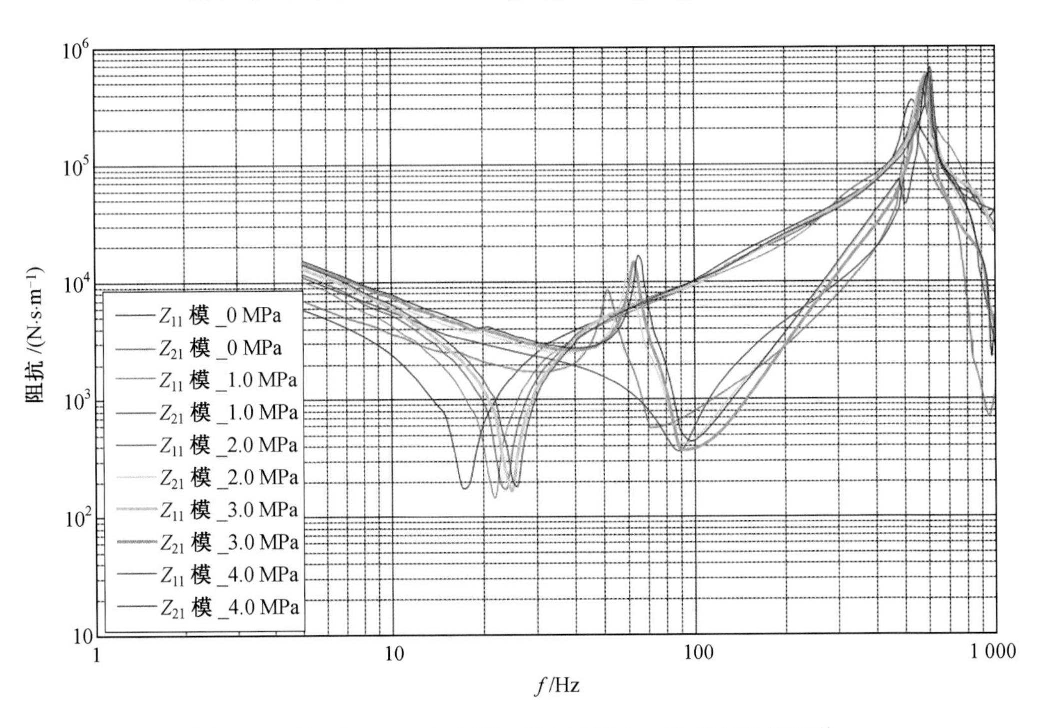

图 7　JYXR(L)040100S－EAB _Z 向正置 Z_{11}、Z_{21} 机械阻抗图谱

3. JYXR(SL)040100S－EAB 挠性接管机械阻抗图谱(图 8～10)

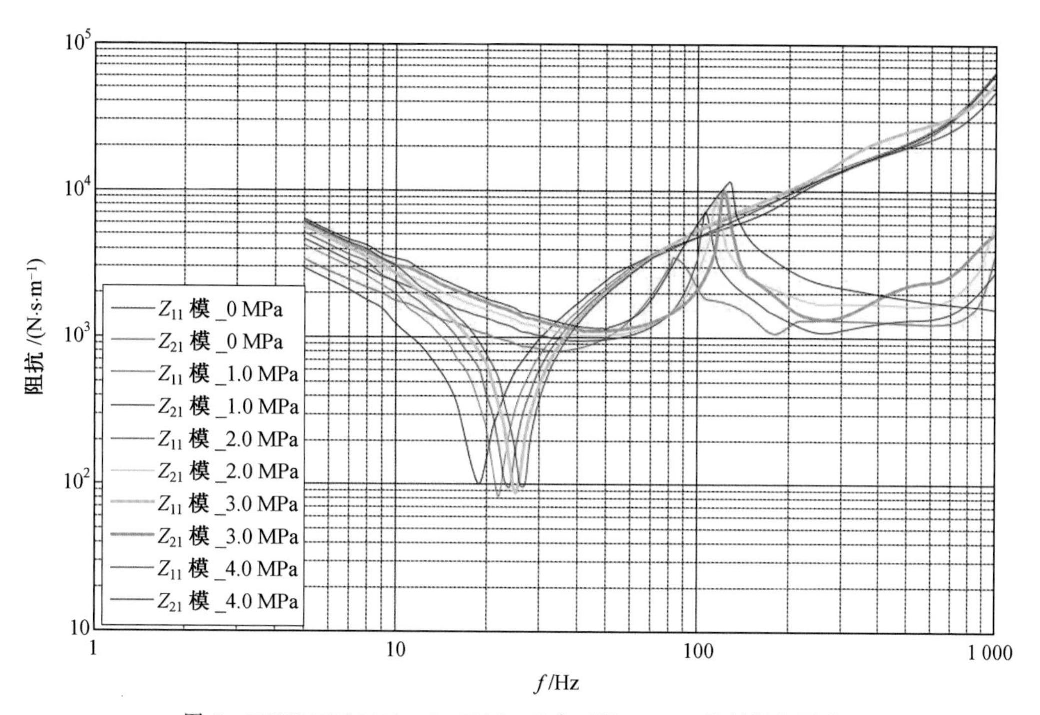

图 8　JYXR(SL)040100S－EAB _X 向正置 Z_{11}、Z_{21} 机械阻抗图谱

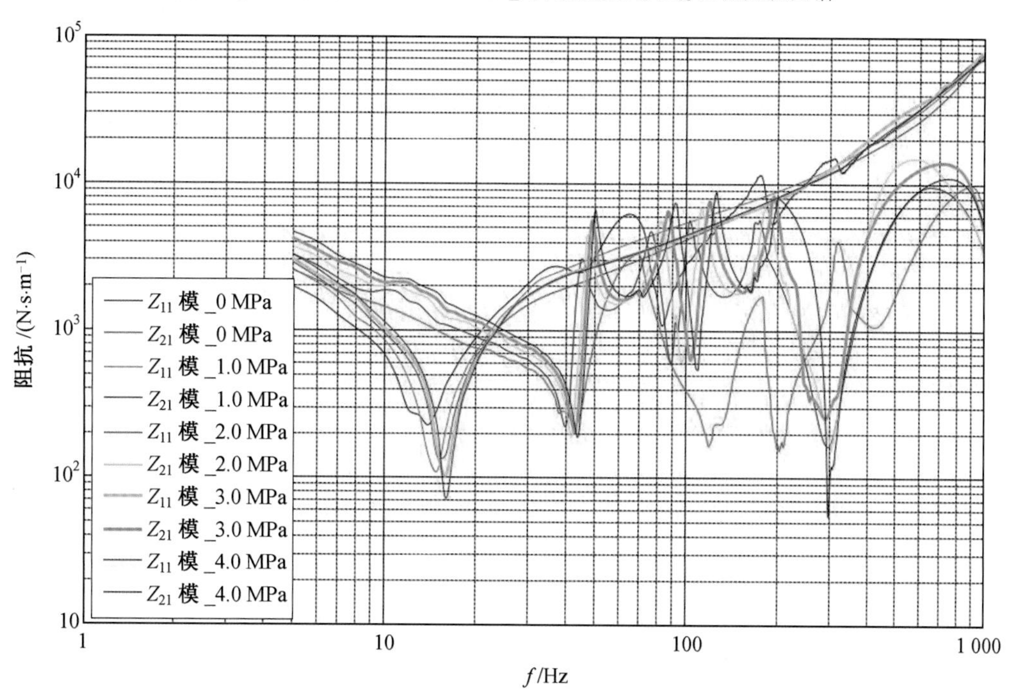

图 9　JYXR(SL)040100S－EAB _Y 向正置 Z_{11}、Z_{21} 机械阻抗图谱

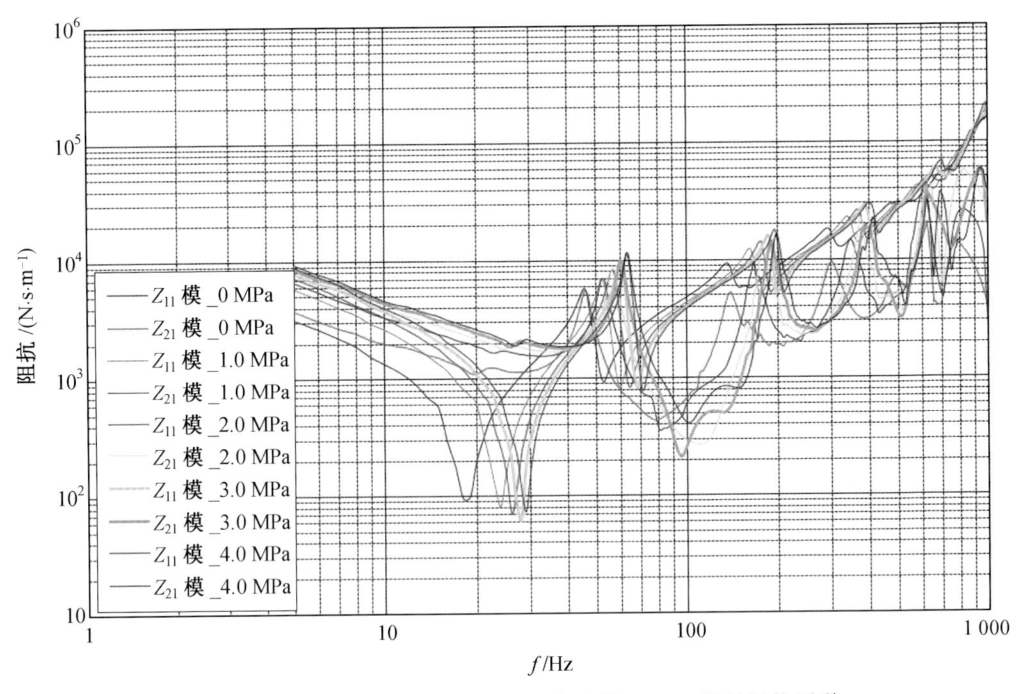

图 10 JYXR(SL)040100S—EAB _Z 向正置 Z_{11}、Z_{21} 机械阻抗图谱

4. JYXR(SL)040200S—EAB 挠性接管机械阻抗图谱(图 11～13)

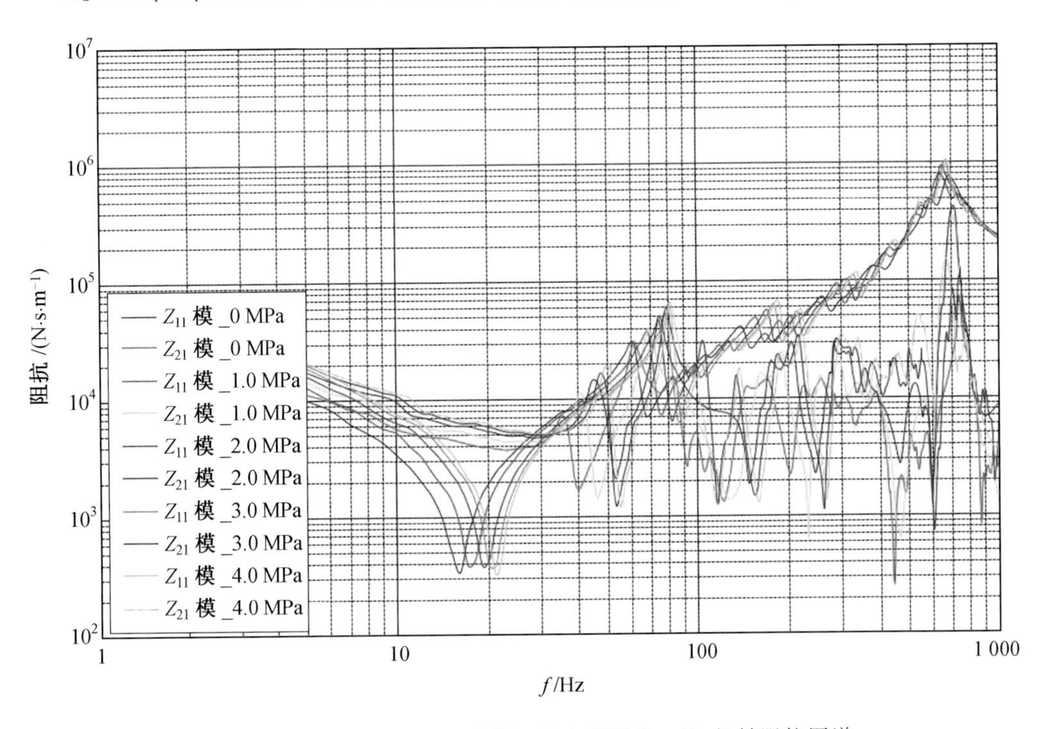

图 11 JYXR(SL)040200S—EAB _X 向正置 Z_{11}、Z_{21} 机械阻抗图谱

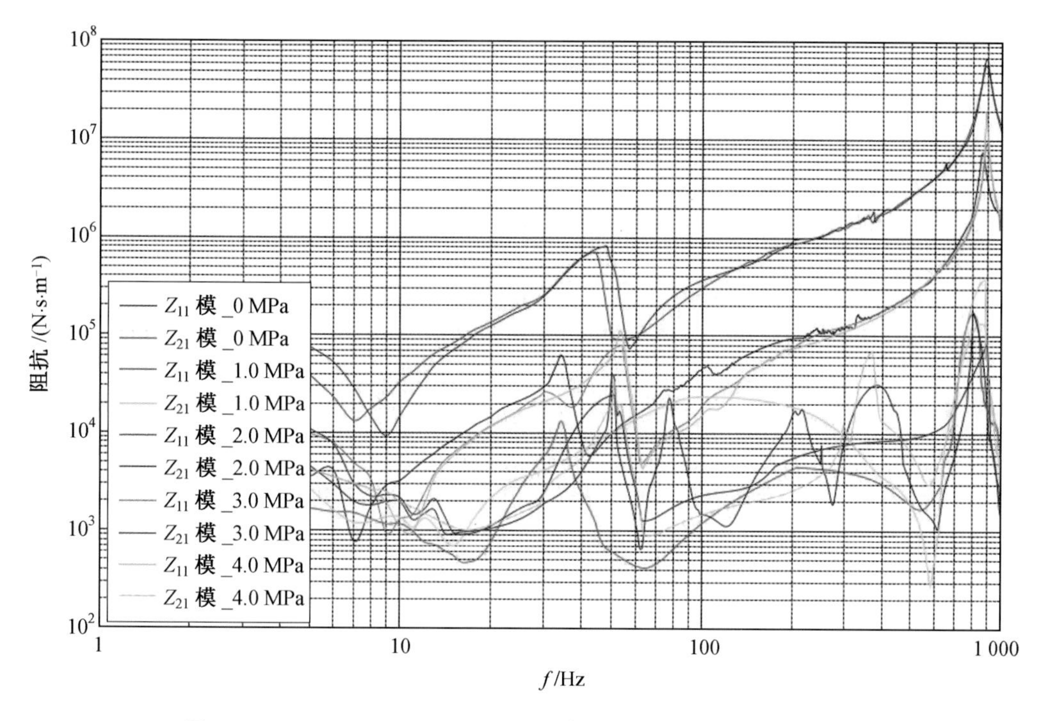

图 12　JYXR(SL)040200S－EAB _Y 向正置 Z_{11}、Z_{21} 机械阻抗图谱

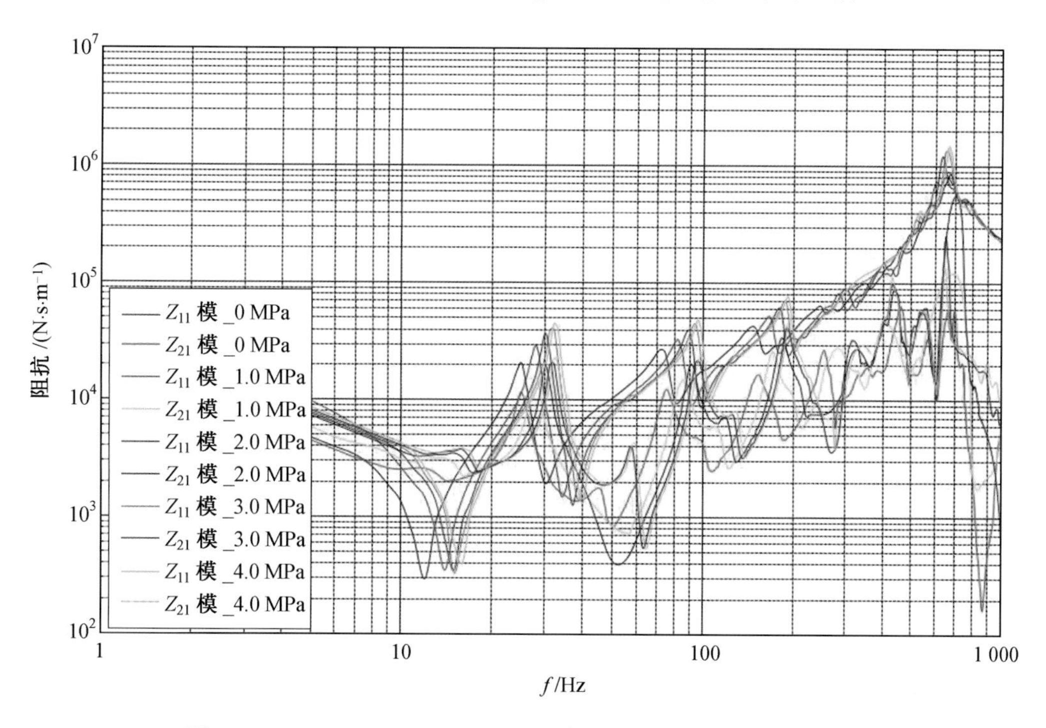

图 13　JYXR(SL)040200S－EAB _Z 向正置 Z_{11}、Z_{21} 机械阻抗图谱

四、肘型挠性接管声阻抗图谱

1. JYXR(L)010100S－EAB 挠性接管机械阻抗图谱(图 14～16)

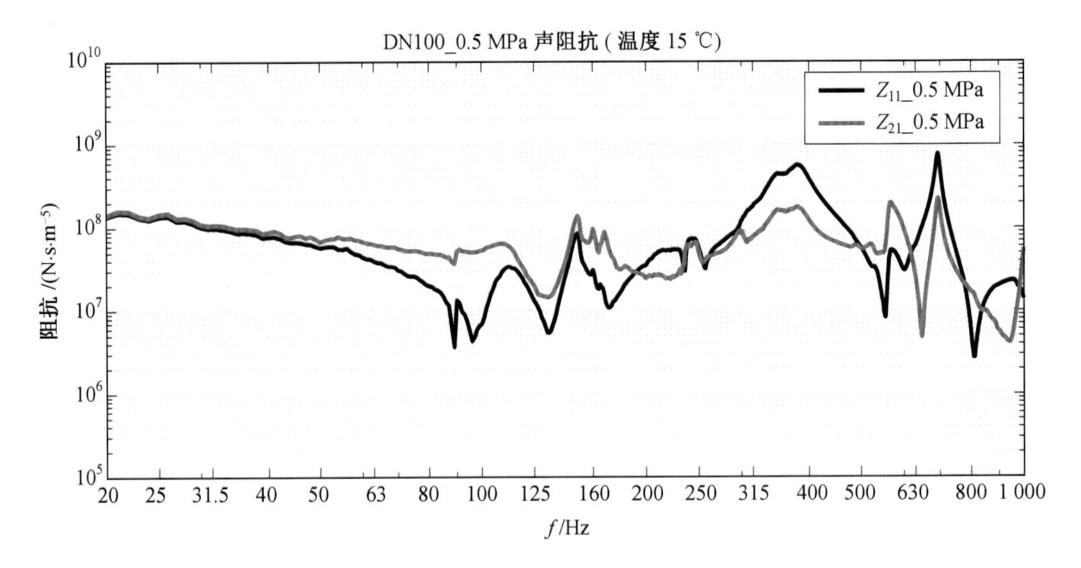

图 14　JYXR(L)010100S－EAB 挠性接管 0.5 MPa 声阻抗图谱

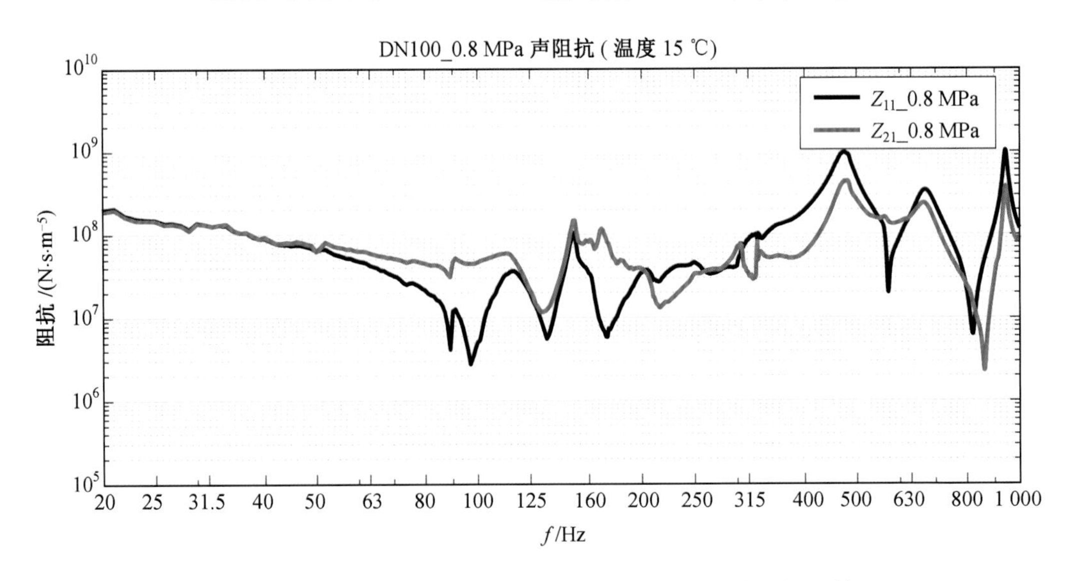

图 15　JYXR(L)010100S－EAB 挠性接管 0.8 MPa 声阻抗图谱

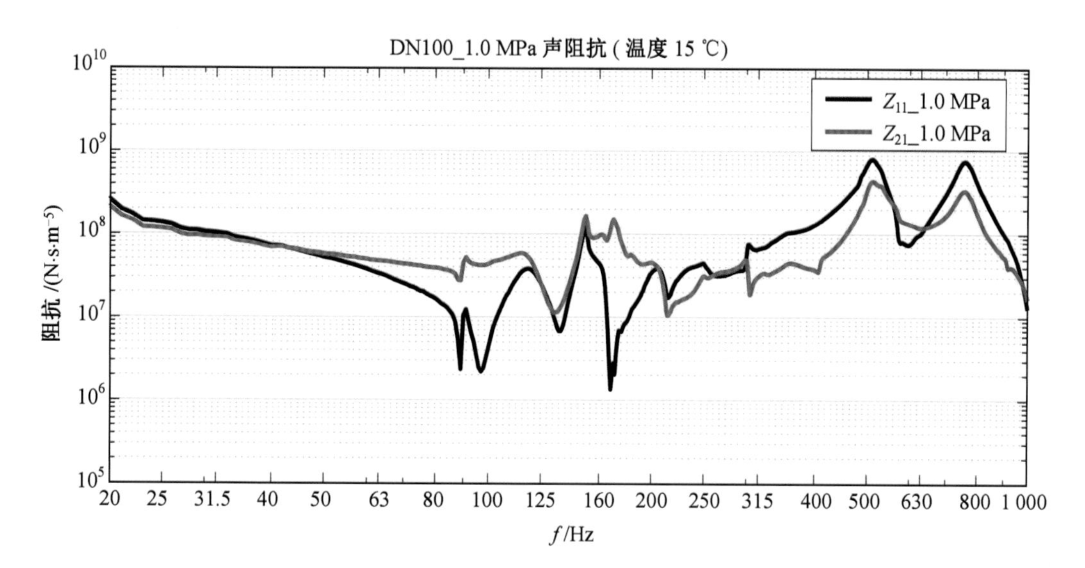

图 16 JYXR(L)010100S－EAB 挠性接管 1.0 MPa 声阻抗图谱

2. JYXR(L)040100S－EAB 挠性接管机械阻抗图谱(图 17～20)

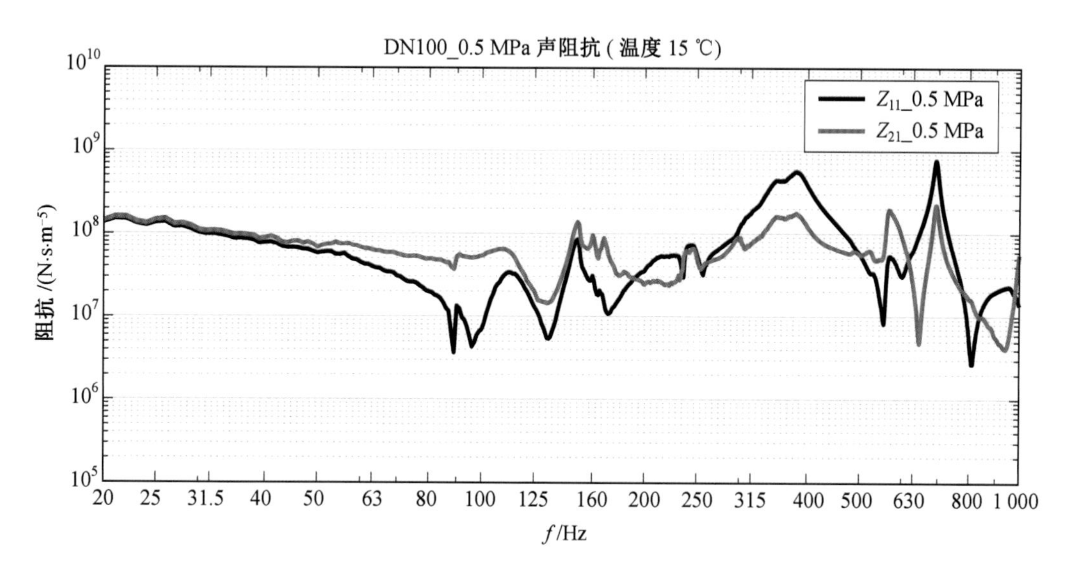

图 17 JYXR(L)040100S－EAB 挠性接管 0.5 MPa 声阻抗图谱

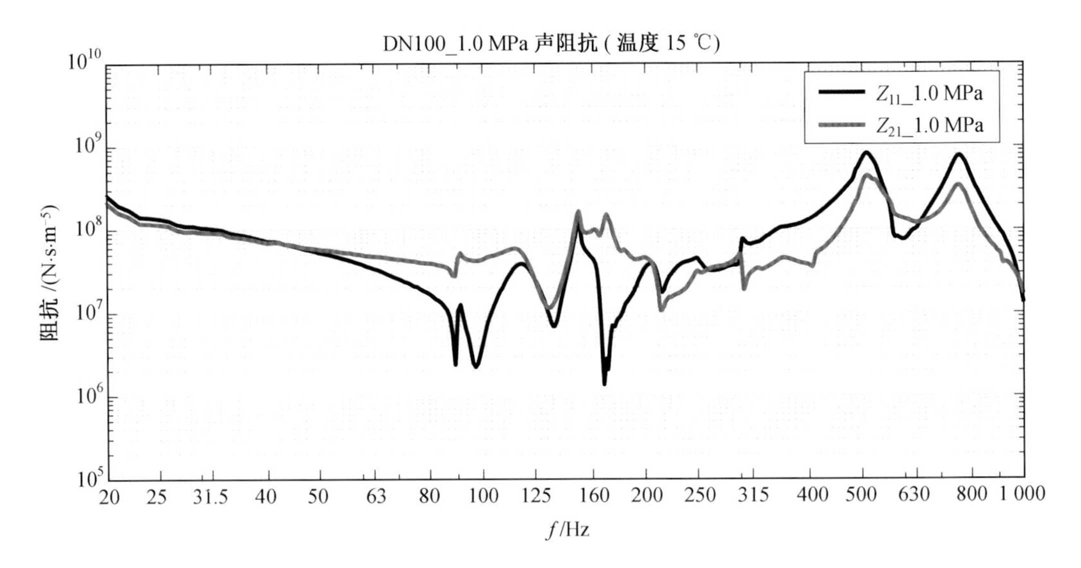

图 18　JYXR(L)040100S—EAB 挠性接管 1.0 MPa 声阻抗图谱

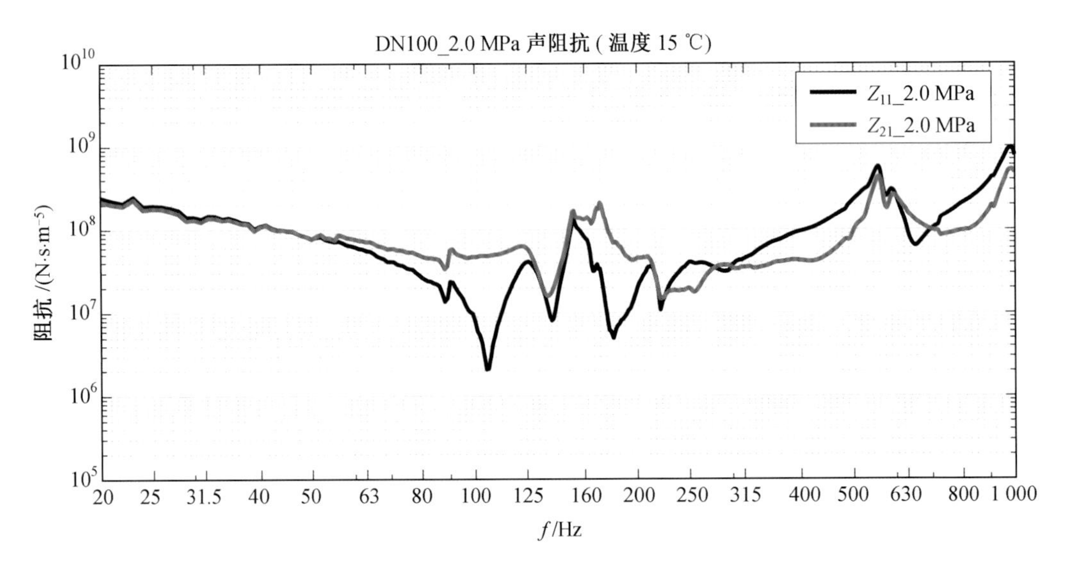

图 19　JYXR(L)040100S—EAB 挠性接管 2.0 MPa 声阻抗图谱

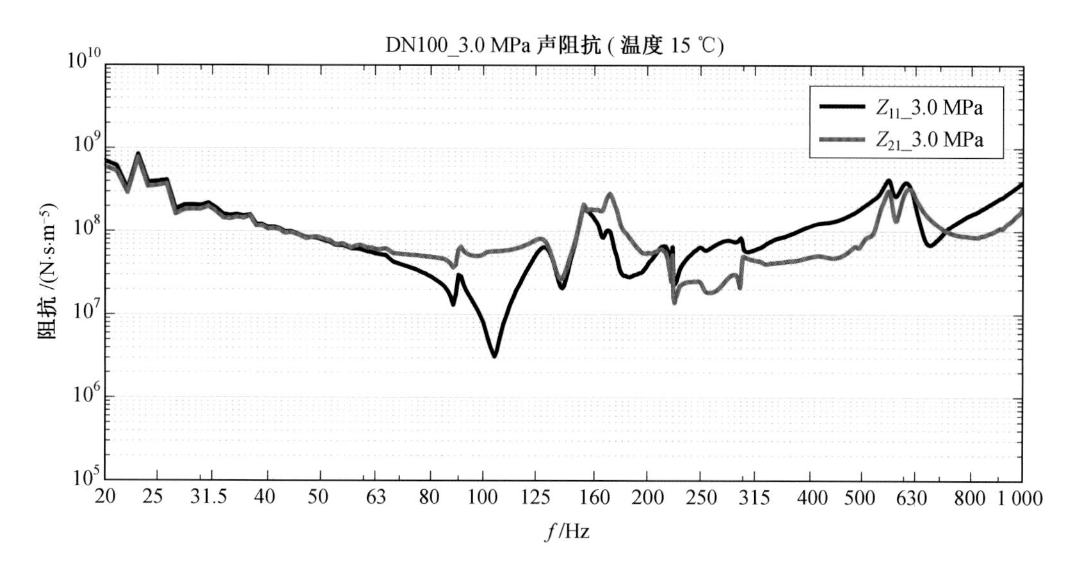

图 20 JYXR(L)040100S—EAB 挠性接管 3.0 MPa 声阻抗图谱

3. JYXR(SL)040100S—EAB 挠性接管机械阻抗图谱(图 21～25)

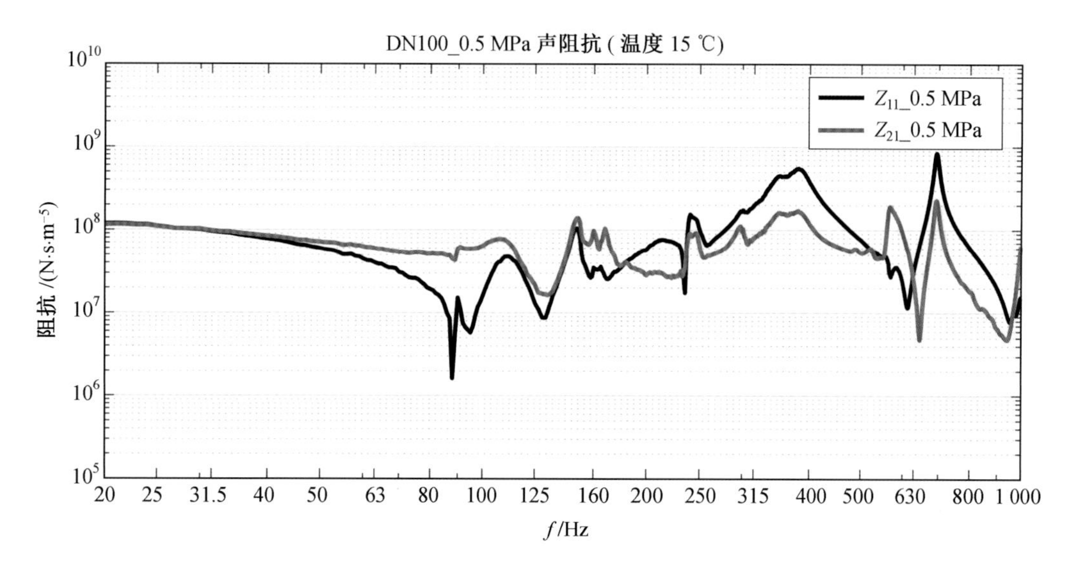

图 21 JYXR(SL)040100S—EAB 挠性接管 0.5 MPa 声阻抗图谱

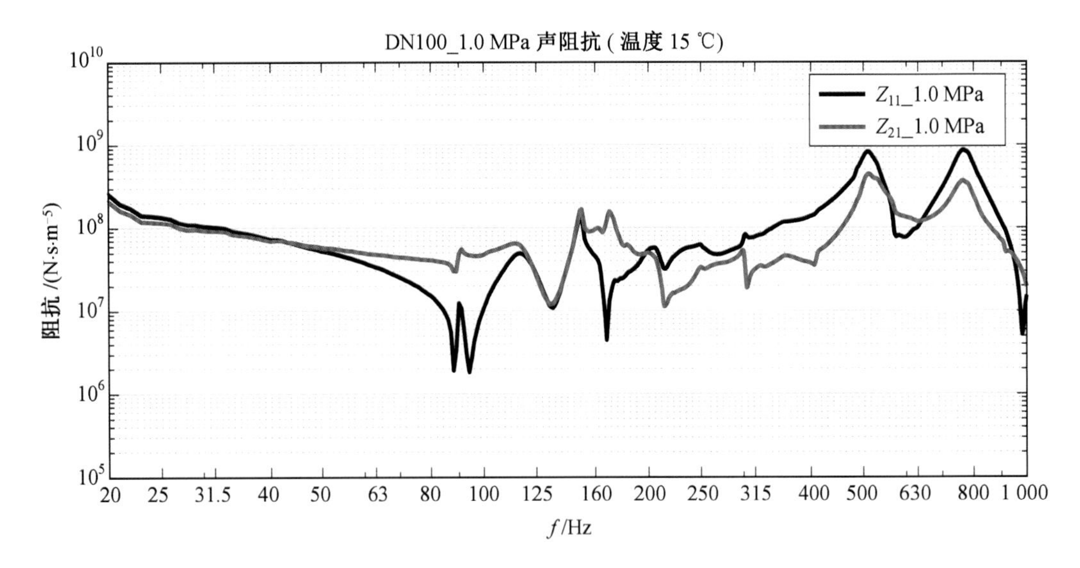

图 22　JYXR(SL)040100S－EAB 挠性接管 1.0 MPa 声阻抗图谱

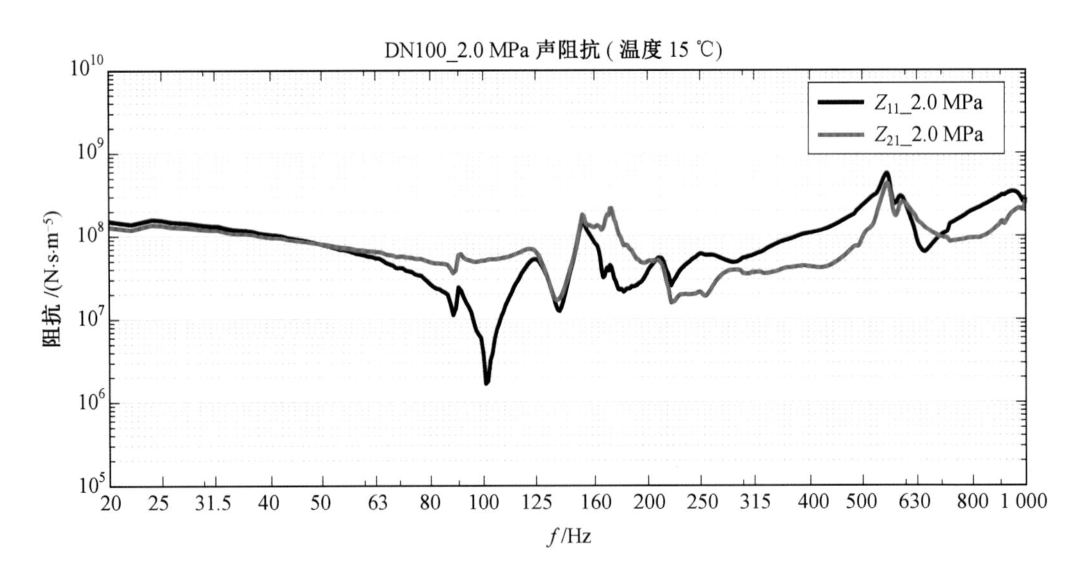

图 23　JYXR(SL)040100S－EAB 挠性接管 2.0 MPa 声阻抗图谱

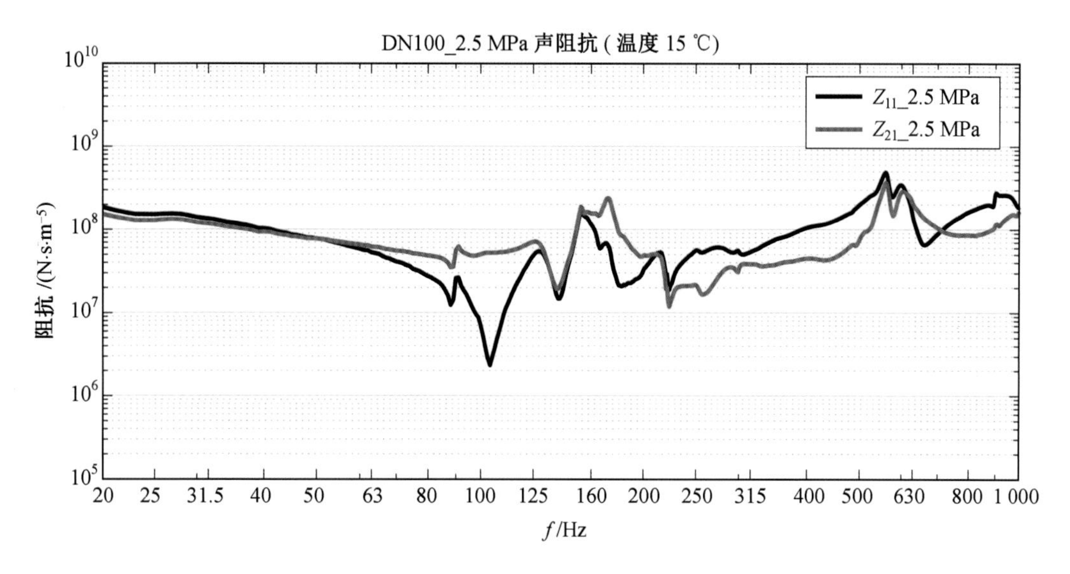

图 24　JYXR(SL)040100S－EAB 挠性接管 2.5 MPa 声阻抗图谱

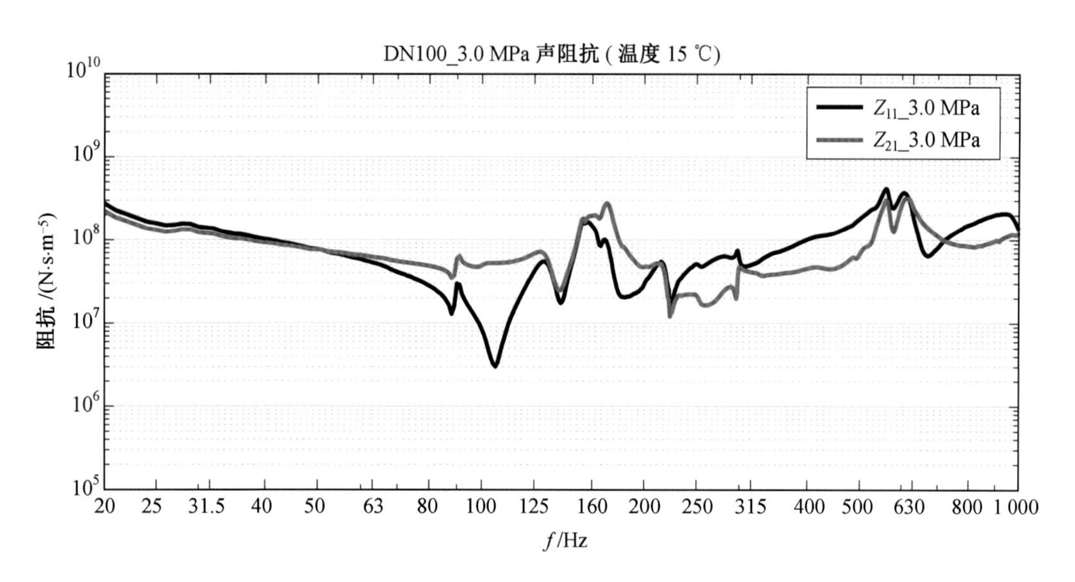

图 25　JYXR(SL)040100S－EAB 挠性接管 3.0 MPa 声阻抗图谱

4. JYXR(SL)040200S－EAB 挠性接管机械阻抗图谱(图 26～30)

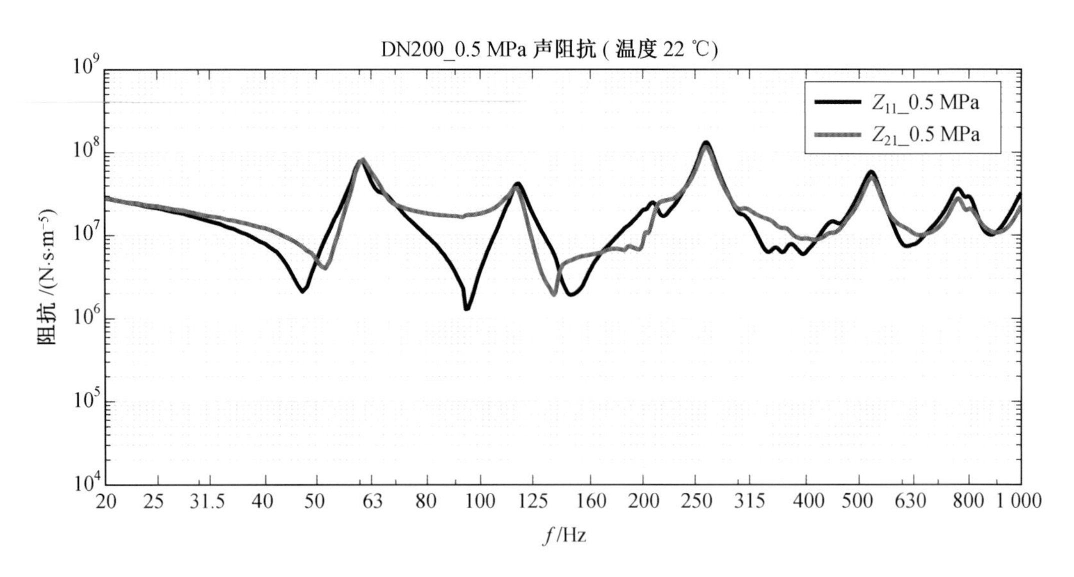

图 26　JYXR(SL)040200S－EAB 挠性接管 0.5 MPa 声阻抗图谱

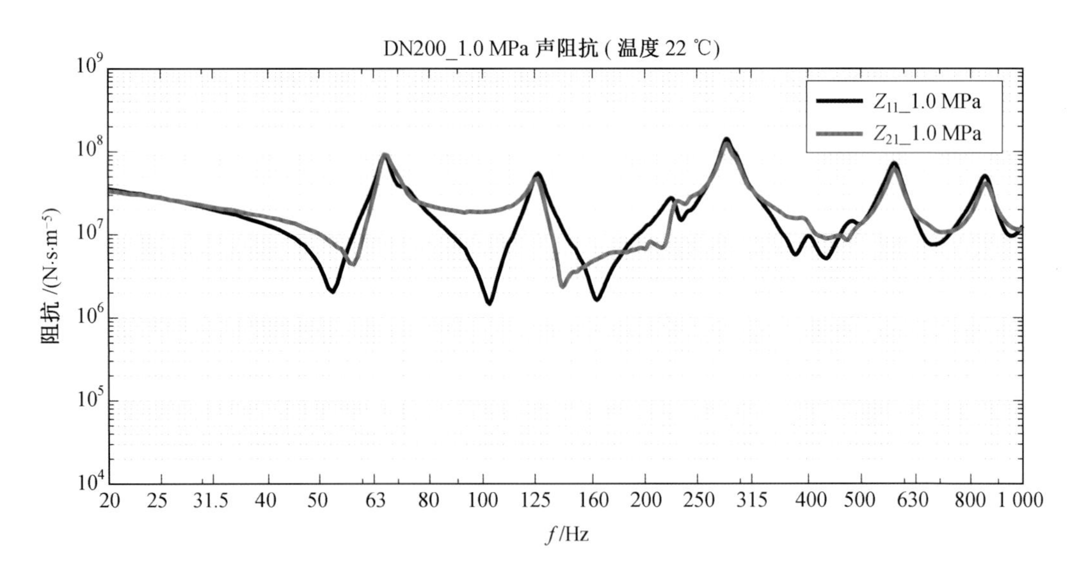

图 27　JYXR(SL)040200S－EAB 挠性接管 1.0 MPa 声阻抗图谱

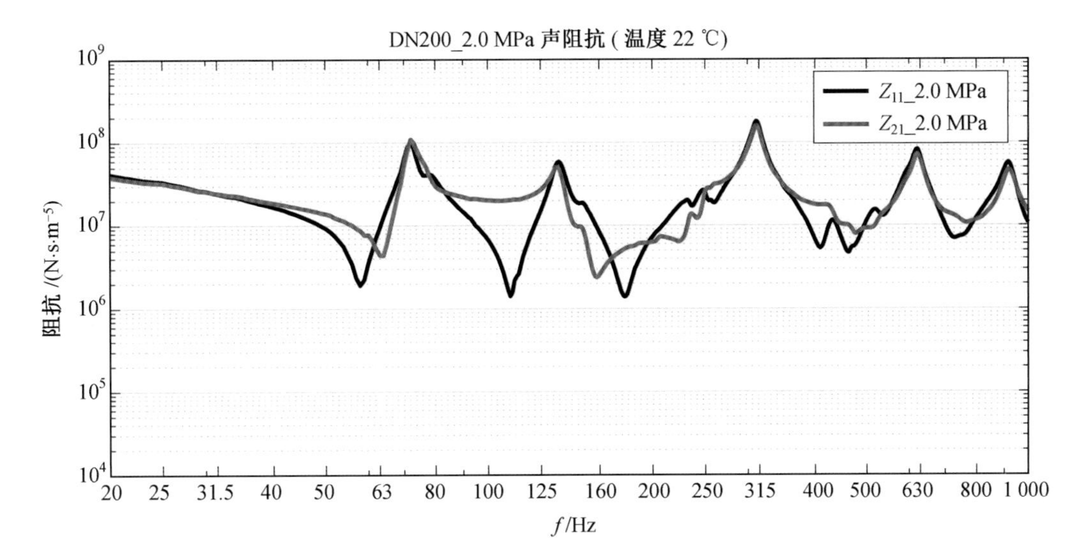

图 28 JYXR(SL)040200S－EAB 挠性接管 2.0 MPa 声阻抗图谱

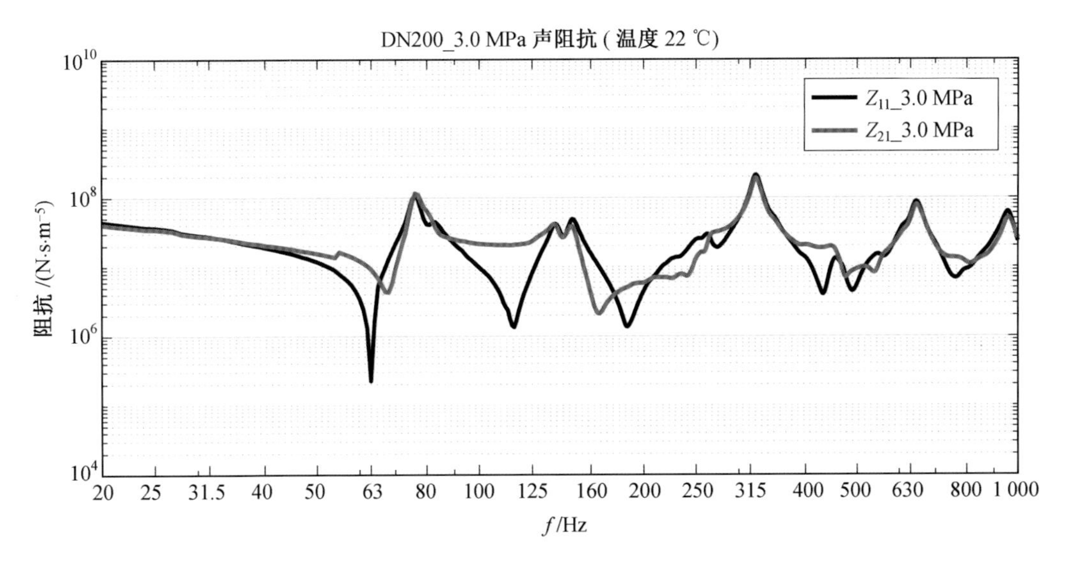

图 29 JYXR(SL)040200S－EAB 挠性接管 3.0 MPa 声阻抗图谱

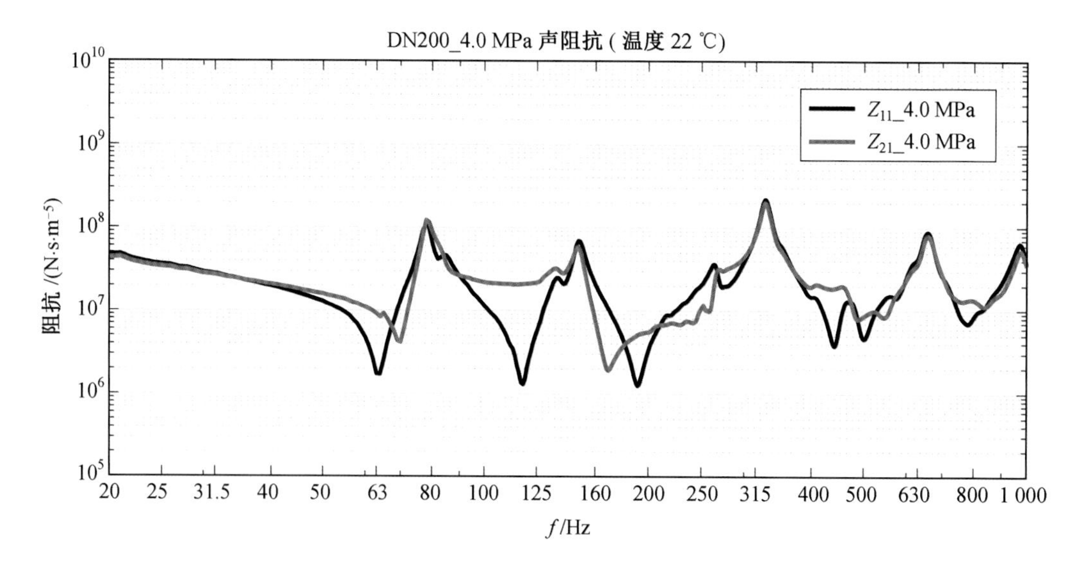

图 30　JYXR(SL)040200S—EAB 挠性接管 4.0 MPa 声阻抗图谱

参 考 文 献

[1] 中国船舶重工集团公司. 隔振器三向平动机械阻抗测试方法:CB 20134—2014. 北京:中国船舶工业综合技术经济研究院，2016:1.

[2] 中国船舶重工集团公司. 管路元器件声阻抗测试方法:CB 20135—2014. 北京:中国船舶工业综合技术经济研究院，2016:1.

[3] 中国船舶重工集团公司. 挠性接管三向平动机械阻抗测试方法 CB 20136—2015. 北京:中国船舶工业综合技术经济研究院,2016:1.